战略性新兴领域“十四五”高等教育系列教材

数据挖掘

主　编　王博岳　缑水平　袁　龙

副主编　陈　紫　焦昶哲　王文通

参　编　张雯晖　李笑颜　孙梦姝

　　　　滕　达　李睿敏　童　诺

机械工业出版社

全书共 9 章，主要内容如下：第 1 章介绍了数据挖掘的基本知识，讲解了数据获取的关键环节以及数据挖掘流程；第 2 章讲解了数据清洗、数据集成、数据转换与规范化，以及数据规约等数据预处理方法，重视数据挖掘的数据准备工作，强调数据质量对数据挖掘算法性能的影响；第 3 章讲解了数据仓库和数据立方体的基本概念和系统架构，为处理和分析大规模数据集提供有效工具；第 4 章讲解了关联规则挖掘的相关知识；第 5 章讲解了经典的分类算法、回归预测算法、性能评估指标和模型调优方法；第 6 章讲解了经典的聚类算法；第 7 章讲解了图数据挖掘、时间序列数据挖掘、大数据与分布式数据挖掘等高级数据挖掘技术，展示了该领域的最新进展；第 8 章介绍了数据可视化的基本概念、常用工具与技术；第 9 章介绍了自然语言智能挖掘、医疗大数据智能挖掘、遥感图像智能挖掘等案例，培养学生数据挖掘理论与实践结合的技能。

本书适合作为人工智能、计算机科学与技术、自动化等相关专业本科生相关课程的配套教材或参考书，也可作为相关领域技术人员的参考书。

本书有以下配套教学资源：PPT 课件、习题答案、教学视频、教学大纲、配套实验，欢迎选用本书作教材的教师登录 www.cmpedu.com 注册后下载，或发邮件至 jinacmp@163.com 索取。

图书在版编目（CIP）数据

数据挖掘 / 王博岳，缑水平，袁龙主编. -- 北京 ：机械工业出版社，2024. 11. --（战略性新兴领域“十四五”高等教育系列教材）. -- ISBN 978-7-111-77157-9

Ⅰ. TP311.131

中国国家版本馆CIP数据核字第2024VK5753号

机械工业出版社（北京市百万庄大街22号　邮政编码100037）

策划编辑：吉　玲　　责任编辑：吉　玲　侯　颖

责任校对：樊钟英　张　薇　　封面设计：张　静

责任印制：刘　媛

北京中科印刷有限公司印刷

2024年12月第1版第1次印刷

184mm×260mm · 16.5印张 · 404千字

标准书号：ISBN 978-7-111-77157-9

定价：59.00 元

电话服务　　网络服务

客服电话：010-88361066　　机　工　官　网：www.cmpbook.com

010-88379833　　机　工　官　博：weibo.com/cmp1952

010-68326294　　金　书　网：www.golden-book.com

　机工教育服务网：www.cmpedu.com

前言

【编写目的】

数据挖掘是计算机科学领域中一门重要的课程，它位于数据科学、统计学、机器学习和人工智能的交汇点。这门课程不仅教授学生如何从大量数据中提取有价值的信息和知识，还涉及数据预处理、关联规则挖掘、数据仓库、识别预测和结果评估等关键技术。数据挖掘课程的地位之所以重要，是因为它为学生提供了解决现实世界复杂数据分析问题所需的工具和方法，使他们能够在商业智能、金融分析、医疗诊断、社会科学研究等多个领域发挥重要作用。此外，随着大数据时代的到来，掌握数据挖掘的知识和技能变得越来越重要，这对于培养能够适应未来数据驱动型经济的人才具有不可替代的作用。

【教材特点】

本教材以数据挖掘基础知识、经典算法、应用案例为基础，介绍了工业界数据挖掘最新发展趋势，注重学生实践技能的培养。具体来说，本教材通过介绍业务背景、数据获取与处理、模型选择、模型评估与调优、结果分析应用等环节，使学生系统、全面地掌握数据挖掘的基本知识，具备一定的对数据挖掘相关实际应用问题进行建模并编程实现的能力。

本教材的主要特点如下。

系统化的数据获取与处理：本教材详细阐述了数据获取的各个关键环节，包括数据类型与来源、数据采集技术、数据标注技术、数据存储与管理以及数据质量评估，体现了对数据挖掘前期准备工作的重视。

深入数据预处理：本教材深入探讨了数据预处理的各个方面，包括数据清洗、数据集成、数据转换与规范化、数据归约等。数据质量直接影响数据挖掘算法的性能，是数据挖掘成功的关键步骤，也是本教材最重要的部分。

数据仓库与多维数据分析：本教材介绍了数据仓库的基本概念、系统架构、数据立方体及在线分析处理技术，提供了处理和分析大规模数据集的工具。

高级数据挖掘技术：本教材涵盖了图数据挖掘、时间序列数据挖掘、大数据与分布式数据挖掘等高级主题，展示了数据挖掘领域的最新发展。

数据可视化与分析：本教材专门设置了介绍数据可视化的章节，阐述了可视化的基础概念、工具和技术，帮助学生更好地理解和展示数据挖掘结果。

跨领域应用案例：通过自然语言智能挖掘、医疗大数据智能挖掘、遥感图像智能挖掘等案例，展示了数据挖掘技术在不同领域的应用，增强了教材的实用性和前瞻性。

【编者】

本教材由在数据挖掘领域深耕多年、积累了丰富教学与科研经验的教师参与编写，他们是来自北京工业大学的王博岳、李笑颜、孙梦姝，西安电子科技大学的缑水平、焦昶哲、李睿敏、童诺，南京理工大学的袁龙，南京航空航天大学的陈紫，以及北京石油化工学院的王文通、滕达，还有江西工业工程职业技术学院的张雯晖等。这些老师的共同努力，保证了本教材内容的质量。

在教材编写过程中，也得到了来自南京理工大学的孙小童、华嘉豪、肖恒、胥君玥，北京工业大学的马宇健、胡思敏、高祎菡，以及北京石油化工学院的刘子强和李佳凝等同学的帮助。他们为教材的完善做出了贡献。在此，向他们表达最诚挚的谢意。

数据挖掘技术日新月异，发展迅猛。尽管编者竭尽全力，力求将最新的研究成果和实践经验融入教材之中，但受学识和能力所限，书中难免存在一些疏漏与不足。诚挚地邀请广大读者提出宝贵的意见和建议，以期不断改进和完善教材，期待与广大读者共同推动数据挖掘领域的知识传承与发展。

编者

于北京

目 录

CONTENTS

第1章　绪论

导读

在当今信息时代，数据已然成为推动科技进步、经济发展和社会变革的核心驱动力。随着信息技术的快速发展，人类社会正以前所未有的规模和速度产生、收集并存储着海量数据。这些数据涵盖了从社交网络交互到金融市场波动、从医疗健康记录到工业生产过程等方方面面。这些原始数据如同未经提炼的矿藏，其中蕴含着巨大的潜在价值有待挖掘。

数据挖掘作为一门新兴的交叉学科，正是应对这一挑战而生。它融合了统计学、机器学习、数据库技术和人工智能等多个领域的理论与方法，旨在从庞大而复杂的数据集中发现有价值的模式、关联和趋势，从而提取出可用于决策支持的知识。数据挖掘不仅是一种技术手段，更是一种思维方式，它提供了在复杂数据环境中发现规律的方法，是驱动创新和进步的重要引擎。本章将详细介绍数据挖掘所涉及的基本原理、数据获取及完整流程等内容。这些内容不仅涵盖了基本的理论知识，还包括了常用的工具、资源、应用领域等实践知识。

本章知识点

- 数据挖掘的定义、基本任务、应用领域、学习资源。
- 数据获取相关的数据类型、采集技术、标注技术、存储管理和质量评估。
- 数据挖掘的完整流程。

学习要点

- 理解数据挖掘的基本概念和原理，能够准确描述数据挖掘的定义，理解其在现代数据分析中的重要性。
- 掌握获取和处理数据方法，能够从多种来源获取数据，并进行有效的数据预处理。
- 掌握数据挖掘的完整流程，能够设计从业务理解到结果应用的整个数据挖掘流程。
- 熟悉数据挖掘的基本任务和算法，能够识别解决实际问题时涉及的数据挖掘基本任务和算法。

工程能力目标

能够设计和实现数据采集方案。

1.1 数据挖掘概述

1.1.1 数据挖掘的定义

数据挖掘（Data Mining）是通过特定算法对大量数据进行处理和分析，以发现数据中的模式、趋势或关联性的过程。具体来说，数据挖掘技术利用机器学习和统计学方法，从海量、不完整、受噪声干扰的数据中提取出先前未知的、潜在有用的隐含信息，并将其转化为可以理解的知识。因此，数据挖掘也被称作知识发现。通过数据挖掘，人们可以更好地理解数据的本质和规律。数据挖掘的根本目的就是为决策提供科学依据。需要注意的是，数据可以是结构化的，如数据库中的表格，也可以是非结构化的，如文本、图像和音频等。

数据挖掘过程通常包括问题分析、数据预处理、数据挖掘和结果评估四个阶段。

1）问题分析阶段需要了解业务背景和数据来源，分析数据的特点和分布，明确任务目标和需求，为后续的数据预处理和挖掘奠定基础。

2）数据预处理阶段是数据挖掘中非常重要的一步，涉及数据清洗、数据集成、数据转换与规范化、数据规约和特征提取等步骤。数据清洗主要是去除重复、错误、不完整等无效数据，确保数据的质量和准确性；数据集成、数据转换与规范化、数据规约等操作是使数据更好地适应数据挖掘算法；特征提取是从原始数据中提取和编码有用信息形成特征向量，从而供后续数据挖掘阶段使用。

3）数据挖掘阶段是最核心的部分，研究者需要根据业务需求和数据特点，构建合适的算法模型，并进行模型训练和参数调优。通过不断地迭代和优化，最终获得满足业务需求的数据挖掘结果。

4）结果评估阶段评估数据挖掘结果的准确性和可靠性。在这个阶段，需要使用一些评估指标对挖掘结果进行评估，如准确率、召回率、F1 值等。还需要对挖掘结果进行解释和可视化，以帮助业务人员更好地理解挖掘结果。

随着大数据时代的到来，数据挖掘技术也面临着新的挑战和机遇：一方面，随着数据规模急剧增长、数据类型越发丰富，传统计算资源和数据挖掘算法已经难以满足大数据处理和分析的需求；另一方面，数据挖掘与机器学习、深度学习等技术的结合将为发现新知识带来更大的发展空间。未来，数据挖掘将在商业、医疗、金融、政府等各个领域发挥更加重要的作用，为人类社会的发展和进步带来更多的机遇。

1.1.2 数据挖掘的基本任务

1）分类与预测。分类是根据已知的数据特征将数据项划分到预先定义的类别中。例如，在电子邮件系统中，分类算法可以将邮件划分为“垃圾邮件”和“正常邮件”。预测旨在预测未来的趋势或结果。例如，在金融领域，通过预测模型来预测股票价格或市场走势。

2）聚类分析。聚类是将数据集中的数据项按照其相似性进行分组的过程。聚类的目标是在没有预先定义类别的情况下，发现数据的内在结构和关系。例如，在客户关系管理中，可以通过聚类分析将客户划分为不同的群体，以便制定更有针对性的营销策略。

3）关联规则挖掘。关联规则挖掘主要用于发现数据项之间的内在关系，如超市购物篮分析中的“买了 A 商品的人，往往也会买 B 商品”。这种关系可以帮助企业理解客户需求和行为，以制定更有效的营销策略。

4）序列模式挖掘。序列模式挖掘是发现数据项之间的时间序列关系的过程。例如，在股票市场分析中，可以通过序列模式挖掘来发现股票价格的变化规律，从而制定更科学的投资策略。

5）异常检测。异常检测是数据挖掘中用于发现与大多数数据项显著不同的数据项的过程。异常数据项可能表示错误、欺诈或其他特殊情况。例如，在信用卡交易数据中，异常检测可以帮助银行发现潜在的欺诈行为。

这些基本任务在数据挖掘研究与应用中都占据着重要地位，为数据分析师提供了从数据中获取有用信息和知识的工具和方法。充分利用和挖掘数据，可以为决策制定提供科学支持。

1.1.3　数据挖掘的应用领域

随着数据挖掘技术的不断成熟，数据挖掘逐渐渗透到商业、医疗、金融、政府等更多领域，拓宽了人们的认知边界，为人类社会的发展贡献了更多的智慧和力量。以下是一些数据挖掘的主要应用领域。

1）商业领域。数据挖掘在商业领域中的应用最为广泛。例如，在市场营销中，数据挖掘可以帮助企业识别目标客户群体，制定个性化的营销策略；在销售预测中，数据挖掘可以根据历史销售数据预测未来的销售趋势，帮助企业优化库存管理和生产计划；在客户关系管理中，数据挖掘可以发现客户的购买行为和偏好，提高客户的满意度和忠诚度。

2）医疗领域。数据挖掘在医疗领域中也发挥着重要作用。例如，在疾病诊断中，数据挖掘可以帮助医生分析患者的医疗记录和症状，提高诊断的准确性和效率；在药物研发中，数据挖掘可以挖掘药物分子结构和生物活性之间的关系，为新药研发提供指导；在公共卫生管理中，数据挖掘可以分析疫情数据，预测疫情的传播趋势，为防控措施的制定提供科学依据。

3）金融领域。数据挖掘在金融领域中的应用也非常广泛。例如，在风险管理中，数据挖掘可以帮助银行和风投机构评估贷款申请人的信用风险和投资收益；在股票市场中，数据挖掘可以分析历史股价数据，预测未来的股价走势，为投资决策提供参考；在反欺诈中，数据挖掘可以帮助金融机构识别欺诈行为和异常交易，保障金融安全。

4）政府领域。数据挖掘在政府领域中也发挥着重要作用。例如，在城市规划中，数据挖掘可以分析人口、交通、环境等数据，为城市规划提供科学依据；在公共安全管理中，数据挖掘可以分析犯罪数据，预测犯罪热点和趋势，为公共安全提供指导；在政策制定中，数据挖掘可以帮助政府了解公众需求和意见，制定更加合理和有效的政策。

除此之外，数据挖掘还广泛应用于社交网络、教育、交通、环境监测等领域。随着大数据技术的不断发展和普及，数据挖掘的应用前景将更加广阔。未来，数据挖掘将成为企业和组织获取竞争优势、提高决策效率的重要手段之一。

1.1.4 数据挖掘的学习资源

对于渴望掌握数据挖掘这门技术的读者来说，无论是为了职业发展还是学术研究，选择合适的学习资源至关重要。以下是一些精选的学习资源，可为学习数据挖掘之旅提供宝贵的指导和支持。

1. 学术资源

中国计算机学会（China Computer Federation，CCF）是中国计算机领域的权威学术组织。该学会根据会议和期刊的影响力、学术质量、组织水平等多方面因素，将国际上公认的顶级会议和顶级期刊分为不同的级别，其中 CCF-A 类代表最高级别，建议将其作为阅读论文的标准，以及发表论文的目标。

（1）与数据挖掘相关的 CCF-A 推荐会议

ACM Conference on Management of Data（SIGMOD）

ACM SIGKDD Conference on Knowledge Discovery and Data Mining（KDD）

IEEE International Conference on Data Mining（ICDM）

International Conference on Data Engineering（ICDE）

International Conference on Machine Learning（ICML）

International Conference on Very Large Databases（VLDB）

International Joint Conference on Artificial Intelligence（IJCAI）

Association for the Advancement of Artificial Intelligence（AAAI）

（2）与数据挖掘相关的 CCF-A 推荐期刊

Journal of Machine Learning Research（JMLR）

IEEE Transactions on Knowledge and Data Engineering（TKDE）

ACM Transactions on Database Systems（TODS）

ACM Transactions on Information Systems（TOIS）

The VLDB Journal

2. 比赛资源

阿里云天池：https://tianchi.aliyun.com/

Kaggle：https://www.kaggle.com/

3. 数据集下载资源

聚数力：http://dataju.cn/Dataju/web/home

亚马逊数据集：https://registry.opendata.aws/

KDnuggets：https://www.kdnuggets.com/datasets/index.html

DataCastle：https://www.datacastle.cn/index.html

UCI：http://kdd.ics.uci.edu/

CMU 数据集：http://lib.stat.cmu.edu/datasets/

美国政府数据（DATA.GOV）：http://data.gov

国家数据：https://data.stats.gov.cn/

4. 在线学习平台

Coursera（https://www.coursera.org/）：提供众多数据挖掘和数据科学相关的在线课程，与世界顶尖大学和著名企业合作。

edX（https://www.edx.org/）：提供包括数据挖掘在内的数据科学课程，同样与世界著名大学合作。

Udemy（https://www.udemy.com/）：提供广泛的实践导向的数据挖掘课程，适合自学者。

1.1.5 数据挖掘的常用工具

数据挖掘的常用工具为用户提供了丰富的算法和功能，帮助用户快速、简单、准确地从数据中提取有用的信息和知识，享受数据挖掘的研究成果。以下是一些常用的数据挖掘工具。

1）Python 语言的易用性和灵活性使其广泛用于数据分析和数据挖掘，尤其是其拥有大量的第三方库和工具包，如 NumPy、Pandas、Scikit-learn 等，它们提供了丰富的数据挖掘算法，如聚类分析、分类、关联规则挖掘等。

2）R 语言同样广泛应用于统计计算和数据分析，其拥有大量的统计和数据挖掘包，如 ggplot2、dplyr、randomForest 等，它们提供了丰富的数据可视化和数据挖掘功能。R 语言在生物信息学、金融分析等领域有广泛应用。

3）Weka 是一款开源的数据挖掘软件，它提供了丰富的数据挖掘算法和可视化界面，支持聚类分析、分类、关联规则挖掘等多种数据挖掘任务，还提供了数据预处理、特征选择等功能。Weka 非常易于使用，适用于初学者。

4）RapidMiner 是一款功能强大的数据挖掘平台，支持数据挖掘的整个流程，包括数据导入、预处理、建模、评估等，并提供了多种数据可视化工具。RapidMiner 适用于各种规模和复杂度的数据挖掘项目。

5）Orange 是一款开源的数据挖掘软件，支持数据预处理、聚类分析、分类等多种数据挖掘任务，并提供了数据可视化、交互式数据探索等功能。Orange 适用于数据分析的初学者。

6）IBM SPSS 是一款综合性的统计分析和数据挖掘软件。它提供了一个直观的图形用户界面，用户无须编程即可进行复杂的数据分析操作。SPSS 内置了多种统计模型，包括但不限于 T 检验、方差分析、相关性分析、回归分析等，能够满足从基本到高级的统计需求。此外，SPSS 还具备数据预处理、数据转换、聚类分析、分类和关联规则挖掘等数据挖掘功能。SPSS 适用于研究人员、数据分析师、市场研究人员、政策制定者等专业人士。

这些工具各有特点和优势，用户可以根据具体需求选择合适的工具进行数据挖掘工作。同时，随着数据挖掘技术的不断发展和数据挖掘需求的日益增长，新的数据挖掘工具也将不断涌现，为数据挖掘领域注入新的活力。

1.1.6 数据挖掘的主要算法

在数据挖掘领域，算法是核心工具，算法从大量数据中提取有价值的信息、模式和知识。随着数据规模的不断增长、数据类型的多样化和任务需求的日益复杂，一些算法因其出色的性能和广泛的应用脱颖而出，成为该领域的经典之作。2006 年，国际权威的学术组织 IEEE 举办的 International Conference on Data Mining（ICDM）评选出十大数据挖掘经典算法，它们在各自的领域内具有重要的地位和影响力。

1. 决策树分类器 C4.5（分类算法）

Ross Quinlan（罗斯·昆兰）提出的决策树分类器 C4.5 是 ID3 算法的改进版，它使用信息增益率作为属性选择的度量，避免在属性选择时偏向于具有更多值的属性。C4.5 算法可以处理数值属性和缺失值，能够直接从数据中生成关联规则。

2. *k*-均值算法（聚类算法）

k 均值（*k*-means）算法旨在根据数据间相似性将数据划分为 *k* 个簇，其优化目标是最小化簇内的方差。具体地，*k* 均值初始随机选择簇中心，将每个数据点分配给最近的簇中心，重新计算簇中心位置，直到满足停止条件。*k*-均值算法简单高效，但需要预先指定 *k* 值，且对初始簇中心的选择比较敏感。

3. 支持向量机（分类算法）

强大的分类算法支持向量机（Support Vector Machine，SVM）通过找到数据点之间的最大边界来区分不同类别。SVM 还可以通过使用核技术将数据映射到高维空间来解决非线性问题。SVM 在小样本情况下表现良好，且可以应用于回归问题。

4. Apriori 算法（频繁模式分析算法）

Apriori 算法主要用于关联规则学习。Apriori 算法基于先验原则，即如果一个项集频繁出现，那么其所有子集也必然频繁出现。Apriori 算法通过迭代生成候选项集，并计算候选集项的支持度以发现频繁项集。

5. 期望最大化算法（聚类算法）

期望最大化（Expectation-Maximization，EM）算法是一种用于估计概率模型参数的迭代算法，特别适用于存在缺失数据的情况。EM 算法通过两个步骤交替进行：E 步骤，估计隐藏变量的期望值；M 步骤，最大化这些期望值来估计模型参数。

6. PageRank 算法（排序算法）

PageRank 是由 Google 创始人拉里·佩奇（Lawrence Edward Page）开发的网页排名算法，其基于网页之间的链接关系，设定一个网页的重要性由指向它的网页的数量和质量决定。PageRank 算法通过迭代计算每个网页的排名值直到收敛。

7. AdaBoost 算法（集成弱分类器）

AdaBoost（Adaptive Boosting，自适应增强）联合多个弱分类器来构建一个强分类器。在每一轮迭代中，AdaBoost 关注被当前模型错误分类的样本，并增加这些样本的权重。然后，一个新的弱分类器被训练来以关注这些样本，所有分类器的加权和构成了最终的强分类器。

8. *k* 近邻算法（分类算法）

k 近邻（K-Nearest Neighbor，KNN）算法是一种基于实例的学习算法，其通过查找测试数据点的 *k* 个最近邻数据点来进行分类或回归。KNN 简单直观，但对每个测试数据点进行距离计算导致计算成本较高。

9. 朴素贝叶斯算法（分类算法）

朴素贝叶斯（Naive Bayes，NB）是一种基于贝叶斯定理的分类算法，其假设所有特征都是相互独立的。尽管这个假设在现实世界中成立的情况较少，但朴素贝叶斯在实践中仍然非常有效，尤其是在文本分类和垃圾邮件过滤等领域。

10. 分类与回归树算法（聚类算法）

分类与回归树（Classification and Regression Tree，CART）算法是一种基于决策树的分类算法，既可以用于分类也可以用于回归。CART 递归地将数据集分割成更小的子集来构建树，每个节点都基于某个特征的阈值进行分割。CART 不但可以处理数值和类别属性，还可以生成易于理解的模型。

这些数据挖掘领域的经典算法在不同的应用场景下展现出了卓越的性能。随着技术的不断发展，这些经典算法也在不断地被改进和扩展，以适应新的数据类型和分析需求。

1.2 数据获取

随着大数据技术的广泛应用，如何有效获取大量高质量数据愈发成为数据挖掘过程中至关重要的一环。有个有趣的现象，很多高级数据挖掘算法在实际场景中应用时经常表现不佳，这是因为数据挖掘的成功与否往往取决于所使用数据的质量、数量和多样性等因素。在机器翻译、目标检测等实际应用中，表现较好的模型往往需要数十年积累的海量训练数据作为支撑。在新应用、新领域的开始阶段，几乎没有现成的高质量数据，需要通过数据获取创建符合需求的数据。随着深度学习模型的规模和复杂度不断增加，数据获取的地位也愈发重要。

图 1-1 是数据获取领域整体体系的概览。数据获取不是简单地收集数据，而是一个综合考量数据源选择、数据采集方法、数据质量保证及合规性等多方面因素的复杂过程。

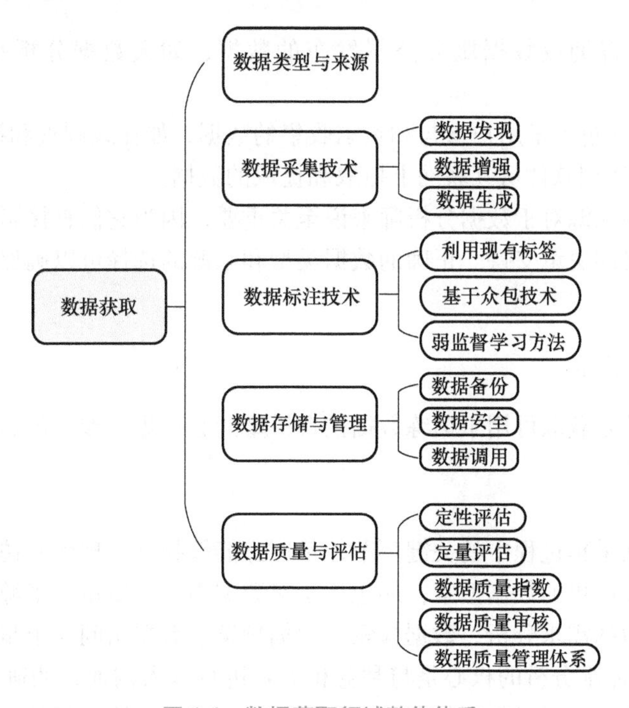

图 1-1 数据获取领域整体体系

1.2.1 数据类型与来源

在数据获取过程中，清楚了解数据的类型和来源对于后续数据处理和分析至关重要。数据类型指数据的结构和性质，数据来源则描述了数据的获取渠道或产生数据的环境。

1. 数据类型

数据类型可以根据数据的结构化程度分为结构化数据、非结构化数据及半结构化数据。

1）结构化数据指以预定义格式存储在数据库中的数据，如关系数据库中的表格数据。这类数据通常容易被查询和分析。

2）非结构化数据包括没有固定格式或不遵循特定数据模型的数据，如文本、图片、视频等数据。非结构化数据的处理和分析通常需要复杂的技术，如自然语言处理、计算机视觉技术等。

3）半结构化数据介于结构化和非结构化数据之间，通常以标记语言（如 XML 或 JSON）存储，包含标签或其他标识符用于分隔语义元素，并可能包含数据层次结构。

2. 数据来源

数据来源是多种多样的，包括但不限于以下几类。

1）内部数据源：企业或组织内部生成的数据，如销售记录、客户数据库、员工信息等。

2）公共数据集：由政府、非营利组织或研究机构发布的数据集，通常用于公共利益和研究目的。

3）互联网数据：从网站、社交媒体平台和其他在线资源获取的数据。

4）传感器数据：通过各种传感器和监测设备收集的数据，如气象站、交通监控、健康追踪器等。

5）商业数据：咨询或数据服务公司发布的数据，如大数据分析平台、市场研究报告等。

6）众包数据：通过大量用户参与和贡献收集的数据，如在线调查和社交媒体互动等。

7）网络爬虫：使用软件从互联网上抓取和提取的数据。

了解数据类型和来源对于数据分析师来说至关重要，因为它们直接影响到数据处理的方法、分析技术和最终的决策支持。正确的数据类型和来源的选择可以确保数据分析的有效性和准确性。

1.2.2 数据采集技术

数据采集的目的是获取可用于训练数据挖掘模型的数据集，涉及数据发现、数据增强和数据生成等相关技术。

1. 数据发现

数据发现是数据采集过程中的关键环节，是用户能够找到、理解并访问相关数据集的过程。数据发现不仅是简单的数据搜索，还包括了对数据内容、质量、来源和相关性的深入理解。数据发现通常包括需求分析、数据检索、数据预览、数据访问 4 个步骤。

1）需求分析。需求分析的核心是与利益相关者进行深入沟通，明确他们的数据需求和业务目标，理解利益相关者对数据的期望和使用场景。这一阶段的目的是确保数据发现工作与数据挖掘目标保持一致，并为后续步骤提供清晰的指导。

2）数据检索。数据共享和数据检索之间存在密切关系。数据共享平台如GitHub、DataHub、Kaggle和Google Fusion等为用户提供了一个集中、整理和共享数据的平台。这些平台通常提供具备结构化和标准化的数据集，用户可以直接获取并开始分析和应用数据。数据共享通过促进数据的开放性和可访问性，加速了数据的传播和利用过程。然而，并非所有需求都能在现有的共享平台中找到满足。这时，数据检索变得至关重要。

数据检索涉及从更广泛的数据资源中寻找特定的数据集或信息，包括从数据湖、互联网或专业数据库中获取数据。通过数据检索，研究人员和数据分析师能够通过各种检索技术和工具，如搜索引擎、查询语言或专业的数据服务，精确地定位到数据源。有效的数据检索策略可以提高找到相关数据集的概率。此外，数据检索还可能涉及对数据源的识别和选择，包括内部数据库、外部数据集、日志文件、在线API等。

3）数据预览。找到潜在的数据集后进行数据预览。数据预览通常查看数据样本以评估数据的质量和相关性，这可能包括检查数据的结构、字段、样本记录及数据的分布情况。数据预览的目的是确保数据集满足数据分析的需求，评估数据的完整性、准确性和一致性，并识别可能存在的数据问题，如缺失值、异常值或重复记录等。

4）数据访问。数据访问可能涉及下载数据、使用API调用或通过数据集成工具将数据导入到分析平台中。在数据访问过程中，需要确保数据的安全性和合规性，处理好数据的版权和隐私问题。此外，还需要考虑数据的存储格式和转换需求，以便数据可以被分析工具有效处理。

2. 数据增强

数据增强通过在原始数据集上应用一系列变换人为地增加其多样性，从而提高模型的泛化能力和性能。数据增强有助于模型在面对未见过的数据时表现得更好，减少过拟合的风险。甚至在某些领域，如医疗影像分析，标注数据的获取成本高昂，数据增强可以有效地扩充数据集，以便提供更多的训练样本。数据增强的常见方法有如下几种。

1）几何变换：如翻转、旋转、缩放、裁剪等操作，这些方法在图像数据上尤为常见。

2）颜色变换：调整图像的亮度、对比度、饱和度等属性，增加数据的视觉多样性。

3）噪声注入：向数据中添加噪声，如高斯噪声、椒盐噪声，以提高模型对噪声的鲁棒性。

4）插值：混合两个样本或部分样本来生成新的数据点，增强模型对样本间差异的识别能力，如Mixup和CutMix。

5）推导潜在语义：利用外部工具或技术，给已有数据增加细粒度标签或描述等，以增加数据的语义深度或信息丰富度。

6）数据集成：通过整合多个来源或变种的数据，以扩展和丰富原始数据集。

3. 数据生成

当缺少用于训练的数据集时，主要使用人工构建或自动化构建方法构建新数据集。

1）人工构建多采用众包的方式构建数据集。众包通过收集数据和预处理数据两个步骤生成新数据。收集数据，通常在众包平台发布任务，招募志愿者完成相应数据工作内容，以收集到足够数据。预处理数据，包含数据管理、实体解析和连接数据集等操作。在众包过程中如何控制众包的数据质量也是一个重要挑战。

2）自动化构建方法有着成本低和灵活性较强的特点，通常基于生成式模型，如生成对抗网络，以及面向特定应用的自动化生成技术实现。生成对抗网络旨在训练两个相互竞争的神经网络（生成网络、判别网络）：生成网络从潜在空间映射生成候选数据，判别网络从生成的候选数据中区分真实数据。这种方法在自动化数据生成任务中使用广泛。面向特定应用的自动化生成技术主要包含合成图像及合成文本数据的自动生成，该类方法通常与人类定义的策略相结合，对原始数据进行变化，自动合成新数据。

1.2.3 数据标注技术

数据标注技术旨在标记单个样本以便训练算法模型。数据标注的质量和规模通常是提升数据挖掘模型效果的重要因素。随着数据量的不断增加和模型复杂性的提升，数据标注的准确性和效率成为研究人员关注的焦点。

数据标注涉及对原始数据进行分类、定位、识别等操作，以生成带有标签的数据集供模型训练使用。标注质量的高低直接决定了模型训练的效果和泛化能力。标注不准确或标注不足的数据可能导致模型训练偏差或性能下降，而高质量的数据标注则有助于提高模型的准确性和鲁棒性。

数据标注的具体任务根据数据类型和目标任务分为多种类型，包括但不限于以下几种。

1）图像数据标注：对图像数据进行标记和分类，常用在图像识别、图像分割等任务中。

2）文本数据标注：对文本数据进行标记和分类，常用在实体识别、情感分析等任务中。

3）音频数据标注：对音频数据进行标记和分类，常用在语音识别和声音分类等任务中。

数据标注是一个耗时且劳动密集型的过程，通常需要一个庞大的人工标注团队来准确标记大量的数据。为了提高数据标注的质量和效率，研究人员提出了多种标注技术和方法，主要分为以下三类：利用现有标签、基于众包技术、弱监督学习。

1. 利用现有标签

数据挖掘的常见场景是拥有少量标注数据和大量未标注数据，通常使用半监督学习技术从已有的标注数据预测未标注数据的标签。常见的算法如下。

1）分类算法：训练模型为每一个样本返回一个或多个潜在的类别标签。

2）回归算法：训练模型为每个样本返回对应某一个类别的概率值。

3）基于图标签传播的算法：从有限标记示例数据集开始，在图结构中基于示例的相似性推断剩余示例的标签。

2. 基于众包技术

众包是一种分布式的标注方法，需要预先提供如何标注标签的说明，通过网络平台将标注任务分发给标注工人。标注工人可以是来自世界各地的志愿者或工作者，根据自己的时间和能力完成标注任务。由于标注人员背景不同，因此质量把控和标注工程中及时的信息同步和扩展性是众包技术面临的主要挑战。众包平台通常会提供一些激励措施，如金钱奖励、积分系统等，以鼓励用户参与标注工作。

众包的优势在于能够快速聚集大量的劳动力，加速数据标注过程。但相较于其他方法，众包的时间和金钱开销较大。如图 1-2 所示，主动学习作为众包技术的一种方法，其核心思想是通过一些策略来选择最有益于模型训练的数据样本，然后将这些样本交给工人进行标注，从而有效地利用标注资源。这种方法能够减少标注的成本和时间，同时提高模型的性能。常见的主动学习技术有四种。

1）不确定采样：选择预测最不确定的未标注数据，作为下一个需要标注的数据。

2）决策理论方法：利用某些目标函数来判断需要标注的数据。

3）回归主动学习：将主动学习技术扩展到回归问题。例如，对于不确定性抽样，可以计算预测的方差并选择方差最大的数据。

4）自我介绍和主动学习结合：几种数据标注技术可以组合使用。例如，先使用半监督学习找到具有最高置信度的预测并将它们添加到标注示例中，再使用主动学习找到具有最低置信度的预测手动标注标签。

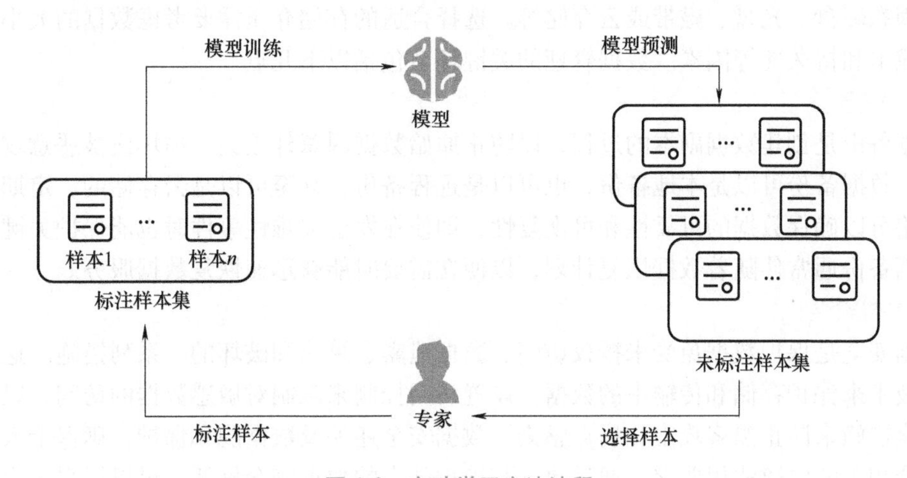

图 1-2　主动学习方法流程

3. 弱监督学习方法

当需要标注大量数据且人工标注成本无法接受时，弱监督学习方法通常可以基本满足数据标注任务的需求。图 1-3 展示了通过 Snorkel 进行弱监督学习的标签生成过程，Snorkel 能够在没有大量标注数据的情况下，结合多种弱监督信号生成更为准确的标签。尽管弱标签不如手动标签准确，但它足够让训练模型获得较高的准确性。随着深度学习模型对大规模数据标注的需求大幅增长，使用多标注函数合成一个生成模型，从而代替单标注函数并生成大量质量合格的弱标签，同时提高了标注数据的质量和标注数据的规模。弱监督学习方法可以显著提高标注速度并降低标注成本，尤其是在处理大规模数据集时。在弱监督学习方法的基础上可以进一步基于事实提高标注结果的准确度。基于事实提取的弱标签生成方法将知识图谱中可以描述实体属性的事实看作正标记的例子，并将其用作远程监督的种子标签，生成弱标签。常见的知识图谱包括 Freebase、Google Knowledge Graph、YAGO 等。

1.2.4　数据存储与管理

采集和标注后数据的有效存储与管理成为确保数据可用性和安全性的关键步骤。数据存储是指将获取的数据保存在某种介质上，以便将来能够访问和使用。数据存储的介质可以是

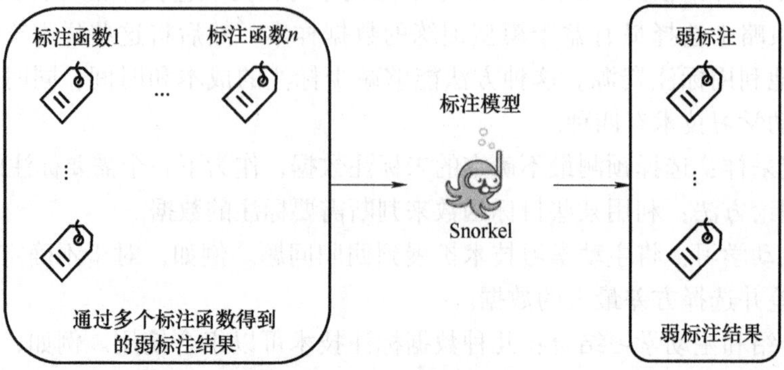

图 1-3 基于 Snorkel 的弱监督学习标签模型

硬盘、固态硬盘、光盘、磁带或云存储等。选择合适的存储介质需要考虑数据的大小、访问频率、成本和持久性等因素。数据管理的关键环节包括以下几点。

1. 数据备份

数据备份是创建数据副本的过程，以防止原始数据因意外丢失、损坏或被恶意攻击而无法恢复。数据备份可以是本地备份，也可以是远程备份，甚至可以是云存储的。定期的数据备份策略可以确保数据的可靠性和可恢复性，即使在发生灾难性事件时也能保护关键信息资产。数据备份通常伴随着数据恢复计划，以便在需要时能够迅速恢复数据服务。

2. 数据安全

数据安全是保护数据免受未授权访问、数据泄露、篡改和破坏的一系列措施。这包括实施加密技术来保护存储和传输中的数据，设置访问控制来限制对敏感数据的访问，以及采用网络安全措施来防止黑客攻击和病毒感染。数据安全还涉及数据隐私保护，确保个人和敏感信息符合相关的法律法规要求。通过建立和维护强大的数据安全框架，可以增强客户和合作伙伴的信任，同时避免潜在的法律和财务风险。

数据存储与管理是数据获取过程中不可或缺的一部分，确保了数据的可用性、安全性和合规性。随着技术的发展，数据存储解决方案将继续演进，以满足不断变化的业务需求和挑战。

3. 数据调用

数据调用是指从存储介质或数据仓库中检索特定数据或信息的过程。通常涉及查询数据存储系统，以获取所需的信息供进一步分析、处理或展示。在现代信息技术环境下，数据调用不仅是简单的查询操作，该过程涉及复杂的数据处理流程和实时数据分析，以满足用户对数据即时性和详尽性的要求。因此，数据调用技术通常需要考虑以下几个方面。

1）性能优化和查询优化。高效的数据调用需要有效的数据存储和索引策略，以确保快速响应用户的查询请求。该方面涉及数据库引擎的调优、缓存机制的使用，以及数据分区等技术手段。

2）实时数据处理。随着对实时数据需求的增加，数据调用系统需要能够处理和分析不断变化的数据流。该方面包括流式处理技术，如 Apache Kafka、Apache Flink 等，以确保数据的即时性和连续性。

3）数据安全和隐私保护。在进行数据调用时，必须确保数据的安全性和隐私保护。该方面涉及访问控制、数据加密、数据脱敏和合规性检查，以遵守相关的法律法规和行业标准。

4）集成和自动化。数据调用系统通常需要与其他系统集成，以便从多个数据源中获取和整合数据。自动化的数据调用流程可以减少人为错误、提高操作效率。

1.2.5 数据质量评估

数据质量评估是数据管理过程中的关键环节，涉及对数据的多个维度进行评价，以确保数据的可用性和可靠性。以下是数据质量评估的一些重要指标。

准确性（Accuracy）：数据是否正确地反映了现实世界的事实。准确性是数据质量的核心，要求数据误差控制在允许范围内。

完整性（Completeness）：数据集是否包含了所有必需的数据项。完整性要求数据应当全面，统计范围不重不漏。

一致性（Consistency）：指数据在不同时间、空间和系统中的一致性。一致性要求数据在不同调查项目、不同机构、不同时期之间具有高度匹配的逻辑关系。

及时性（Timeliness）：指数据从产生到可用的时间。及时性要求统计数据应当尽可能缩短从调查到公布的时间间隔。

可比性（Comparability）：指数据在不同情况下的可比性。可比性要求统计数据应当连续、可比，使用统一的统计标准和原则。

适用性（Relevance）：指数据是否满足用户的需求。适用性要求统计数据能够最大限度为用户所用。统计指标要紧跟时代发展、切合统计需求。

可获得性（Accessibility）：指用户获取数据的难易程度。可获得性要求多渠道、多方式公布统计数据，同时公布相应的统计制度与方法，加强数据解读，满足社会需求。

经济性（Cost-Effectiveness）：指数据的生产成本与效益之比。经济性要求统计数据时应尽可能降低成本，充分利用各类数据资源。

以下是几种常见的数据质量评估方法。

1）定性评估。定性评估依赖于专家的知识和经验，通过专家评审、用户反馈等方式对数据质量进行主观评价。这种方法通常涉及组织焦点小组讨论、访谈或问卷调查。专家的洞察力可以帮助识别数据的潜在问题，如数据的适用性和一致性等。此外，用户反馈可以揭示数据在实际应用中的表现，为数据质量改进提供方向。

2）定量评估。定量评估使用一系列数据质量评估指标进行客观测量，如错误率、缺失率、重复率等。这些指标可以通过自动化工具计算得出，为数据质量提供可量化的度量。定量评估的结果可以用于数据质量报告，帮助了解数据集的健康状况，并指导数据清洗和改进工作。

3）数据质量指数。数据质量指数是一种综合评估方法，它将多个数据质量维度和指标结合成一个总体评分。构建数据质量指数时，需要确定各个维度的权重，这些权重通常基于需求和数据的重要性。通过这种方式，可以对不同数据集的质量进行比较和优先级排序。

4）数据质量审核。数据质量审核是一种系统性的方法，通过数据质量审核评估管理办法对数据进行审核和确认。这个过程可能包括数据源的验证、数据采集和处理流程的审查，以及数据结果的核实。数据质量审核旨在确保数据的准确性、完整性和一致性，同时遵守相关的法律法规和标准。

5）数据质量管理体系。建立一个全面的数据质量管理体系，包括数据质量保证框架、统计流程规范、项目评估办法等，是提升数据质量的长期策略。数据质量保证框架提供了评估数据质量的标准和指南，统计流程规范确保数据收集和处理的标准化，而项目评估办法则用于定期检查和评估数据质量改进措施的效果。通过这种体系化的方法，可以持续监控和改进数据质量，确保数据支持业务目标和决策需求。

以上数据质量评估方法在实施时需要结合组织的具体情况和需求，以确保数据质量评估工作的有效性和针对性。通过持续的数据质量评估和管理，可以提高数据的可信度，支持更好的业务决策和运营效率。

1.3 数据挖掘的流程

数据挖掘是一个复杂且系统的过程，涉及多个步骤，每个步骤都扮演着重要的角色。数据挖掘的流程包括：业务理解与问题定义、数据获取与预处理、数据挖掘、结果分析与应用（可视化）四个步骤。

1.3.1 业务理解与问题定义

在数据挖掘的过程中，业务理解与问题定义是第一步，也是非常重要的一步。研究人员需要与业务人员密切合作，深入了解业务需求，明确数据挖掘要解决的问题。这一步骤的成功与否直接影响到后续数据挖掘的效果和实用性。

首先，研究人员需要了解业务背景，包括业务环境、业务流程、业务数据等。通过了解业务背景，可以更好地理解业务问题，挖掘出有价值的信息。

其次，研究人员需要定义明确的问题和目标。这些问题应该具有明确性、可衡量性和可实现性，以便在后续的数据挖掘过程中进行有针对性的分析和处理。

总之，业务理解与问题定义是数据挖掘流程中非常重要的一步。通过深入了解业务背景，定义明确的问题和目标，以及选择合适的模型和算法，可以更好地完成数据挖掘任务，为业务提供有价值的支持。

1.3.2 数据获取与预处理

数据的质量和完整性直接影响到后续分析的准确性和效果。因此，研究人员需要仔细考虑如何获取和处理数据。

首先，研究人员需要明确数据来源。这些数据可能来自于公司的内部数据库、外部数据源，或者是通过爬虫等方式获取的。在选择数据来源时，需要考虑到数据的可靠性、完整性和代表性，确保获取到的数据能够满足分析需求。

其次，研究人员需要进行数据预处理，包括数据清洗、数据集成、数据转换与规范化、数据规约等。数据清洗主要是去除重复、错误、不完整等无效数据，确保数据的质量和准确性；数据集成、数据转换与规范化、数据规约等操作使数据能更好地适应数据挖掘算法。

最后，研究人员还需要对数据进行探索性分析。这一步骤的目的是了解数据的分布、特征及潜在的关系，为后续建模和分析提供指导。通过绘制图表、计算统计量等方式，可以更好地理解数据，发现数据中的规律和趋势。

总之，数据获取与预处理是数据挖掘流程中不可或缺的一步。通过明确数据来源、进行数据预处理及探索性分析，可以确保数据的准确性和完整性，为后续建模和分析奠定坚实的基础。

1.3.3 数据挖掘

数据挖掘是整个流程中的核心环节，涉及多种算法和技术的运用，旨在从预处理后的数据中提取有价值的信息和模式。在这一阶段，研究人员需要根据问题的性质和数据的特点，选择合适的挖掘方法和工具。

首先，根据数据类型和问题类型来选择合适的模型。例如，对于分类问题，当目标是将数据分配到预先定义的类别中时，常用的模型包括逻辑回归、决策树、随机森林、梯度提升机和支持向量机等；对于聚类问题，在没有明确标签的情况下，为了发现数据的内在结构，可以使用 k-means、层次聚类、DBSCAN 等算法。同时，还需要考虑数据的特征，如连续型、离散型、高维性等，以便选择能够充分利用数据特征的模型。在市场篮子分析等场景中，Apriori、FP-growth 等算法用于发现变量之间的有趣关系。

其次，需要考虑数据特征。在连续型与离散型方面，连续型特征可能需要进行归一化或标准化，而离散型特征可能需要进行编码，如独热编码。在高维性方面，对于高维数据，降维技术如主成分分析或线性判别分析可能非常有用。在缺失值处理方面，模型选择时要考虑如何处理缺失值，有些模型如决策树对缺失值不敏感，而有些则需要预先填充缺失值。

此外，模型评估可以全面阐述模型在未知数据上的性能。通常涉及使用独立的测试数据集对模型进行评估，以确保评估结果的客观性和准确性。评估指标的选择应根据具体的数据挖掘任务来确定，如分类任务常用的有准确率、召回率、F1 值等，回归任务常用的有均方误差、均方根误差等。同时，还可以使用交叉验证、自助法等技术来进一步评估模型的稳定性和泛化能力。模型调优是在评估的基础上对模型进行优化以提高其性能。调优过程包括调整模型的超参数、优化算法的选择、特征选择等。超参数的调整可以通过网格搜索、随机搜索或贝叶斯优化等方法进行，以找到使模型性能达到最优的超参数组合。优化算法的选择则应根据具体问题和模型类型来确定，如梯度下降、随机森林、支持向量机等。此外，特征选择也是调优过程中的重要环节，选择对模型性能影响最大的特征，可以提高模型的泛化能力和解释性。

最后，需要注意避免过拟合和欠拟合问题。过拟合是指模型在训练数据上表现得很好，但在测试数据上表现不佳。选择模型时要考虑其复杂度，避免模型对训练数据过度拟合，正则化技术、早停法和 Dropout 是常用的方法。而欠拟合则是指模型在训练数据和测试数据上的表现都不佳。这可能是因为模型太简单，无法捕捉数据中的复杂关系。增加模型复杂度或特征工程可能有助于解决这个问题。为了避免发生这些问题，需要选择合适的模型复杂度，并进行适当的正则化操作。

总之，在数据挖掘流程中，模型的选择、评估和调优是非常重要的，选择是一个需要综合考虑多个因素的决策过程。通过细致地分析数据类型、问题类型、算法性能、数据特征、模型可解释性和稳定性，以及避免过拟合和欠拟合问题，可以在数据挖掘流程中选择出最合适的模型。这不仅能够提高数据挖掘的准确性和效率，还能确保结果的可靠性和实用性。

1.3.4 结果分析与应用

在完成模型的选择与建立、评估与调优之后，将进入结果分析与应用阶段。这一阶段的主要目的是将模型应用于实际业务场景，通过分析挖掘结果为决策提供有力支持，并不断提升模型的实用性和价值。

结果分析是对模型输出结果的深入解读和理解。也就是说，根据业务需求和问题背景，对模型的输出结果进行解释和阐述，揭示数据背后的规律和趋势。例如，在分类任务中，分析不同类别之间的特征和差异，识别出影响分类的关键因素；在回归任务中，可以分析自变量和因变量之间的关系，预测未来的变化趋势。通过结果分析，可以更好地理解数据，发现潜在的业务价值。

结果可视化是将结果以图、表等可视化形式呈现。结果可视化可以从不同维度分析结果变化或趋势等，可以快速定位数据挖掘结果所体现的核心问题。常见的结果可视化包括柱状图、折线图、饼图、散点图和知识图谱等形式。常用的结果可视化工具有以下一些。

1）Matplotlib：一种基于 Python 的绘图库，可以创建各种静态、动态、交互式的图表。

2）Echarts：一个使用 JavaScript 编写的开源可视化库，可以在 Web 浏览器中生成交互式图表。

3）Tableau：一款企业级的大数据可视化工具，可以快速创建图形、表格和地图，支持在线生成可视化报告和云托管服务。

4）FusionCharts：一款跨平台的图表库，提供了超过 90 种图表和图示，包括漏斗图、热点地图、放缩线图和多轴图等。

结果应用是将模型应用于实际业务场景的过程。将模型的输出结果与实际业务需求相结合，为业务决策提供支持和依据。例如，在营销领域，利用模型预测客户的购买意向和偏好，制定个性化的营销策略；在风险管理领域，利用模型评估客户的信用风险和违约概率，制定风险控制和预警措施。通过结果应用，将数据挖掘的成果转化为实际的商业价值。

在结果分析与应用过程中，还需要注意以下几点：一是要关注结果的可靠性和稳定性，确保模型输出的结果具有可信度和可重复性；二是要关注结果的解释性和可理解性，确保业务团队能够理解和应用模型的输出结果；三是要关注结果的实用性和价值性，确保模型的应用能够带来实际的商业价值和效益。

总的来说，结果分析与应用是数据挖掘流程中的最后一步，也是很重要的一步。通过深入分析挖掘结果，将模型应用于实际业务场景，可以为业务决策提供有力支持，实现数据挖掘的商业价值。同时，还需要关注结果的可靠性、解释性、实用性和价值性等方面的问题，不断提升模型的实用性和价值，继续探索数据挖掘的更多应用场景和技术手段，为业务发展和创新提供更多的支持和帮助。

1.4 本章小结

本章对数据挖掘领域进行了全面概述。首先定义了数据挖掘的基本概念，即数据挖掘是一种从大量数据中提取有价值信息的技术，这些信息可以是显式的模式、趋势或关联性。然后，强调了数据挖掘在现代决策过程中的重要性，尤其是在处理和分析大数据方面。接着，探讨了数据挖掘的基本任务，包括分类、聚类、关联规则挖掘、预测和时序模式挖掘等。每个任务都有其独特的目标和应用场景，共同构成了数据挖掘的核心。通过这些任务，数据挖掘能够从数据中发现知识，支持更加明智的决策。接下来，讨论了数据挖掘的广泛应用领域，从商业智能到医疗诊断，再到金融分析和社交网络分析等。这些应用展示了数据挖掘如何跨越不同行业，为各种问题提供解决方案。最后，详细介绍了数据挖掘的标准流程，包括业务理解与问题定义、数据获取与预处理、数据挖掘及结果分析与应用（可视化）。每个步骤都是数据挖掘成功实施的关键，需要仔细考虑和执行。

通过本章的学习，可对数据挖掘有基本的了解，并认识到它在解决现实世界问题中的潜力。随着进一步深入学习数据挖掘的高级概念和技术，将能够更好地利用这些工具来解决复杂的数据问题，并从数据中提取有价值的知识。本章为学习数据挖掘打下了一个坚实的知识基础，后面能更好地理解更高级的数据挖掘技术和方法。

第2章　数据预处理

导读

在当今信息爆炸的时代，数据已成为企业和组织最宝贵的资源之一。能够采集和存储的数据类型愈发丰富，数据规模呈指数级增长。然而，原始数据往往是杂乱无章的，其中包含了大量的噪声、缺失值和不一致性，严重影响了数据分析的准确性和效率。因此，数据预处理成为数据分析不可或缺的一环。数据预处理是指在数据分析之前对数据进行的一系列操作，以确保数据的质量和一致性。这一过程包括数据清洗、数据集成、数据转换与规范化，以及数据归约等多个步骤。随着大数据、云计算和人工智能等技术的兴起，数据预处理的重要性日益凸显，它不仅关系到数据分析结果的准确性，还直接影响到模型的性能和预测能力。本章将详细介绍数据预处理所涉及的数据清洗、数据集成、数据转换与规范化、数据归约等内容。这些内容不仅涵盖了基本的理论知识，还包含了具体的数据预处理实践操作。

本章知识点

- 数据清洗的缺失值处理、去重去噪、异常值处理。
- 数据集成的实体识别、冗余和相关性分析。
- 数据转换与规范化的离散化、标准化、二值化、归一化、正则化和特征编码。
- 数据归约的子空间法、粗糙集规约、流形学习。

学习要点

- 掌握数据清洗的基本方法，能够处理数据中的缺失值、冗余、噪声和异常值。
- 掌握数据集成的策略，能够识别和处理数据中的重复实体，分析数据冗余和相关性。
- 掌握数据转换与规范化技巧，能够将数据从一种形式转换为另一种形式，以适应不同的分析需求。
- 掌握数据归约技术，能够减少数据的复杂性，提高数据处理的效率。

工程能力目标

对原始数据进行数据清洗、数据集成、数据转换与规范化、数据归约以提高数据的质量，确保数据的一致性，支持后续算法分析的要求。

2.1 数据清洗

数据清洗是数据预处理过程中的关键步骤，以确保数据的高质量，为后续的数据分析和建模提供可靠的数据基础。在实际应用中，从现实世界采集的数据经常存在缺失值、重复值、噪声值和异常值等，这些值直接影响数据的准确性和可用性。通过数据清洗，可以有效地提升数据的质量，提高数据挖掘结果的可信度和准确性。

本节将详细介绍数据清洗涉及的数据缺失值处理、冗余去重、数据去噪和异常值处理等内容。这些内容不仅涵盖了基本的理论知识，还提供了具体的处理方法和 Python 实现示例代码。

2.1.1 数据缺失值处理

缺失值可能会影响模型性能和整体数据分析结果，缺失值处理是数据清洗过程的重要步骤。缺失值通常可以分为以下几类。

1）完全随机缺失（Missing Completely at Random）：缺失的发生与任何变量都无关，即缺失是随机的。

2）随机缺失（Missing at Random）：缺失的发生仅与可观察变量有关，而与缺失变量本身无关。

3）非随机缺失（Missing Not at Random）：缺失的发生与缺失变量本身有关，即缺失不是随机的。

假设包含 n 个样本和 p 个变量的数据集为 $X=\{x_{ij}\}$、数据集缺失值的位置记为 M，其中 x_{ij} 表示第 i 个样本第 j 个变量。构建含缺失值的数据集 X 的代码如下。

示例代码 2-1

```
import numpy as np
import pandas as pd
data={
'X1':[1.2,2.3,np.nan,4.1,3.5],
'X2':[3.4,np.nan,2.1,1.2,4.6],
'X3':[5.6,4.5,3.8,np.nan,2.9]
}
df=pd.DataFrame(data)
print("原始数据集:\n",df)
```

1. 非建模缺失值处理方法

在缺失值处理过程中，常用的非建模方法包括人工填补、忽略缺失值、固定值填补、前向填补、后向填补以及条件填补等。

1）人工填补：根据数据的上下文和领域知识手动填补缺失值，是一种依赖领域专家或数据分析师经验的方法。该方法适用于数据集较小或缺失值位置重要且需要精确填补的情形。其优点在于可以利用领域知识进行准确填补，但耗费人力较大且主观性强，难以在大规模数据集中推广。

2）忽略缺失值：当缺失值对样本很重要且难以修复时，直接删除包含缺失值的样本或变量。这种方法适用于在缺失值较少的情况，删除样本或变量不会对整体数据集的分布造成严重影响，但直接丢弃样本或变量较为可惜。

3）固定值填补：填补缺失值为数据集的均值、中位数、众数或 0，这是一种简单而常见的方法，适用于数值型和类别型数据，以及缺失值较多且希望保持数据集完整性的场景，但可能引入偏差改变数据的分布。

4）前向填补和后向填补：前向填补是用前一个真实值填补缺失值，后向填补则是使用后一个真实值填补缺失值。这种基于数据顺序的填补方法适用于时间序列数据或有序数据。

5）条件填补：设置某些条件以基于其他列的值来填补缺失值的方法。

2. 建模缺失值处理方法

上述非建模缺失值处理方法简单易行，适用于数据量较小或缺失情况较为简单的场景。然而，随着数据复杂性的增加和数据量的增大，非建模方法的局限性也逐渐显现，这包括缺乏上下文信息表征，忽略数据的潜在模式和异质性，以及无法处理复杂的缺失模式等。相比之下，建模方法利用统计模型和机器学习算法对已有数据的内在模式进行建模，这不仅能够有效填补缺失值，还能在一定程度上提升数据的整体质量和准确性。建模方法具有以下四点显著优势。

1）精确性更高。建模方法利用数据中的现有信息预测缺失值，往往能获得更准确的填补结果。例如，使用 k 近邻填补法或随机森林填补法可以捕捉数据之间的复杂关系，提供更贴近真实值的填补结果。

2）复杂数据适应性更强。建模方法能够处理具有复杂模式和分布的数据。在多变量数据集中，建模方法可以同时考虑多个变量之间的关系，提高填补结果的合理性和一致性。

3）减少偏差。通过多重插补等方式，建模方法能够减少填补过程中引入的偏差或噪声，提高数据分析和建模结果的可靠性。

4）自动化程度高。建模方法可以自动化处理大规模数据集，减少人工干预和操作的复杂性，适用于大规模数据场景。

以包含缺失值的数据集 X 为例，下面详细介绍几种常用的建模缺失值处理方法，包括 MissForest 迭代差补、k 近邻填补和多重插补等。

① MissForest 迭代差补方法。MissForest 是一个基于随机森林的迭代缺失值填补方法，适用于数值型和分类型数据。MissForest 的基本思想是通过随机森林模型对缺失值进行预测并不断迭代更新，直至填补结果收敛。

首先，对数据集中的缺失值进行初始填补，通常可以使用列的均值（数值型）或众数（分类型）进行初始填补。之后，对于每个变量 j 构建随机森林模型 f_j，使用其余的变量 $X_{\neg j}$ 作为输入，训练数据为不包含缺失值的样本，并预测缺失值：

$$x_{ij}^{(t)}=f_j(X_{\neg j}^{(t-1)}) \tag{2-1}$$

其中，$x_{ij}^{(t)}$ 是第 t 次迭代中第 j 个变量的缺失值预测结果。然后据此更新数据集：

$$X^{(t)}=\{x_{ij}^{(t)}\} \tag{2-2}$$

再计算填补前后数据集的变化 Δ：

$$\Delta=\frac{\sum_{i,j\in M}|x_{ij}^{(t)}-x_{ij}^{(t-1)}|}{|M|} \tag{2-3}$$

如果 Δ 小于预设阈值，则停止迭代；否则继续。MissForest 的实现代码示例如下。

示例代码 2-2

```
from sklearn.impute import SimpleImputer
from sklearn.ensemble import RandomForestRegressor
# MissForest 方法
def miss_forest_imputation(df,max_iter=10):
    df_imputed=df.copy()
    initial_imputer=SimpleImputer(strategy='mean')
    df_imputed=pd.DataFrame(initial_imputer.fit_transform(df_impu-
ted),columns=df.columns)
    for _ in range(max_iter):
        for col in df.columns:
            not_null=df_imputed[df[col].notnull()]
            null=df_imputed[df[col].isnull()]
            X_train=not_null.drop(columns=[col])
            y_train=not_null[col]
            X_test=null.drop(columns=[col])
            model=RandomForestRegressor()
            model.fit(X_train,y_train)
            df_imputed.loc[df[col].isnull(),col]=model.predict(X_test)
    return df_imputed
print("原始数据集:\n",df)
print("\nMissForest 方法:\n",miss_forest_imputation(df))
```

MissForest 方法适用于混合类型数据（数值型和分类型），能有效处理复杂数据结构和高维数据，通过随机森林的集成学习其具有较强的鲁棒性和稳定性。但该算法复杂度较高，数据集较大时计算时间长，并且对于极端缺失情况（缺失比例非常高），预测效果可能不理想。

② k 近邻填补方法。k 近邻填补方法通过寻找与缺失值样本在其他变量上最相似的 k 个

样本，用这些样本的均值（或其他统计量）来填补缺失值。

$$x_{ij} = \frac{1}{k} \sum_{i' \in N_k(i)}^{k} x_{i'j} \tag{2-4}$$

其中，$N_k(i)$ 是与样本 i 最相似的 k 个相邻样本的集合。该方法考虑了变量间的相关性，填补结果较为合理，对于缺失比例中等的数据集效果较好。但其计算复杂度较高，并且 k 值的选择可能影响填补效果。该方法的实现代码示例如下。

示例代码 2-3

```
from sklearn.neighbors import KNeighborsRegressor
# k 近邻插补
def knn_imputation(df,n_neighbors=3):
    #初始插补,避免 NaN 值影响 KNN
    df_imputed=df.copy()
    initial_imputer=SimpleImputer(strategy='mean')
    df_imputed=pd.DataFrame(initial_imputer.fit_transform(df_impu-
ted),columns=df.columns)
    #对每列进行插补
    for col in df.columns:
        if df[col].isnull().sum() > 0:
            not_null=df_imputed[df[col].notnull()]
            null=df_imputed[df[col].isnull()]
            X_train=not_null.drop(columns=[col])
            y_train=not_null[col]
            X_test=null.drop(columns=[col])
            # k 近邻模型
            model=KNeighborsRegressor(n_neighbors=n_neighbors)
            model.fit(X_train,y_train)
            df_imputed.loc[df[col].isnull(),col]=model.predict(X_test)
    return df_imputed
print("原始数据集:\n",df)
print("\nk 近邻插补:\n",knn_imputation(df))
```

③ 多重插补。多重插补方法通过创建多个完整的数据集对每个数据集分别进行填补，最后将多个填补结果结合起来以反映填补的不确定性。

首先，对每个缺失值生成 K 个不同的插补数据集 $X^{(1)}, X^{(2)}, \cdots, X^{(k)}, \cdots, X^{(K)}$，其中 $X^{(k)}$ 为第 k 个插补数据集。

$$X^{(k)} = \{x_{ij}^{(k)} \mid (i,j) \notin M\} \cup \{\hat{x}_{ij}^{(k)} \mid (i,j) \in M\} \tag{2-5}$$

其中，$\hat{x}_{ij}^{(k)}$ 是第 k 个插补数据集中缺失值 x_{ij} 的插补值。

之后，对每个插补数据集 $X^{(k)}$ 进行分析，得到估计量 $\hat{\theta}^{(k)}$ 和相应的方差 $\hat{V}^{(k)}$：

$$\hat{\theta}^{(k)}=f(X^{(k)}) \tag{2-6}$$

$$\hat{V}^{(k)}=\mathrm{Var}(\hat{\theta}^{(k)}) \tag{2-7}$$

综合 K 组分析结果，得到综合估计量 $\bar{\theta}$ 和综合方差 T：

$$\bar{\theta}=\frac{1}{K}\sum_{k=1}^{K}\hat{\theta}^{(k)} \tag{2-8}$$

$$T=\bar{V}+\left(1+\frac{1}{K}\right)B \tag{2-9}$$

其中，$\bar{V}$ 是 K 组方差的平均值，B 是 K 组估计量的方差：

$$\bar{V}=\frac{1}{K}\sum_{k=1}^{K}\hat{V}(k) \tag{2-10}$$

$$B=\frac{1}{K-1}\sum_{k=1}^{K}(\hat{\theta}^{(k)}-\bar{\theta})^2 \tag{2-11}$$

每个缺失值最终插补值为 K 个插补数据集中的插补值的平均值：

$$\hat{x}_{ij}=\frac{1}{K}\sum_{k=1}^{K}\hat{x}_{ij}^{(k)} \tag{2-12}$$

实现该方法的示例代码如下。

示例代码 2-4

```
#多重插补方法
def multiple_imputation(df,m=5,max_iter=10):
    imputed_datasets=[]
    for _ in range(m):
        imputed_df=miss_forest_imputation(df,max_iter)
        imputed_datasets.append(imputed_df)
    final_imputed_df=df.copy()
    for col in df.columns:
        final_imputed_df[col]=np.mean([imputed_datasets[i][col] for i
in range(m)],axis=0)
    return final_imputed_df

print("原始数据集:\n",df)
print("\n 多重插补方法:\n",multiple_imputation(df))
```

多重插补方法考虑了插补结果的不确定性，统计推断结果更可靠，并且适用于处理复杂的数据缺失模式、完全随机缺失和随机缺失。但多重插补方法的实现较为复杂，需要多次插补和分析，要求一定的计算资源和计算时间，并且对于非随机缺失效果欠佳。

本小节介绍了数据缺失值处理的非建模方法和建模方法，以及这些方法的 Python 实现代码。掌握这些方法对于确保数据分析和建模的准确性和可靠性至关重要。不同方法有各自的优缺点，应根据具体数据集的特点选择合适的方法，从而提高数据分析和挖掘的效果，为决策提供可靠的依据。

2.1.2 冗余去重

数据冗余是指数据集中存在重复或多余的信息，其可能影响数据分析的结果和性能。冗余去重是数据预处理中的一个关键步骤，旨在消除重复的记录，确保数据集的准确性。常见的冗余去重方法有基于主键、基于相似度和基于聚类几种方法。

1. 基于主键的冗余去重

基于主键的冗余去重方法是最简单、直接的冗余去重方法，主要适用于数据集中存在唯一标识符（如 ID、唯一键）的情况。假设数据集为 X，包含 N 条记录，唯一标识符为 ID。基于主键的冗余去重可以表示为

$$X' = X \setminus \{x_i \in X \mid \exists x_j \in X, i \neq j, x_i[\mathrm{ID}] = x_j[\mathrm{ID}]\} \tag{2-13}$$

其中，X' 是去重后的数据集。该方法的 Python 代码示例如下。

示例代码 2-5

```
#示例数据集
import pandas as pd
data={
    'ID':[1,2,3,4,4],
    'Name':['Alice','Bob','Charlie','David','David'],
    'Age':[25,30,35,40,40]
}
df=pd.DataFrame(data)
#基于主键的去重
def remove_duplicates_by_key(df,key):
    return df.drop_duplicates(subset=[key])

print("原始数据集:\n",df)
print("\n 基于主键的去重:\n",remove_duplicates_by_key(df,'ID'))
```

2. 基于相似度的冗余去重

在数据集中可能存在相似但不完全相同的记录。基于相似度的冗余去重方法是通过计算记录之间的相似度来识别和删除重复记录的。常用的相似度计算方法包括余弦相似度、杰卡德相似度等。

对于两个记录 x_i 和 x_j，余弦相似度 $\mathrm{sim}(x_i, x_j)$ 的计算公式为

$$\mathrm{sim}(x_i, x_j) = \frac{\sum_{d=1}^{D} x_{id} x_{jd}}{\sqrt{\sum_{d=1}^{D} x_{id}^2} \cdot \sqrt{\sum_{d=1}^{D} x_{jd}^2}} \tag{2-14}$$

其中，D 是特征的数量。当 $\mathrm{sim}(x_i, x_j)$ 超过某个阈值 θ 时，认为 x_i 和 x_j 是冗余的，删除其

中一个。该方法的 Python 代码示例如下。

示例代码 2-6

```
from sklearn.feature_extraction.text import TfidfVectorizer
from sklearn.metrics.pairwise import cosine_similarity
#示例数据集
data={
    'Text':['data mining is fun','data mining is enjoyable','machine
learning is fun','machine learning is enjoyable']
}
df=pd.DataFrame(data)
#基于余弦相似度的去重
def remove_duplicates_by_similarity(df,column,threshold=0.6):
    vectorizer=TfidfVectorizer().fit_transform(df[column])
    vectors=vectorizer.toarray()
    similarity_matrix=cosine_similarity(vectors)
    to_drop=set()
    for i in range(len(similarity_matrix)):
        for j in range(i+1,len(similarity_matrix)):
            if similarity_matrix[i][j] > threshold:
                to_drop.add(j)
    df_filtered=df.drop(df.index[list(to_drop)])
    return df_filtered

print("原始数据集:\n",df)
print("\n基于余弦相似度的去重:\n",remove_duplicates_by_similarity(df,
'Text'))
```

3. 基于聚类的冗余去重

基于聚类的冗余去重的思想是将相似的数据点聚类，并在每个聚类中仅保留一个代表记录，其余记录则被视为冗余数据。该方法减少数据量的同时不影响数据的代表性。常用的聚类算法有 k-means、DBSCAN 等。

例如，对于数据集 X，使用聚类算法 Cluster 将数据点分成 K 个簇，每个簇内保留一个代表点，并认为簇内其他的数据点是冗余的，有

$$X' = \{x_i \mid x_i \in \text{Cluster}(X)\} \tag{2-15}$$

其中，X'是去重后的数据集。该方法的 Python 代码示例如下。

示例代码 2-7

```
from sklearn.cluster import DBSCAN
```

```
from sklearn.preprocessing import StandardScaler
#示例数据集
data={
    'Feature1':[1,2,2,8,8],
    'Feature2':[2,2,3,8,8]
}
df=pd.DataFrame(data)
#基于 DBSCAN 的去重
def remove_duplicates_by_clustering(df,eps=0.5,min_samples=2):
    scaler=StandardScaler()
    scaled_features=scaler.fit_transform(df)
    clustering=DBSCAN(eps=eps,min_samples=min_samples).fit(scaled_
features)
    df['Cluster']=clustering.labels_
    #仅保留每个聚类中的第一个记录
    df_filtered=df[df['Cluster'] !=-1].drop_duplicates(subset=['
Cluster']).drop(columns=['Cluster'])
    return df_filtered

print("原始数据集:\n",df)
print("\n 基于 DBSCAN 的去重:\n",remove_duplicates_by_clustering(df))
```


数据冗余去重可以提高数据集的质量和分析效率。本节介绍了三种常见的去重方法：基于主键的去重、基于相似度的去重和基于聚类的去重。每种方法都有其适用的场景和优缺点，实际应用中应根据具体需求选择合适的去重方法。

2.1.3 数据去噪

数据噪声指的是数据集中存在的错误或随机值。噪声可能会对数据分析和模型训练造成干扰。数据去噪旨在识别和消除数据中的噪声，提高数据集的质量。常见的数据去噪方法包括：基于统计特性的去噪、基于机器学习的去噪、基于信号处理的去噪、分箱法、回归法和聚类法。

1. 基于统计特性的去噪

基于统计特性的去噪方法利用数据的统计特性来识别和去除噪声。常见的统计特性包括均值、中位数、标准差等。通过这些统计特性，可以识别和去除异常值或离群点。

计算数据集中每个特征的均值μ和标准差σ。对于特征值x_i，如果满足以下条件，则认为x_i是噪声：

$$x_i \notin [\mu-k\sigma,\mu+k\sigma] \tag{2-16}$$

其中，k通常取值为 2 或 3。该方法的 Python 代码示例如下。

示例代码 2-8

```
import pandas as pd
#示例数据集
data={
    'X1': [1.2,2.3,2.5,4.1,3.5,100],
    'X2': [3.4,2.2,2.1,1.2,4.6,-50],
    'X3': [5.6,4.5,3.8,6.1,2.9,3.2]
}
df=pd.DataFrame(data)
#基于统计特性的去噪
def remove_noise_by_statistics(df,k=2):
    df_cleaned=df.copy()
    for col in df.columns:
        mean=df[col].mean()
        std=df[col].std()
        df_cleaned=df_cleaned[(df[col] >=mean-k * std) & (df[col] <=
mean+k * std)]
    return df_cleaned

print("原始数据集:\n",df)
print("\n 基于统计特性的去噪:\n",remove_noise_by_statistics(df))
```

2. 基于机器学习的去噪

基于机器学习的去噪方法通过对数据建模来识别和去除噪声，可以是监督学习模型，也可以是无监督学习模型。常用的监督学习方法包括分类器和回归模型，无监督学习方法有聚类等。

对于监督学习方法，假设数据集包含特征 X 和标签 y，训练一个分类器或回归模型 f，预测的结果为 $\hat{y}$。如果预测值与实际值的差异超过某个阈值 ε，即 $|y_i-\hat{y}_i|>\varepsilon$，则认为该记录包含噪声。该方法的实现代码示例如下。

示例代码 2-9

```
import numpy as np
import pandas as pd
from sklearn.linear_model import LinearRegression
from sklearn.model_selection import train_test_split
from sklearn.metrics import mean_squared_error
import matplotlib.pyplot as plt
#生成示例数据集
```

```
np.random.seed(42)
X=np.linspace(0,10,100)
y=2*X+1+np.random.normal(0,1,100)
#添加噪声
y[::10]+=10*(0.5-np.random.rand(10))
#设置噪声阈值
noise_thres=2

data=pd.DataFrame({'X': X,'y': y})
#可视化原始数据
plt.scatter(data['X'],data['y'],c='red',label='Noisy Data')
plt.title('Original Noisy Data')
plt.xlabel('X')
plt.ylabel('y')
plt.legend()
plt.show()
#分割数据集
X_train,X_test,y_train,y_test=train_test_split(data[['X']],data['y'],
test_size=0.2,random_state=42)
#训练线性回归模型
model=LinearRegression()
model.fit(X_train,y_train)
#在训练集和测试集上预测
y_train_pred=model.predict(X_train)
y_test_pred=model.predict(X_test)
#计算训练误差和测试误差
train_mse=mean_squared_error(y_train,y_train_pred)
test_mse=mean_squared_error(y_test,y_test_pred)
print(f"Training MSE: {train_mse}")
print(f"Testing MSE: {test_mse}")
#使用模型预测整个数据集并去噪
data['y_pred']=model.predict(data[['X']])
data['y_denoised']=np.where(np.abs(data['y']-data['y_pred']) > noise_
thres,data['y_pred'],data['y'])
#可视化去噪后的数据
plt.scatter(data['X'],data['y'],c='red',label='Original Noisy Data')
plt.scatter(data['X'],data['y_denoised'],c='blue',label='Denoised
Data')
```

```
plt.title('Denoised Data Using Linear Regression')
plt.xlabel('X')
plt.ylabel('y')
plt.legend()
plt.show()
```

3. 基于信号处理的去噪

基于信号处理的去噪方法广泛应用于时间序列数据和图像数据的去噪。这些方法包括滤波器（如低通滤波、高通滤波）和小波变换等，可以有效过滤噪声。假设时间序列数据为 $x(t)$，使用低通滤波器 $h(t)$ 去噪后的结果 $y(t)$ 为

$$y(t) = (x * h)(t) = \int_{-\infty}^{+\infty} x(\tau)h(t - \tau)\mathrm{d}\tau \tag{2-17}$$

该方法的实现代码示例如下。

示例代码 2-10

```
import pandas as pd
import numpy as np
from scipy.signal import butter,filtfilt
#示例数据集
data={
    'Time': np.arange(0,10,0.1),
    'Signal': np.sin(np.arange(0,10,0.1))+np.random.normal(0,0.5,100)
}
df=pd.DataFrame(data)
#基于低通滤波器的去噪
def low_pass_filter(df,column,cutoff=0.1,fs=1.0,order=2):
    nyq=0.5*fs
    normal_cutoff=cutoff/nyq
    b,a=butter(order,normal_cutoff,btype='low',analog=False)
    df[column+'_filtered']=filtfilt(b,a,df[column])
    return df

print("原始数据集:\n",df.head())
print("\n 基于低通滤波器的去噪:\n",low_pass_filter(df,'Signal').head())
```

4. 分箱法

分箱法通过将数据划分为不同的区间，对每个区间内的数据分别进行处理来去除噪声，例如每个区间内的数据用其均值、中位数或众数替换。常见的方法包括等宽分箱和等频分箱。等宽分箱是指将数据划分为宽度相等的区间，每个区间内数值的上下界之间

的差是相同的。等频分箱是指将数据划分为频率相等的区间，每个区间包含的数据点数量大致相同。

以箱的均值作为替换值为例，假设数据集的某个特征 X 被划分为 n 个区间，每个区间的宽度为 w。对于每个区间 $[a_i, b_i]$，将区间内的值替换为区间的均值，有

$$x_j \in [a_i, b_i] \Rightarrow x_j' = \frac{1}{|X_{[a_i,b_i]}|} \sum_{x_j} \in X_{[a_i,b_i]} x_j \tag{2-18}$$

其中，$X_{[a_i,b_i]}$ 为值在区间 $[a_i, b_i]$ 的样本的集合。

该方法的实现代码示例如下。

示例代码 2-11

```
import pandas as pd
import numpy as np
#示例数据集
data={
    'X':[1,2,2,3,9,6,6,7,8]
}
df=pd.DataFrame(data)
#分箱并以箱均值光滑的去噪方法
def remove_noise_by_binning(df,num_bins=5):
    df_cleaned=df.copy()
    for col in df.columns:
        bins=np.linspace(df[col].min(),df[col].max(),num_bins+1)
        digitized=np.digitize(df[col],bins)
        for i in range(1,num_bins+1):
            bin_mean=df[col][digitized==i].mean()
            df_cleaned[col][digitized==i]=bin_mean
    return df_cleaned

print("原始数据集:\n",df)
print("\n分箱并以箱均值光滑的去噪:\n",remove_noise_by_binning(df))
```


5. 回归法

回归法通过训练回归模型来预测数据中的噪声值，并用预测值替换噪声值。常用的回归模型包括线性回归、决策树回归等。

使用回归模型 f 预测特征 X 的值，如果实际值 x_i 与预测值 $\hat{x}_i$ 的差异超过某个阈值 ε，则用预测值替换实际值，即

$$|x_i - \hat{x}_i| > \varepsilon \Rightarrow x_i' = \hat{x}_i \tag{2-19}$$

该方法的实现代码示例如下。

示例代码 2-12

```
import pandas as pd
import numpy as np
from sklearn.linear_model import LinearRegression
data={
    'X1':[1,2,2,4,4,10],
    'X2':[2,3,3,5,6,20],
    'Y':[1,2,6,4,4,10]
}
df=pd.DataFrame(data)
#基于线性回归的去噪
def remove_noise_by_regression(df,target,epsilon=0.5):
    df_cleaned=df.copy()
    features=df.drop(columns=[target])
    model=LinearRegression()
    model.fit(features,df[target])
    predictions=model.predict(features)
    df_cleaned[target]=np.where(np.abs(df[target]-predictions) > ep-
silon,predictions,df[target])
    return df_cleaned

print("原始数据集:\n",df)
print("\n 基于线性回归的去噪:\n",remove_noise_by_regression(df,'Y'))
```

6. 聚类法

基于聚类的去噪方法通过将数据分成不同的簇，并将落在簇集合之外的值视为离群点去除。常用的聚类算法包括 k-均值聚类、DBSCAN 等。假设数据集被划分为 k 个簇，每个簇的质心为 c_i。对于每个数据点 x_i，计算其到质心的距离。如果距离超过某个阈值 ε，则认为 x_i 是噪声，即

$$\min_j |x_i - c_j| > \varepsilon \tag{2-20}$$

示例代码 2-13

```
import numpy as np
import pandas as pd
from sklearn.cluster import KMeans,DBSCAN
#生成示例数据集
np.random.seed(42)
data={
```

```
    'X1': np.append(np.random.normal(0,1,100),np.random.normal(10,1,10)),
    'X2': np.append(np.random.normal(0,1,100),np.random.normal(10,1,10))
}
df=pd.DataFrame(data)
# k-means 聚类降噪
def remove_noise_by_kmeans(df,n_clusters=2,epsilon=1.5):
    kmeans=KMeans(n_clusters=n_clusters)
    df['cluster']=kmeans.fit_predict(df)
    df['distance_to_center']=np.linalg.norm(df[['X1','X2']].values-
kmeans.cluster_centers_[df['cluster']],axis=1)
    df_cleaned=df[df['distance_to_center'] <=epsilon].drop(columns=
['cluster','distance_to_center'])
    return df_cleaned
# DBSCAN 聚类降噪
def remove_noise_by_dbscan(df,eps=0.5,min_samples=5):
    dbscan=DBSCAN(eps=eps,min_samples=min_samples)
    df['cluster']=dbscan.fit_predict(df)
    df_cleaned=df[df['cluster'] !=-1].drop(columns=['cluster'])
    return df_cleaned

print("原始数据集:\n",df)
print("\n 基于 k-means 聚类去噪:\n",remove_noise_by_kmeans(df))
print("\n 基于 DBSCAN 聚类去噪:\n",remove_noise_by_dbscan(df))
```

数据去噪是数据预处理中的重要步骤，通过去除数据中的噪声，可以有效提高数据集的质量。本小节介绍了几种常见的去噪方法：基于统计特性的去噪、基于机器学习的去噪、基于信号处理的去噪、分箱法、回归法和聚类法。每种方法都有其适用的场景和优缺点，在实际应用中应根据具体需求选择合适的去噪方法。

2.1.4 异常值处理

异常值处理同样是数据清洗的一个重要环节。异常值是指在数据集中显著偏离其他观测值的数据点，这些数据点可能是由测量设备故障、传输设备故障、数据录入错误或其他原因造成的。处理异常值可以提高数据质量，进而改善模型的性能。常见的异常值处理方法包括基于统计量的异常值处理方法、基于距离的异常值处理方法、基于密度的异常值处理方法和基于树的异常值处理方法。

1. 基于统计量的异常值处理方法

基于统计量的异常值处理方法利用数据的统计特性来检测异常值，常用方法包括 Z-Score 与 IQR（Inter-Quartile Range，四分位距）方法。

（1）Z-Score 方法

Z-Score 方法利用数据的均值和标准差来检测异常值，计算数据点与均值之间的距离，单位是标准差。对于数据集 X 中的每个数据点 x_i，其 Z-Score 定义为

$$z_i=\frac{x_i-\mu}{\sigma} \tag{2-21}$$

其中，μ 是均值，σ 是标准差。通常，z_i 的绝对值大于阈值的数据点被认为是异常值。该方法代码实现示例如下。

示例代码 2-14

```
import numpy as np
import pandas as pd
#示例数据集
data={
    'X':[10,12,12,13,12,11,50,12,11,10]
}
df=pd.DataFrame(data)
#用 Z-Score 方法检测异常值
def detect_outliers_zscore(df,threshold=2):
    mean=np.mean(df['X'])
    std=np.std(df['X'])
    df['z_score']=(df['X']-mean)/std
    df['is_outlier']=np.abs(df['z_score']) > threshold
    return df

df_zscore=detect_outliers_zscore(df.copy())
print("用 Z-Score 方法检测异常值:\n",df_zscore)
```

（2）IQR 方法

IQR 方法通常利用数据的四分位数间距来检测异常值。一个典型的四分位箱线图如图 2-1 所示。

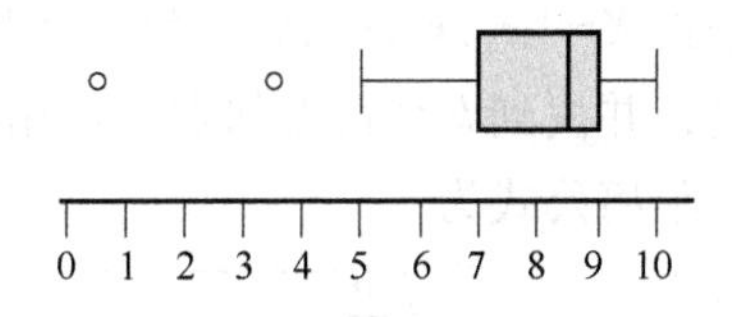

图 2-1　四分位箱线图示例

下边界=5，第 1 四分位数（Q_1）= 7，中位数/第 2 四分位数（median，Q_2）= 8.5，第 3 四分位数（Q_3）= 9，上边界=10，四分位距（IQR）=（Q_3-Q_1）= 2，圆点为离群点。

也就是说，对于数据集 X，其 IQR 的定义为

$$IQR = Q_3 - Q_1 \tag{2-22}$$

其中，Q_1 是第 1 四分位数（25%分位数），Q_3 是第 3 四分位数（75%分位数）。通常，低于 $Q_1 - 1.5 \times IQR$ 或高于 $Q_3 + 1.5 \times IQR$ 的数据点被认为是异常值。该方法的实现代码示例如下。

示例代码 2-15

```
import numpy as np
import pandas as pd
#示例数据集
data={
    'X': [10,12,12,13,12,11,50,12,11,10]
}
df=pd.DataFrame(data)
#用 IQR 方法检测异常值
def detect_outliers_iqr(df):
    Q1=np.percentile(df['X'],25)
    Q3=np.percentile(df['X'],75)
    IQR=Q3-Q1
    lower_bound=Q1-1.5 * IQR
    upper_bound=Q3+1.5 * IQR
    df['is_outlier']=(df['X'] < lower_bound) | (df['X'] > upper_bound)
    return df

df_iqr=detect_outliers_iqr(df.copy())
print("用 IQR 方法检测异常值:\n",df_iqr)
```


2. 基于距离的异常值处理方法

基于距离的异常值检测方法是计算每个数据点与其他数据点的距离，距离较大的数据点被认为是异常值。典型方法如 k 近邻（k-Nearest Neighbor，KNN）。

k 近邻方法通过计算每个数据点与其 k 个最近邻数据点之间的距离，并根据阈值判断该数据点是否为异常值。假设数据集 $X=\{\boldsymbol{x}_1, \boldsymbol{x}_2, \cdots, \boldsymbol{x}_N\}$，每个数据点 $\boldsymbol{x}_i$ 是一个 D 维向量，计算其与数据集中所有其他点的距离，并找到 k 个最近邻点。常用的距离度量包括欧氏距离、曼哈顿距离等。以欧氏距离为例，距离公式为

$$d(\boldsymbol{x}_i, \boldsymbol{x}_j) = \sqrt{\sum_{d=1}^{D} (x_{id} - x_{jd})^2} \tag{2-23}$$

对于数据点 $\boldsymbol{x}_i$，找到其 k 个最近邻点 $N_i = \{x_{i1}, x_{i2}, \cdots, x_{ik}\}$。计算 x_i 到其 k 个最近邻点的平均距离：

$$L_i = \frac{1}{k} \sum_{k=1}^{k} d(\boldsymbol{x}_i, x_{ik})$$

基于平均距离 L_i，可以定义一个阈值来判断 $\boldsymbol{x}_i$ 是否为异常值。如果 L_i 超过这个阈值，则认为 $\boldsymbol{x}_i$ 是异常值。该方法的实现代码示例如下。

示例代码 2-16

```
import numpy as np
import pandas as pd
from sklearn.neighbors import NearestNeighbors
#示例数据集
data={
    'X':[10,12,12,13,12,11,100,12,11,10]
}
df=pd.DataFrame(data)
# KNN 方法检测异常值
def detect_outliers_knn(df,k=2,threshold=1.5):
#创建最近邻模型
    nbrs=NearestNeighbors(n_neighbors=k+1)
    nbrs.fit(df[['X']])
#计算每个点的 k 个最近邻的距离
    distances,indices=nbrs.kneighbors(df[['X']])
#跳过自身距离,计算平均距离
    avg_distances=distances[:,1:].mean(axis=1)
#判断是否为异常值
    df['avg_distance']=avg_distances
    df['is_outlier']=df['avg_distance'] > threshold
    return df

df_knn=detect_outliers_knn(df.copy())
print("KNN 方法检测异常值:\n",df_knn)
```

3. 基于密度的异常值处理方法

基于密度的异常值检测方法计算每个数据点周围的密度，密度较低的数据点被认为是异常值。典型方法如 DBSCAN，其基本思想是：对于每个点，如果在其定义的邻域半径内的点数超过某个阈值，该点就被视为核心点，将这些核心点扩展成簇。那些无法归属任何簇的点则被认为是噪声点或异常点。这种方法能够处理任意形状的簇，并对噪声具有鲁棒性，不需要预先指定簇的数量，但对参数选择较为敏感。该方法的实现代码示例如下。

示例代码 2-17

```
from sklearn.cluster import DBSCAN
import pandas as pd
```

```
#示例数据集
data={
    'X': [10,12,12,13,12,11,100,12,11,10]
}
df=pd.DataFrame(data)
#用 DBSCAN 方法检测异常值
def detect_outliers_dbscan(df,eps=0.5,min_samples=2):
    dbscan=DBSCAN(eps=eps,min_samples=min_samples)
    df['cluster']=dbscan.fit_predict(df[['X']])
    df['is_outlier']=df['cluster']==-1
    return df

df_dbscan=detect_outliers_dbscan(df.copy())
print("用 DBSCAN 方法检测异常值:\n",df_dbscan)
```

4. 基于树的异常值处理方法

基于树的方法，尤其是孤立森林（Isolation Forest），通过构建多棵决策树来识别数据集中的异常点。孤立森林的基本思想是：异常点更容易被单独分割，即在构建决策树时，异常点会在树的顶层被孤立。也就是说，在多棵树上计算每个数据点的平均路径长度，异常点通常具有较短的路径长度。孤立森林能够有效处理高维数据，具有较高的鲁棒性和效率，是一种广泛应用于异常检测的去噪方法。

例如，对于给定的数据集 $X=\{x_1,x_2,\cdots,x_N\}$，孤立树是递归地随机选择一个特征并选择该特征的一个随机分割值来构建的。孤立树的构建过程如下：

1）如果当前节点只包含一个数据点，或者达到了最大树深度，则停止分割。

2）随机选择一个特征 f。

3）在特征 f 的取值范围内随机选择一个分割点 p。

4）根据分割点 p 将数据点分成两部分。

5）递归地对每部分数据继续分割，直到所有数据点被孤立。

孤立树构建完成后，计算每个数据点在树中的路径长度（从根节点到叶节点的距离）。路径长度越短，数据点越容易被孤立，表明其可能是异常值。将一个数据点 x 在孤立树 T 中的路径长度记为 $h(x,T)$。

对于森林中的每一棵树，计算数据点的路径长度并取平均值。孤立森林由 t 棵孤立树组成，数据点 x 的平均路径长度定义为

$$H(x)=\frac{1}{t}\sum_{i=1}^{t}h(x,T_i) \tag{2-24}$$

利用平均路径长度计算异常分数。给定数据集 X 的样本量为 N，数据点 x 的异常分数定义为

$$s(x,N)=2^{-\frac{H(x)}{c(N)}} \tag{2-25}$$

其中，$c(N)$ 是数据点 x 的期望路径长度：

$$c(N)=2H(N-1)-\frac{2(N-1)}{N} \tag{2-26}$$

$H(i)$ 是第 i 个调和数：

$$H(i)=\sum_{k=1}^{i}\frac{1}{k} \tag{2-27}$$

异常分数 $s(x,N)$ 的范围为 [0, 1]，值越接近 1 表示数据点越可能是异常值。该方法的实现代码示例如下。

示例代码 2-18

```
import numpy as np
import pandas as pd
from sklearn.ensemble import IsolationForest
#示例数据集
data={
   'X':[10,12,12,13,12,11,100,12,11,10]
}
df=pd.DataFrame(data)
#用孤立森林方法检测异常值
def detect_outliers_isolation_forest(df,contamination=0.1):
#创建孤立森林模型
    iso_forest=IsolationForest(contamination=contamination,random_
state=42)
#训练模型并预测异常值
    df['is_outlier']=iso_forest.fit_predict(df[['X']])==-1
#计算异常分数
    df['anomaly_score']=iso_forest.decision_function(df[['X']])
    return df


df_isolation_forest=detect_outliers_isolation_forest(df.copy())
print("用孤立森林方法检测异常值:\n",df_isolation_forest)
```

本小节介绍了异常值的定义和检测方法，包括基于统计量的方法、基于距离的方法、基于密度的方法和基于树的方法。基于统计量的方法（如 Z-Score 和 IQR）简单易实现，适用于正态分布的数据，但对非正态分布的数据效果不佳，容易受极端值的影响。基于距离的方法（如 KNN）能处理多维数据，对数据分布没有严格假设，但计算复杂度高，适合小规模数据集，且 k 值选择敏感。基于密度的方法（如 DBSCAN）能处理任意形状的簇，不需要事先指定簇的数量，但参数敏感，计算复杂度高，适合小规模数据集。基于树的方法（如孤立森林）能处理高维数据和大规模数据，不需要对数据进行标准化，但结果可能不稳定，对异常值比例较高的数据集效果较差。此外，本小节还讨论了异常值的处理方法，包括删除、替换和变换异常值，并提供了基于这些方法的 Python 实现示例。通过这些方法和技术，可有效地检测和处理异常值，提高数据质量，从而提升数据挖掘模型的性能。

2.2 数据集成

在数据预处理过程中，数据集成是一个至关重要的步骤，旨在将多个数据源中的信息整合在一起，以便进行更深入的分析和挖掘。本节将介绍数据集成的关键技术，包括实体识别、冗余和相关性分析，以及异源数据对齐。通过这些技术，发现数据之间的关联性，消除数据集成过程中可能出现的问题，能够更好地理解数据，从而为后续的数据挖掘工作奠定坚实的数据基础。

2.2.1 实体识别

实体识别是数据集成的关键步骤，旨在识别不同数据源中的实体，并将它们进行匹配或合并，以便进行更深入的数据分析和挖掘。实体可以是具体的个体（如人、地点、产品等），也可以是抽象的概念（如事件、情感等）。在实体识别过程中，需要考虑实体的唯一标识、属性特征及可能存在的同义词或近义词。通过实体识别，可以从文本中提取出相关的实体，为后续的数据集成和分析工作提供基础支持。实体识别方法主要包括基于规则的实体识别方法、基于统计学习的实体识别方法和基于深度学习的实体识别方法。

1. 基于规则的实体识别方法

基于规则的实体识别方法依赖于预先定义的规则集，通过匹配规则来识别实体。这些规则可以是文本模式、词典、正则表达式等。以下是一个简短的例子，使用正则表达式在句子中识别人名和地名。

示例代码 2-19

```
import re

#示例句子
text="Alice went to Paris in April. She met Bob there."

#定义正则表达式模式
name_pattern=r'\b[A-Z][a-z]*\b'
city_pattern=r'\b(Paris|London|New York|Tokyo)\b'

#识别人名
names=re.findall(name_pattern,text)
#识别地名
cities=re.findall(city_pattern,text)

#输出结果
```

```
print("Names:",names)
print("Cities:",cities)
```

2. 基于统计学习的实体识别方法

基于统计学习的实体识别方法利用已标注的训练数据集，通过统计模型（如隐马尔可夫模型和条件随机场等）学习实体的特征和规律，然后对新数据进行分类或标注。

（1）隐马尔可夫模型

隐马尔可夫模型（Hidden Markov Model，HMM）是一种用于建模序列数据的概率模型，在实体识别中被用来标注词序列。隐马尔可夫模型通过以下三部分来描述数据。

1）状态集合：可能的实体类型，例如人名、地名、组织名等。

2）观测集合：可能的观测值，即词汇表中的单词。

3）转移概率矩阵：从一个状态转换到另一个状态的概率。

隐马尔可夫模型通过最大化观测序列的概率来进行参数估计，并使用维特比算法（Viterbi Algorithm）找到最可能的状态序列。具体地，状态转移概率 $A=\{a_{ij}\}:a_{ij}=P(s_{t+1}=j \mid s_t=i)$，观测概率 $B=\{b_j(k)\}:b_j(k)=P(o_t=k \mid s_t=j)$，初始状态概率 $\pi=\{\pi_i\}:\pi_i=P(s_1=i)$。实现代码示例如下。

示例代码 2-20

```
import numpy as np
class HMM:
  def __init__(self,states,observations,start_prob,trans_prob,emit_
prob):
      self.states=states
      self.observations=observations
      self.start_prob=start_prob
      self.trans_prob=trans_prob
      self.emit_prob=emit_prob
  def viterbi(self,obs_seq):
      n_states=len(self.states)
      n_obs=len(obs_seq)
      viterbi_matrix=np.zeros((n_states,n_obs))
      backpointer=np.zeros((n_states,n_obs),dtype=int)
      for s in range(n_states):
          viterbi_matrix[s,0]=self.start_prob[s] * self.emit_prob
[s,obs_seq[0]]
          backpointer[s,0]=0
      for t in range(1,n_obs):
          for s in range(n_states):
```

```
                max_tr_prob=max(viterbi_matrix[s_prime,t-1] *
self.trans_prob[s_prime,s] for s_prime in range(n_states))
                for s_prime in range(n_states):
                    if viterbi_matrix[s_prime,t-1] * self.trans_prob
[s_prime,s]==max_tr_prob:
                        viterbi_matrix[s,t]=max_tr_prob * self.emit_
prob[s,obs_seq[t]]
                        backpointer[s,t]=s_prime
                        break
        best_path_prob=max(viterbi_matrix[s,n_obs-1] for s in range(n_
states))
        best_last_state=np.argmax(viterbi_matrix[:,n_obs-1])
        best_path=np.zeros(n_obs,dtype=int)
        best_path[n_obs-1]=best_last_state
        for t in range(n_obs-2,-1,-1):
            best_path[t]=backpointer[best_path[t+1],t+1]
        return best_path,best_path_prob
#示例数据
states=[0,1,2,3]  #例如 0-'O',1-'PERSON',2-'DATE',3-'LOCATION'
observations=['Alice','在','2024年','5月','24日','参观','了','纽约市','的','自由女
神像',',','随后','前往','Google','总部','参加','会议','。']
obs_map={word: i for i,word in enumerate(observations)}
obs_seq=[obs_map[word] for word in observations]
start_prob=[0.6,0.1,0.1,0.2]
trans_prob=np.array([[0.7,0.1,0.1,0.1],
                     [0.1,0.7,0.1,0.1],
                     [0.1,0.1,0.7,0.1],
                     [0.1,0.1,0.1,0.7]])
emit_prob=np.array([[0.1] * len(observations),
                    [0.2 if word in ['Alice','Google'] else 0.05 for word
in observations],
                    [0.2 if word in ['2024年','5月','24日'] else 0.05 for
word in observations],
                    [0.2 if word in ['纽约市','自由女神像'] else 0.05 for
word in observations]])

hmm=HMM(states,observations,start_prob,trans_prob,emit_prob)
best_path,best_path_prob=hmm.viterbi(obs_seq)
```

```
print("Best path:",best_path)
print("Best path probability:",best_path_prob)
```

（2）条件随机场

条件随机场（Conditional Random Fields，CRF）是一种广义的概率模型，用于标注和分割序列数据。与隐马尔可夫模型不同的是，条件随机场是判别模型，它通过对整个输出序列建模，在给定输入序列后计算输出序列的条件概率，避免了观测序列之间的独立性假设。给定观测序列 x 和标注序列 y，条件概率为

$$P(y \mid x)=\frac{1}{Z(x)}\exp\left(\sum_k \lambda_k f_k(y_{t-1},y_t,x)\right), \tag{2-28}$$

其中，$Z(x)$ 是归一化因子，其计算公式为

$$Z(x)=\sum_y \exp\left(\sum_k \lambda_k f_k(y_{t-1},y_t,x)\right), \tag{2-29}$$

该方法的实现代码示例如下。

示例代码 2-21

```
from sklearn_crfsuite import CRF
def word2features(sent,i):
    word=sent[i]
    features={
        'bias': 1.0,
        'word.lower()': word.lower(),
        'word[-3:]': word[-3:],
        'word[-2:]': word[-2:],
        'word.isupper()': word.isupper(),
        'word.istitle()': word.istitle(),
        'word.isdigit()': word.isdigit(),
    }
    if i > 0:
        word1=sent[i-1]
        features.update({
            '-1:word.lower()': word1.lower(),
            '-1:word.istitle()': word1.istitle(),
            '-1:word.isupper()': word1.isupper(),
        })
    else:
        features['BOS']=True
    if i < len(sent)-1:
        word1=sent[i+1]
```

```
        features.update({
            '+1:word.lower()': word1.lower(),
            '+1:word.istitle()': word1.istitle(),
            '+1:word.isupper()': word1.isupper(),
        })
    else:
        features['EOS']=True
    return features
def sent2features(sent):
    return [word2features(sent,i) for i in range(len(sent))]
def sent2labels(sent):
    return ['O','O','DATE','DATE','DATE','O','O','LOCATION','O','LOCATION',
'O','O','O','ORG','O','O','O','O']
def sent2tokens(sent):
    return [word for word in sent]
#示例数据
sentence=['Alice','在','2024年','5月','24日','参观','了','纽约市','的','自由女神像',
',','随后','前往','Google','总部','参加','会议','。']
X_train=[sent2features(sentence)]
y_train=[sent2labels(sentence)]
X_test=[sent2features(sentence)]
crf=CRF(algorithm='lbfgs',c1=0.1,c2=0.1,max_iterations=100,all_
possible_transitions=True)
crf.fit(X_train,y_train)
#预测
y_pred=crf.predict(X_test)
print("Predicted labels:",y_pred)
```


隐马尔可夫模型和条件随机场能够有效处理序列标注问题，适用于不同长度的序列数据。其中，隐马尔可夫模型的实现较为简单，适用于基础的序列标注任务；条件随机场通过条件概率建模，能够捕捉复杂的特征依赖关系，提高标注的准确性。然而，隐马尔可夫模型假设观测序列之间是独立的，这在实际应用中不总是成立的，可能会影响模型的性能。此外，条件随机场的计算复杂度较高，尤其在大规模数据集上的训练时间较长。

3. 基于深度学习的实体识别方法

深度学习方法在命名实体识别任务中取得了显著成功。相比于传统的统计学习方法，深度学习方法可以自动提取特征，不需要大量的手工特征工程，且能够处理更复杂的模式。常见的深度学习方法包括卷积神经网络（Convolution Neural Network，CNN）、循环神经网络（Recurrent Neural Network，RNN）、长短时记忆网络（Long-Short Term Memory，LSTM），以及更复杂的架构如双向 LSTM（Bi-LSTM）结合条件随机场，甚至是基于 Transformer 的双向编码器表示模型（Bidirectional Encoder Representations from Transformers，BERT）。

2.2.2　冗余和相关性分析

冗余和相关性分析是数据集成的重要步骤之一，旨在识别数据集中重复或高度相关的信息，并采取适当的措施进行处理，以消除冗余并提高数据质量和分析效率。冗余可以出现在特征层面和样本层面，分别称为特征冗余和样本冗余。本小节重点介绍特征冗余的识别方法。

1. 特征冗余

特征冗余指的是数据集中存在多个彼此高度相关的特征。冗余的特征不仅会增加计算复杂度，还可能导致模型的过拟合。相关性分析是识别特征冗余的常用手段，旨在评估数据集中不同特征之间的相关程度，从而帮助理解数据之间的关系，挖掘出潜在的规律和模式。以下是几种常用的相关性分析方法。

（1）Pearson 相关系数

Pearson 相关系数用于衡量两个连续变量之间的线性相关性，取值范围为［-1，1］，其中，1 表示完全正相关，-1 表示完全负相关，0 表示无相关性。其计算公式为

$$r_{xy}=\frac{\sum(x_i-\bar{x})(y_i-\bar{y})}{\sqrt{\sum(x_i-\bar{x})^2\sum(y_i-\bar{y})^2}} \tag{2-30}$$

其中，r_{xy}表示变量 x 和 y 之间的相关系数，x_i和 y_i分别表示变量 x 和 y 的第 i 个观测值，$\bar{x}$和$\bar{y}$分别表示变量 x 和 y 的均值。

示例代码 2-22

```
import pandas as pd
#示例数据集
data={
    'feature1': [1,2,3,4,5],
    'feature2': [2,4,6,8,10],
    'feature3': [1,3,5,7,9]
}
df=pd.DataFrame(data)
#特征冗余分析
def feature_redundancy_analysis(df):
    correlation_matrix=df.corr()
    return correlation_matrix
#应用示例
correlation_matrix=feature_redundancy_analysis(df)
print("特征冗余分析结果:\n",correlation_matrix)
```

（2）Spearman 相关系数

Spearman 相关系数用于衡量两个变量之间的单调关系，不要求变量呈线性关系，适用于非线性关系或秩次数据。其计算公式为

$$\rho = 1 - \frac{6\sum d_i^2}{N(N^2-1)} \tag{2-31}$$

其中，ρ 表示 Spearman 相关系数，d_i表示两个变量在排序中的差异，N 表示变量的样本数。该方法的实现代码示例如下。

示例代码 2-23

```
import pandas as pd
#示例数据集
data={
    'X':[10,12,12,13,12,11],
    'Y':[5,4,3,2,1,1]
}
df=pd.DataFrame(data)
# Spearman 相关系数计算函数
def spearman_correlation(x,y):
    n=len(x)
    #计算秩次
    rank_x=x.rank()
    rank_y=y.rank()
    #计算差异
    d=rank_x-rank_y
    #计算 Spearman 相关系数
    rho=1-6*d.pow(2).sum()/(n*(n**2-1))
    return rho

spearman_corr=spearman_correlation(df['X'],df['Y'])
print("Spearman 相关系数:",spearman_corr)
```

（3）Kendall Tau 相关系数

Kendall Tau 相关系数用于衡量两个变量之间的单调关系，通常用于衡量分类数据或秩次数据的相关性。其计算公式为

$$\tau = \frac{N_c - N_d}{\frac{1}{2}N(N-1)} \tag{2-32}$$

其中，τ 表示 Kendall Tau 相关系数，N_c表示两个变量一致的对数，N_d表示两个变量不一致的对数，N 表示变量的样本数。在代码实现中，可以使用 scipy. stats. kendalltau 函数计算

Kendall Tau 相关系数。

示例代码 2-24

```
import pandas as pd
#示例数据集
data={
    'feature1': [1,2,3,4,5],
    'feature2': [2,4,6,8,10],
    'feature3': [1,3,5,7,9]
}
df=pd.DataFrame(data)
#计算 Kendall Tau 相关系数
def kendall_tau_correlation(df):
    corr_matrix=df.corr(method='kendall')
    return corr_matrix

corr_matrix=kendall_tau_correlation(df)
print("Kendall Tau 相关系数:\n",corr_matrix)
```


(4) 卡方分析

卡方分析（Chi-square Analysis）用于评估两个分类变量之间的关联程度。在具体的应用中，可以通过卡方分析来确定两个分类变量之间是否存在显著的关联性。卡方统计量的计算公式为

$$\chi^2 = \sum \frac{(O_i - E_i)^2}{E_i} \tag{2-33}$$

其中，χ^2表示卡方统计量，O_i表示观察到的频数，E_i表示期望的频数。在代码实现中，可以使用 scipy.stats.chi2_contingency 函数来进行卡方分析。

示例代码 2-25

```
from scipy.stats import chi2_contingency
#示例数据集
data={
    'A': [10,20,30],
    'B': [15,15,30],
    'C': [5,30,25]
}
df=pd.DataFrame(data)
#卡方分析
def chi_square_analysis(df):
```

```
    chi2_stat,p_val,dof,expected=chi2_contingency(df)
    return chi2_stat,p_val

chi2_stat,p_val=chi_square_analysis(df)
print("卡方统计量:",chi2_stat)
print("P值:",p_val)
```

在上面的示例中，卡方统计量χ^2越大，P值越小，这意味着两个分类变量之间的关联性越显著。

2. 样本冗余

样本冗余指的是数据集中存在多个彼此相似或相同的样本。这些重复样本会导致模型的训练时间增加，并且可能会使模型偏向于某些特定样本。可以通过计算样本之间的相似度来识别和去除重复样本，常用的方法包括本章其他小节中介绍的基于距离的聚类算法（如 k-means、DBSCAN）和孤立森林算法等。

2.3 数据转换与规范化

数据转换与规范化同样是数据预处理过程中的重要环节，旨在对原始数据进行转换和统一表征，以提高数据的质量、准确性和适用性。本节将介绍数据转换与规范化的常用技术，包括离散化、标准化、二值化、归一化、正则化和特征编码。

2.3.1 离散化、标准化

离散化和标准化是数据转换与规范化中常用的方法之一，可以将原始数据转换为更适合模型处理的数据表示形式，以提高数据的可解释性和模型的稳定性。

1. 离散化

离散化是将连续型数据转换为离散型数据的过程。通过离散化，可以将连续型数据划分为若干个区间或类别，从而简化模型的复杂度，提高模型的泛化能力。常用的离散化方法有以下两种。

1）等宽离散化：将连续型数据均匀地划分为若干个等宽的区间。例如，对一个数据集$X=(1,4,6,8,10,12,15,18,20)$进行等宽离散化，将其分成4个区间1~5，6~10，11~15，16~20后，输出结果为（0,0,1,1,1,2,2,3,3）。

2）等频离散化：将连续型数据划分为若干个区间，使得每个区间内包含的样本数量大致相等。

对数据集（1,4,6,8,10,12,15,18,20）进行等频离散化，将其分成4个区间［1,4,6］，［8,10］，［12,15］，［18,20］，根据这些区间的编码输出结果为（0,0,0,1,1,2,2,3,3），每个区间包含大约相同数量的数据点。这种方法能够保证每个区间内的样本数分布均匀，但可能会导致区间宽度差距较大。

2. 标准化

量纲差异会导致数值差异很大，会导致模型倾向于关注某些取值范围较大的特征，影响数据挖掘模型的性能。例如，一个数据集中包含两个特征：身高（以 m 为单位）和收入（以元为单位）。一个人的身高可能在 1.5~2m，而收入可能在 30000~100000 元。如果不进行标准化处理，这种量纲差异会导致收入特征在分析或建模过程中对结果产生更大的影响，而身高特征的影响相对较小。

标准化旨在将数值数据转换到具有相同尺度的范围内，以便在进一步分析时能够更好地比较不同特征。通过标准化可以消除不同量纲的差异、消除不同特征之间量纲差异，进而提高模型的收敛速度和准确性。常用的标准化方法有以下两种。

1）Z-score 标准化：将原始数据转换为均值为 0、标准差为 1 的正态分布。对于每个特征，计算其均值和标准差，然后将每个样本的特征值减去均值，再除以标准差，从而得到标准化后的特征值。

2）Min-Max 标准化：将原始数据线性地映射到［0,1］区间内。对于每个特征，找到其最小值和最大值，然后将每个样本的特征值减去最小值，再除以最大值与最小值的差，从而得到标准化后的特征值。

上述方法的实现代码示例如下。

示例代码 2-26

```
import pandas as pd
from sklearn.preprocessing import KBinsDiscretizer,StandardScaler,Min-
MaxScaler
from scipy.stats import zscore
#示例数据集
data={
    'feature1':[1,2,3,4,5],
    'feature2':[2,4,6,8,10],
    'feature3':[1,3,5,7,9]
}
df=pd.DataFrame(data)
#等宽离散化
def equal_width_discretization(df,n_bins=3):
    est=KBinsDiscretizer(n_bins=n_bins,encode='ordinal',strategy='u-
niform')
    transformed=est.fit_transform(df)
    return transformed
#等频离散化
def equal_frequency_discretization(df,n_bins=3):
    est=KBinsDiscretizer(n_bins=n_bins,encode='ordinal',strategy=
'quantile')
    transformed=est.fit_transform(df)
```

```
    return transformed
# Z-score 标准化
def z_score_normalization(df):
    normalized=df.apply(zscore)
    return normalized
# Min-Max 标准化
def min_max_normalization(df):
    scaler=MinMaxScaler()
    normalized=scaler.fit_transform(df)
    return normalized

print("等宽离散化结果:\n",equal_width_discretization(df))
print("等频离散化结果:\n",equal_frequency_discretization(df))
print("Z-score 标准化结果:\n",z_score_normalization(df))
print("Min-Max 标准化结果:\n",min_max_normalization(df))
```


2.3.2 二值化、归一化

二值化和归一化也是常见的数据转换与规范化方法，用于将原始数据转换为特定的形式，以满足模型的需求或提高模型的性能。

1. 二值化

二值化是将数值型数据转换为布尔类型（0 或 1）的过程。通过设定一个阈值，将原始数据中值大于阈值的置为 1、小于或等于阈值的置为 0。这种方法常用于处理连续型数据，例如将某个变量转换为是否满足某个条件的布尔型变量。

2. 归一化

归一化是将原始数据按比例缩放到一个特定的区间内的过程。常用的归一化方法包括最小-最大缩放和 Z-score 标准化。归一化可以消除不同特征之间的量纲差异，提高模型的收敛速度和准确性。

上述方法的实现代码示例如下。

示例代码 2-27

```
import pandas as pd
from sklearn.preprocessing import Binarizer, MinMaxScaler, Standard-
Scaler
#示例数据集
data={
    'feature1':[1,2,3,4,5],
    'feature2':[2,4,6,8,10],
```

```
    'feature3': [1,3,5,7,9]
}
df=pd.DataFrame(data)
#二值化
def binarization(df,threshold=3):
    binarizer=Binarizer(threshold=threshold)
    binarized=binarizer.fit_transform(df)
    return binarized
#最小-最大缩放
def min_max_scaling(df):
    scaler=MinMaxScaler()
    scaled=scaler.fit_transform(df)
    return scaled
# Z-score 标准化
def z_score_normalization(df):
    scaler=StandardScaler()
    normalized=scaler.fit_transform(df)
    return normalized

print("二值化结果:\n",binarization(df))
print("最小-最大缩放结果:\n",min_max_scaling(df))
print("Z-score 标准化结果:\n",z_score_normalization(df))
```


2.3.3　正则化

正则化（Normalization）是数据预处理中一种重要的技术，用于调整数据的数值范围，以减少不同特征之间的量纲差异，防止模型训练过程中某些特征对结果产生过大的影响。正则化在梯度下降优化算法中尤为重要，因为它可以提高模型的收敛速度和稳定性。正则化方法主要包括 L1 正则化（Lasso Regularization）、L2 正则化（Ridge Regularization），以及两者的组合 Elastic Net。通常，在数据挖掘模型的损失函数中添加这些正则化项，以控制模型的复杂度和防止过拟合。

1. L1 正则化

L1 正则化：在损失函数中加入权重的绝对值的和作为惩罚项，使部分权重趋于 0，从而实现特征选择。其损失函数为

$$\text{Loss} = \text{MSE} + \lambda \sum_{i=1}^{N} |w_i| \tag{2-34}$$

其中，MSE 表示均方误差，λ 表示正则化强度，w_i为模型权重参数。

2. L2 正则化

L2 正则化：在损失函数中加入权重的平方和作为惩罚项，使权重值较小，以防止模型

过拟合。其损失函数为

$$\text{Loss} = \text{MSE} + \lambda \sum_{i=1}^{N} w_i^2 \tag{2-35}$$

3. Elastic Net

Elastic Net 是 L1 和 L2 正则化的组合，通过引入两个超参数来平衡 L1 和 L2 正则化的影响。其损失函数为

$$\text{Loss} = \text{MSE} + \lambda_1 \sum_{i=1}^{N} |w_i| + \lambda_2 \sum_{i=1}^{N} w_i^2 \tag{2-36}$$

上述方法的代码实现示例如下。

示例代码 2-28

```
import numpy as np
import pandas as pd
from sklearn.preprocessing import StandardScaler,MinMaxScaler,Normal-
izer
from sklearn.linear_model import Lasso,Ridge,ElasticNet
#示例数据集
data={
    'feature1':[1,2,3,4,5],
    'feature2':[2,4,6,8,10],
    'feature3':[1,3,5,7,9],
    'label':[1.1,2.2,3.3,4.4,5.5]
}
df=pd.DataFrame(data)
#分离特征和标签
X=df[['feature1','feature2','feature3']].values
y=df['label'].values

# L1 正则化(Lasso)
def l1_regularization(X,y,alpha=0.1):
    model=Lasso(alpha=alpha)
    model.fit(X,y)
    return model.coef_
# L2 正则化(Ridge)
def l2_regularization(X,y,alpha=0.1):
    model=Ridge(alpha=alpha)
    model.fit(X,y)
    return model.coef_
```

```
# Elastic Net 正则化
def elastic_net_regularization(X,y,alpha=0.1,l1_ratio=0.5):
    model=ElasticNet(alpha=alpha,l1_ratio=l1_ratio)
    model.fit(X,y)
    return model.coef_
# Z-score 标准化
def z_score_normalization(df):
    scaler=StandardScaler()
    normalized=scaler.fit_transform(df)
    return normalized
#最小-最大缩放
def min_max_scaling(df):
    scaler=MinMaxScaler()
    scaled=scaler.fit_transform(df)
    return scaled
# L2 正则化(标准化)
def l2_normalization(df):
    normalizer=Normalizer(norm='l2')
    normalized=normalizer.fit_transform(df)
    return normalized

print("Z-score 标准化结果:\n",z_score_normalization(X))
print("最小-最大缩放结果:\n",min_max_scaling(X))
print("L2 正则化结果:\n",l2_normalization(X))
print("L1 正则化系数:\n",l1_regularization(X,y))
print("L2 正则化系数:\n",l2_regularization(X,y))
print("Elastic Net 正则化系数:\n",elastic_net_regularization(X,y))
```

2.3.4　特征编码

特征编码是将分类变量转换为数值形式的过程，以便于数据挖掘模型处理。常见的特征编码方法包括独热编码、标签编码和目标编码。

1. 独热编码

独热编码（One-hot Encoding）是将分类变量转换为二进制向量的编码方法。对于每个分类变量的不同取值，创建一个新的二进制特征。当原始变量取某一具体值时，对应的二进制特征为1，其余为0。

设有一个颜色变量 x，取值范围为｛红色，蓝色，绿色｝。独热编码后，该变量可以表示为三维向量：

$$\text{one-hot}(x)\begin{cases}[1,0,0],\text{当}\ x=\text{红色时},\\ [0,1,0],\text{当}\ x=\text{蓝色时},\\ [0,0,1],\text{当}\ x=\text{绿色时}.\end{cases} \tag{2-37}$$

对于数据集 $X=\{$红色,红色,绿色,蓝色,绿色$\}$，经过上述独热编码后，输出为 $X'=\{[1,0,0],[1,0,0],[0,0,1],[0,1,0],[0,0,1]\}$。该方法的实现代码示例如下所示。

示例代码 2-29

```
import pandas as pd
from sklearn.preprocessing import OneHotEncoder
#示例数据集
data={'category': ['红色','红色','绿色','蓝色','绿色']}
df=pd.DataFrame(data)
#独热编码
def one_hot_encoding(df,column):
    encoder=OneHotEncoder(sparse=False)
    encoded=encoder.fit_transform(df[[column]])
    encoded_df=pd.DataFrame(encoded)
    return encoded_df

encoded_df=one_hot_encoding(df,'category')
print("独热编码结果:\n",encoded_df)
```


2. 标签编码

标签编码（Label Encoding）是将分类变量的不同取值转换为整数值的编码方法。每个类别的值将被分配一个唯一的整数。设有一个分类变量 x，取值范围为 $\{a,b,c\}$，经标签编码后，该变量可以表示为

$$\text{label}(x)=\begin{cases}0,\text{当}\ x=a\ \text{时}\\ 1,\text{当}\ x=b\ \text{时}\\ 2,\text{当}\ x=c\ \text{时}\end{cases} \tag{2-38}$$

该方法的实现代码示例如下。

示例代码 2-30

```
from sklearn.preprocessing import LabelEncoder
#标签编码
def label_encoding(df,column):
    encoder=LabelEncoder()
    encoded=encoder.fit_transform(df[column])
    return pd.DataFrame(encoded,columns=[column])
```

```
encoded_df=label_encoding(df,'category')
print("标签编码结果:\n",encoded_df)
```

3. 目标编码

目标编码（Target Encoding）是根据目标变量的均值来编码分类变量。它利用目标变量的信息来对分类变量进行编码。设有一个分类变量 x，取值范围为 $\{a,b,c\}$，经目标编码后，该变量可以表示为

$$
\text{target-encoded}(x)=\begin{cases}\dfrac{\sum y_i}{|y_i|}, \text{当 } x=a \text{ 时}\\ \dfrac{\sum y_j}{|y_j|}, \text{当 } x=b \text{ 时}\\ \dfrac{\sum y_k}{|y_k|}, \text{当 } x=c \text{ 时}\end{cases} \tag{2-39}
$$

其中，y_i，y_j，y_k分别为 x 取值为 a,b,c 时对应的目标变量值。

该方法的实现代码示例如下。

示例代码 2-31

```
import pandas as pd
#示例数据集
data={'category':['a','b','a','c','b'],
      'target':[1,4,1,3,2]}
df=pd.DataFrame(data)
#目标编码
def target_encoding(df,column,target):
    #计算每个类别的目标变量均值
    target_means=df.groupby(column)[target].mean()
    #将目标变量均值映射回原数据集
    encoded=df[column].map(target_means)
    return pd.DataFrame(encoded)

encoded_df=target_encoding(df,'category','target')
print("目标编码结果:\n",encoded_df)
```

独热编码通过将每个类别转换为二进制向量消除了分类变量的顺序性，适用于大多数数据挖掘算法，但在高维数据集上会产生稀疏矩阵，增加计算的复杂度，尤其在高基数类别中容易导致维度爆炸。标签编码简单高效，适用于类别数量较少且不涉及顺序性的特征，但会引入类别间的顺序关系，可能误导某些模型。目标编码考虑目标变量的信息，常用于高基数类别特征，能有效提升模型性能，但容易过拟合，需使用交叉验证，且实现复杂度较高。

2.4 数据归约

数据规约（Data Reduction）是数据预处理中的重要步骤，通过减少数据集的规模来提高数据处理效率，同时尽可能保留数据的特征和信息内容。本节将介绍三种常见的数据规约方法：子空间法、粗糙集规约和流形学习。这些方法通过不同的技术手段对数据进行压缩、简化和降维，为后续的数据挖掘和分析提供更高效、更易处理的输入。

2.4.1 子空间法

子空间法通过选择和变换特征来减少数据的维度，降低数据的复杂度，突出数据的特点，提高计算效率和模型性能。常见的子空间法包括主成分分析（Principal Component Analysis，PCA）和线性判别分析（Linear Discriminant Analysis，LDA）。

1. 主成分分析

主成分分析是一种无监督的线性降维技术，通过线性变换将原始数据转换到新的坐标系中，使得新坐标系中的数据具有最大的方差。主成分分析的目标是找到数据的主成分，即能够解释数据最大方差的特征向量。

假设标准化后的数据矩阵 $\boldsymbol{X} \in \mathbf{R}^{N \times D}$，其每一行表示一个样本，每一列表示一个特征。首先计算数据的协方差矩阵 $\boldsymbol{C}$：

$$\boldsymbol{C}=\frac{1}{N-1}\boldsymbol{X}^{\mathrm{T}}\boldsymbol{X} \tag{2-40}$$

对协方差矩阵 $\boldsymbol{C}$ 进行特征分解，得到特征值和特征向量：

$$\boldsymbol{C}\boldsymbol{v}_i=\boldsymbol{\lambda}_i\boldsymbol{v}_i \tag{2-41}$$

其中，$\boldsymbol{\lambda}_i$ 为特征值对角矩阵；$\boldsymbol{v}_i$ 为特征向量矩阵。

然后，选择前 K 个最大特征值对应的特征向量构成变换矩阵 $\boldsymbol{W} \in \mathbf{R}^{D \times K}=[\boldsymbol{v}_1,\boldsymbol{v}_2,\cdots,\boldsymbol{v}_K]$，将数据 $\boldsymbol{X}$ 变换到低维空间：

$$\boldsymbol{Z}=\boldsymbol{X}\boldsymbol{W} \tag{2-42}$$

主成分分析的目标是最大化投影数据的方差，即最大化投影矩阵 $\boldsymbol{W}$ 的目标函数：

$$\max_{\boldsymbol{W}}\mathrm{trace}(\boldsymbol{W}^{\mathrm{T}}\boldsymbol{C}\boldsymbol{W})$$

该方法的实现代码示例如下。

示例代码 2-32

```
import pandas as pd
from sklearn.decomposition import PCA
#示例数据集
data={
    'feature1':[1,2,3,4,5],
    'feature2':[2,4,6,8,10],
    'feature3':[1,3,5,7,9]
}
```

```
df=pd.DataFrame(data)
X=df.values
#主成分分析
def pca_reduction(X,n_components=2):
    pca=PCA(n_components=n_components)
    principal_components=pca.fit_transform(X)
    return principal_components

principal_components=pca_reduction(X)
print("PCA 降维结果:\n",principal_components)
```

2. 线性判别分析

线性判别分析是一种有监督的降维技术，通过最大化类间方差与类内方差之比来找到最能区分不同类别的特征向量。线性判别分析常用于分类任务的数据预处理。设有 C 个类别，每个类别的样本均值为 $\boldsymbol{\mu}_i$，总样本均值为 $\boldsymbol{\mu}$。

类内散布矩阵 $\boldsymbol{S}_W$ 定义为

$$\boldsymbol{S}_W = \sum_{i=1}^{C} \sum_{X \in C_i} (\boldsymbol{X} - \boldsymbol{\mu}_i)(\boldsymbol{X} - \boldsymbol{\mu}_i)^{\mathrm{T}} \tag{2-43}$$

类间散布矩阵 $\boldsymbol{S}_B$ 定义为

$$\boldsymbol{S}_B = \sum_{i=1}^{C} N_i(\boldsymbol{\mu}_i - \boldsymbol{\mu})(\boldsymbol{\mu}_i - \boldsymbol{\mu})^{\mathrm{T}} \tag{2-44}$$

式中，N_i 为第 i 类的样本数量。

求解广义特征值问题：

$$\boldsymbol{S}_W^{-1}\boldsymbol{S}_B = \boldsymbol{V}\boldsymbol{\Lambda}\boldsymbol{V}^{\mathrm{T}} \tag{2-45}$$

式中，$\boldsymbol{\Lambda}$ 为特征值对角矩阵；$\boldsymbol{V}$ 为特征向量矩阵。

然后，通过优化如下目标函数选取 K 个最大特征值对应的特征向量构成变换矩阵 $\boldsymbol{W}^* \in \mathbf{R}^{D \times K}$。

$$\boldsymbol{W}^* = \arg\max_{W} \frac{\boldsymbol{W}^{\mathrm{T}}\boldsymbol{S}_B\boldsymbol{W}}{\boldsymbol{W}^{\mathrm{T}}\boldsymbol{S}_W\boldsymbol{W}}$$

并将数据 $\boldsymbol{X}$ 变换到低维空间：

$$\boldsymbol{Y} = \boldsymbol{X}\boldsymbol{W}^* \tag{2-46}$$

该方法的实现代码示例如下。

示例代码 2-33

```
import numpy as np
import pandas as pd
from sklearn.discriminant_analysis import LinearDiscriminantAnalysis
as LDA
from sklearn.decomposition import PCA
```

```
#示例数据集
data={
    'feature1':[1,2,3,4,5],
    'feature2':[2,4,6,8,10],
    'feature3':[1,3,5,7,9],
    'label':[0,1,0,1,0]
}
df=pd.DataFrame(data)
X=df[['feature1','feature2','feature3']].values
y=df['label'].values
#线性判别分析
def lda_reduction(X,y,n_components=1):
    #先用 PCA 降维
    pca=PCA(n_components=min(len(X),X.shape[1]-1))
    X_reduced=pca.fit_transform(X)
    #再用 LDA 降维
    lda=LDA(n_components=n_components)
    lda_components=lda.fit_transform(X_reduced,y)
    return lda_components


lda_components=lda_reduction(X,y)
print("LDA 降维结果:\n",lda_components)
```


主成分分析为无监督方法，无须标签信息，能够有效地减少维度、保留最大方差。但该方法仅考虑数据的方差，可能丢失类间区分信息，对数据的线性假设可能不适用于所有情况。线性判别分析为有监督方法，利用标签信息提高区分能力，在分类任务中表现良好。但该方法对线性可分性假设敏感，在类别数量多于特征数量时可能失效。

2.4.2 粗糙集规约

粗糙集（Rough Set）理论由波兰数学家 Zdzisław Pawlak 在 20 世纪 80 年代提出。基于集合论和近似集的概念，粗糙集理论是一种处理不确定性和不完备信息的数据分析方法，特别适用于属性规约。粗糙集不需要任何先验知识，如概率分布或隶属函数，因此具有很好的适应性。粗糙集通过分析数据的依赖关系来识别和删除冗余属性，简化数据集并保留分类信息。首先介绍该理论中的一些基本概念。

1）信息系统。信息系统 S 由一个有限的非空对象集 U 和一个有限的非空属性集 A 组成，即

$$S=(U,A) \tag{2-47}$$

2）决策表。决策表是粗糙集理论中的一种具体表示形式，能够描述决策过程中的条件

和决策结果并将信息系统中的属性集分为条件属性集 C 和决策属性集 D，即

$$S=(U,C\cup D) \tag{2-48}$$

3）等价类。对于属性子集 $P\subseteq A$，根据 P 中属性的取值，将对象集 U 划分为等价类。

4）上近似和下近似。给定目标集 $X\subseteq U$，其在属性子集 P 下的下近似和上近似的定义分别为

$$P(X)=x\in U\mid[x]_P\subseteq X(\text{下近似}) \tag{2-49}$$

$$P(X)=\{x\in U\mid[x]_P\cap X\neq\varnothing\}(\text{上近似}) \tag{2-50}$$

5）核。核是不能被任何其他属性代替的最重要的属性集。

属性规约是粗糙集理论的重要应用之一，通过删除冗余属性来简化数据集。属性规约的目标是找到一个最小的属性子集，使其在保持分类能力的同时尽可能地减少属性数量。通过计算属性的重要性，可以识别和删除冗余属性。属性重要性可以通过依赖度、属性核等方式来衡量。

以下是一个简单的粗糙集属性规约的示例代码。

示例代码 2-34

```
import numpy as np
import pandas as pd
from sklearn.datasets import load_iris
#加载示例数据集(Iris 数据集)
iris=load_iris()
X=pd.DataFrame(iris.data,columns=iris.feature_names)
y=pd.Series(iris.target)
#构建信息系统
data=pd.concat([X,y],axis=1)
data.columns=list(X.columns)+['decision']
#计算依赖度
def dependency_degree(data,attributes,decision):
    total_objects=len(data)
    grouped=data.groupby(attributes)
    dependency=0
    for _,group in grouped:
        max_count=group[decision].value_counts().max()
        dependency+=max_count/len(group) #修正依赖度计算
    return dependency/total_objects
#计算属性重要性
def attribute_significance(data,attributes,decision):
    full_dependency=dependency_degree(data,attributes,decision)
    significances={}
    for attribute in attributes:
```

```
        reduced_attributes=[attr for attr in attributes if attr !=attribute]
        reduced_dependency=dependency_degree(data,reduced_attributes,decision)
        significances[attribute]=full_dependency-reduced_dependency
    return significances

#进行属性规约
def rough_set_reduction(data,decision):
    attributes=list(data.columns[:-1])
    significances=attribute_significance(data,attributes,decision)
    sorted_attributes=sorted(significances.items(),key=lambda x:x[1],reverse=True)
    reduced_attributes=[]
    for attribute,significance in sorted_attributes:
        if significance > 0:
            reduced_attributes.append(attribute)
            new_dependency=dependency_degree(data,reduced_attributes,decision)
            if new_dependency==dependency_degree(data,attributes,decision):
                break
    return reduced_attributes

reduced_attributes=rough_set_reduction(data,'decision')
print("粗糙集规约后的属性:",reduced_attributes)
```

粗糙集理论不需要任何先验知识，能够有效识别和删除冗余属性，在简化数据集的同时保留分类信息。但属性规约过程中需要计算属性的重要性，计算复杂度较高，尤其在高维数据集上。此外，粗糙集方法对数据的质量较为敏感，需要高质量的属性信息。

2.4.3 流形学习

流形学习是一种非线性降维技术，旨在发现数据中的低维流形结构。与传统的线性降维方法相比，流形学习方法可以更好地保留数据的局部结构和非线性关系。在本小节中，将介绍两种流形学习方法：等度规映射（ISOMAP）和局部线性嵌入（Locally Linear Embedding, LLE）。

1. 等度规映射

等度规映射是一种基于流形假设的降维方法，利用数据点之间的测地距离构建数据的近邻图，然后使用多维尺度法将高维数据映射到低维空间。

首先，计算数据集 X 中每个数据点之间的欧氏距离，并确定每个数据点的近邻。

$$d(\boldsymbol{x}_i,\boldsymbol{x}_j)=\sqrt{\sum_{k=1}^{n}(x_{ik}-x_{jk})^2} \tag{2-51}$$

然后，使用最短路径算法（如 Dijkstra 算法）计算每对数据点之间的测地距离。

$$\boldsymbol{D}_{ij}=\min_{P(i,j)}\left(\sum_{k=i}^{|P(i,j)|-1} d(\boldsymbol{x}_k,\boldsymbol{x}_{k+i})\right) \tag{2-52}$$

其中，$P(i,j)$ 表示节点 i 到节点 j 的所有可能路径的集合。

最后，使用多维尺度法将测地距离矩阵映射到低维空间。

$$\min_{Y}\sum_{i,j}(\boldsymbol{D}_{ij}-||\boldsymbol{y}_i-\boldsymbol{y}_j||)^2 \tag{2-53}$$

其中，$\boldsymbol{x}_i$和 $\boldsymbol{x}_j$是数据集中的数据点；$d(\boldsymbol{x}_i,\boldsymbol{x}_j)$ 是它们之间的欧氏距离；$\boldsymbol{D}_{ij}$是测地距离矩阵；$p_1,\cdots,p_m$是数据点之间的最短路径；$\boldsymbol{y}_i$和 $\boldsymbol{y}_j$是降维后的数据点。

该方法的实现代码示例如下。

示例代码 2-35

```
from sklearn.datasets import load_iris
from sklearn.manifold import Isomap
import matplotlib.pyplot as plt
#加载示例数据集(Iris 数据集)
iris=load_iris()
X=iris.data
y=iris.target
# ISOMAP 降维
isomap=Isomap(n_components=2)
X_isomap=isomap.fit_transform(X)
#可视化结果
plt.scatter(X_isomap[:,0],X_isomap[:,1],c=y,cmap=plt.cm.Set1)
plt.title('Isomap')
plt.show()
```

2. 局部线性嵌入

局部线性嵌入是一种保持局部线性关系的非线性降维方法。该方法假设高维数据空间中的每个数据点都可以由其最近邻点的线性组合来表示，并尝试在低维空间中保持这种局部线性关系。对于数据集 X 中的每个数据点，找到其最近的 k 个邻居。并且对于每个数据点，使用最近邻点的线性组合来重建该点，从而确定权重矩阵：

$$\min_{W}\sum_{i}\left\|\boldsymbol{x}_i-\sum_{j}W_{ij}\boldsymbol{x}_j\right\|^2 \tag{2-54}$$

然后，使用特征值分解来计算低维表示，实现最大程度保持局部线性关系。

$$\min_{\boldsymbol{Y}}\sum_{i,j}(\|\boldsymbol{y}_i-\boldsymbol{y}_j\|-\sum_{k}W_{ik}\|\boldsymbol{y}_k-\boldsymbol{y}_j\|)^2 \tag{2-55}$$

其中，$\boldsymbol{x}_i$和$\boldsymbol{x}_j$是数据集中的数据点，W_{ij}是数据点之间的权重，$\boldsymbol{y}_i$和$\boldsymbol{y}_j$是降维后的数据点。该方法的实现代码示例如下。

示例代码 2-36

```
from sklearn.manifold import LocallyLinearEmbedding
from sklearn.datasets import load_iris
import matplotlib.pyplot as plt
#加载示例数据集(Iris 数据集)
iris=load_iris()
X=iris.data
y=iris.target
#局部线性嵌入降维
lle=LocallyLinearEmbedding(n_components=2,n_neighbors=10)
X_lle=lle.fit_transform(X)
#可视化结果
plt.scatter(X_lle[:,0],X_lle[:,1],c=y,cmap=plt.cm.Set1)
plt.title('Locally Linear Embedding')
plt.show()
```


2.5 本章小结

在数据分析和挖掘的过程中，数据预处理是不可或缺的一步，它直接影响到模型的性能和结果的可靠性。本章详细介绍了数据分析和建模之前所需进行的各类处理方法，包括数据缺失值处理、冗余去重、数据去噪、异常值处理、数据集成、数据转换与规范化，以及数据规约。

数据缺失值处理是数据预处理的首要步骤。本章讨论了多种填补缺失值的方法，如均值填补、插值法、k近邻法和多重插补。均值填补是一种简单有效的方法，但可能会引入偏差；插值法通过利用已有数据趋势填补缺失值，适用于时间序列数据；k近邻法基于相似数据点的特征进行填补，能保留数据的局部结构；而多重插补是生成多个插补数据集并形成综合结果，是一种更为复杂和精确的方法。

在冗余去重方面，本章介绍了特征冗余和样本冗余的识别与处理方法。通过相关性分析（如余弦相似度、杰卡德、相似度等）识别特征冗余，利用聚类方法去除样本冗余，这些方法有效减少数据集的冗余信息，提升模型的泛化能力。

本章详细介绍了基于统计特性、机器学习、信号处理、分箱、回归和数据类的去噪方法。每种方法各有优劣，选择时需根据具体数据特点和分析需求进行权衡。

异常值处理旨在识别和处理数据中的异常点。本章介绍了统计方法（如 Z-Score 和 IQR）和基于机器学习的方法（如孤立森林和k近邻）。统计方法通过数学统计量判断数据是否为异常点，简单且易于实现；孤立森林算法通过随机选择特征和切割点构建树模型，对数据点进行异常值检测，具有较高的准确性和效率；k 近邻法则通过计算数据点与其邻居的距离判断是否为异常点，适用于数据分布复杂的情况。

数据集成包括实体识别、冗余和相关性分析。实体识别通过匹配和合并不同来源的相同实体来整合数据；冗余和相关性分析通过检测特征和样本的冗余信息优化数据集。这些方法能有效整合和优化数据，提高数据利用率和分析质量。

数据转换与规范化旨在将数据转换为适合模型训练和分析的形式。本章介绍了离散化、标准化、二值化、归一化、正则化和特征编码等方法。离散化和二值化将连续变量转换为离散变量，适用于决策树等模型；标准化和归一化通过调整数据分布，提高模型的收敛速度和性能；正则化通过对模型参数进行约束，防止过拟合；特征编码通过将分类变量转换为数值变量，适用于大多数机器学习模型。

数据规约通过减少数据维度和样本数量，降低计算成本和模型的复杂度。子空间法（如 PCA 和 LDA）是投影到低维空间保持数据的主要信息；粗糙集规约通过计算属性依赖度选择重要特征；流形学习（如 ISOMAP 和 LLE）通过保持数据的局部结构和非线性关系，实现高维数据的降维。

综上所述，数据预处理是数据分析和建模的基础，通过系统地应用上述方法，可以有效提升数据质量、优化模型性能，为后续的数据分析和机器学习奠定坚实的基础。每一种预处理方法都有其独特的优势和适用场景，选择合适的方法需综合考虑数据的具体情况和分析目标。

第 3 章　数据仓库与数据立方体

导读

数据逐渐成为企业、机构的重要资源，如何有效存储与组织海量数据成为亟待解决的问题。数据仓库和数据立方体的出现使数据能够得到更好的处理和分析，帮助各类用户更充分地理解数据、发现数据关联和趋势，进而做出更有依据的决策。数据仓库作为一种面向主题的、集成的、非易失的、随时间变化的数据集合，为各个企业、机构和组织提供了一个存储和管理数据的中心化平台。通过数据仓库，各类用户能够将来自不同数据源的数据进行抽取、加载和转换，形成一个统一的数据视图，进而为决策提供全面、准确的数据支持。数据立方体则是数据仓库中的多维数据模型，通过多维分析技术将数据以立方体的方式进行组织和展示，使各类用户能够轻松地进行多维数据分析。通过对数据立方体进行多维分析，用户可以从不同维度和层次上对数据进行透视和分析，发现数据间的关联性和规律性，进而做出更加可靠和准确的决策。本章主要介绍数据仓库的原理及架构、数据立方体的概念与实现等方面的内容，使读者了解数据管理与分析的重要工具、掌握数据仓库与数据立方体的核心技术和应用方法。

本章知识点

- 数据仓库的基础知识。
- 数据仓库系统的基本架构、分层架构。
- 数据立方体的概念、组成、多维数据模型的模式。
- 在线分析处理（OLAP）的概念和基本操作。

学习要点

- 掌握数据仓库的基本概念和特征，能够准确描述数据仓库的定义，并理解其与数据库的主要区别。
- 掌握数据仓库系统架构，能够理解并描述数据仓库系统的基本架构和分层架构。
- 熟悉数据立方体和多维数据模型，能够解释数据立方体的组成元素和多维数据模型的不同模式。
- 掌握 OLAP 的工作原理和操作，了解不同 OLAP 系统的实现方式。

工程能力目标

能够设计数据仓库架构，使用数据立方体和 OLAP 等工具进行多维数据分析，并对数据仓库进行有效的维护和管理，以支持决策的制定。

3.1 数据仓库概述

本节先从数据仓库产生的背景出发，探究数据仓库需要面对和解决的问题；接着，明确数据仓库的具体定义和主要特点，并对这些特点的含义进行了阐释；最后，阐述操作数据仓库与数据库之间的差别。

3.1.1 数据仓库产生的背景

自 20 世纪 70 年代以来，各类数据库技术飞速发展，在有效管理数据的同时促使社会中的数据量呈爆炸式增长，人们开始积极思考如何有效地利用这些数据。数据的一项重要作用是为管理决策人员提供帮助，通过对数据进行整合、清洗和分析，管理人员能够得到更准确、更全面的信息支持，从而做出更具前瞻性和科学性的决策。在这样的需求推动下，一种直接的想法是利用数据库进行数据统计分析。图 3-1 展示了数据库的自然演化式体系架构。

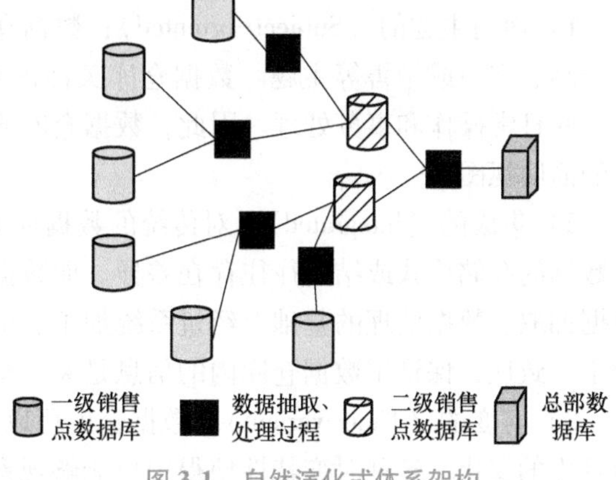

图 3-1　自然演化式体系架构

下面通过一个例子来说明在这种架构下进行数据统计和分析时所需要做的工作。

例 3-1　假设理想生活商城是一个成功的企业，其分部遍布全国各地，每个分公司都有一组自己的数据库。理想生活商城的总经理需要分析人员提供公司第三季度每种类型的商品及每个分部的销售分析。这将是一项困难的任务，因为与任务相关的数据可能会散布在多个不同地点的数据库中，而且每个数据库中的数据度量单位也可能不同。为完成这个任务，分析人员要分别从各个地点的数据库中获取数据，然后手动进行数据筛选、清洗和加工，最后还要将数据汇总到一起进行分析和挖掘，这一过程十分麻烦且是低效的。

通过上面的例子可以看出，在这种数据库自然演化式体系架构中，主要存在以下几个方面的缺陷：缺乏统一的数据来源，缺乏统一的时间基准，以及存在数据口径差异。这些问题导致了数据的不一致性和决策制定的困难。此外，在这种体系结构下还存在数据获取效率低、数据集成时间长及数据加工速度慢等问题。

为了更好地应对这些问题，研究人员提出了数据仓库的概念。与"分散式管理"的自然演化体系架构不同，数据仓库是一种"中央集中式管理"的数据架构。自然演化架构在面对多源数据口径差异、数据分散、数据冗余等挑战时会显得力不从心；而集中式管理的数据仓库通过汇聚各个业务系统中的数据，统一进行清洗、整合和建模，使得数据在整个组织中变得更加一致、准确和可信。这种管理架构有助于消除不同数据源之间的口径差异，提高数据的一致性和质量。

3.1.2 数据仓库的定义与特征

数据仓库的建立为各企业、机构和组织中的决策者提供了一种有力的工具，使得决策者们能够系统地组织、理解和使用数据，进而做出更准确和有效的科学决策。到目前为止，无论从实践的角度还是理论的角度，都有许多术语来定义“数据仓库”，这些定义之间稍有差别，但是它们对于数据仓库的描述在本质上基本一致。从广义来看，数据仓库可以被视为一种数据库，它允许将各种应用系统集成在一起，为统一的历史数据分析提供坚实的平台，为信息处理提供支持。

目前被广泛接受的数据仓库的定义来自数据仓库系统构造方面的权威专家 William H. Inmon，“数据仓库是一个面向主题的、集成的、时变的、非易失的数据集合，支持管理者的决策过程。”这个简练的定义较为明确地阐述了数据仓库的核心特性。下面对本定义中涉及的几个基本特征进行解释说明。

1）面向主题的（Subject-oriented）：数据仓库通常围绕一些比较重要的主题而构建，例如产品、客户或销售等主题。数据仓库关注的是决策者的数据建模与分析，并不关注其他的一些日常操作和事务处理。因此，数据仓库通常会排除与决策无关的数据，只提供特定主题的简明视图。

2）集成的（Integrated）：对传统的数据库来说，不同的数据库之间是相互独立的，并且数据的存储格式或结构往往存在差异。而数据仓库中的数据是在对原有分散的数据库进行数据抽取、数据清理的基础上经过系统加工、汇总和整理得到的，这个过程消除了源数据中的不一致性，保证了数据仓库内的信息是关于整个组织的一致的全局信息。

3）时变的（Time-variant）：数据仓库可以保存和关注历史数据，刻画数据随时间推移而发生的变化。这种时变特性使得用户能够观察数据随时间推移而产生的变化。

4）非易失的（Nonvolatile）：数据仓库的非易失性意味着数据在数据仓库中是安全的、不容易丢失的。存储在数据仓库中的数据都会被稳固地保存下来，不会因为意外或操作失误而轻易消失。这种特性保证了数据仓库中数据可以长期保存并能随时被访问和利用。

数据仓库就像是一个信息资源仓库，可以从多个数据源汇集数据，并且数据存储格式是一致的。通过数据清理、数据变换、数据集成、数据存储和定期数据更新来构建完善的数据仓库。数据仓库通常位于单一位置上，方便管理和访问。

对于例 3-1 的情况，如果理想生活商城拥有一个数据仓库，分析人员完成这个任务将会变得容易。图 3-2 给出了理想生活商城的数据仓库构建和使用的典型框架。

为了便于决策，该数据仓库围绕顾客、商品、供应商和活动等主题以及过去 6~12 个月的历史数据进行汇总组织构建。例如，数据仓库不是存放每个销售事务的细节，而是存放每个商店中每类商品的销售事务的汇总，有时根据需要还可以汇总到更高层次，例如每个销售地区中每类商品的销售事务的汇总。

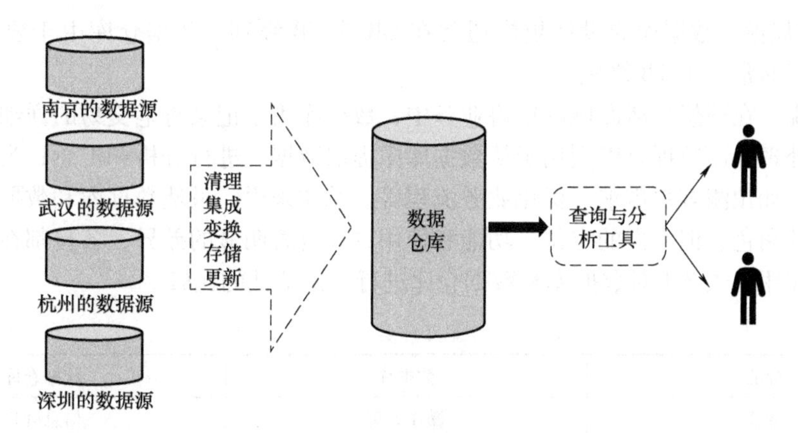

图 3-2　理想生活商城数据仓库架构

3.1.3　数据仓库与数据库

在讨论数据仓库和数据库的区别之前，首先需要介绍一下在线事务处理和在线分析处理这两种不同的数据库和数据仓库的操作方式，其对应不同的应用场景和需求，直接影响数据仓库和数据库在设计和功能上的差异。需要特别注意的是，数据仓库的出现并不是为了取代数据库，它们各自有各自的用途。数据库与数据仓库的区别从本质上讲就是在线事务处理和在线分析处理的区别。

在线事务处理（OLTP）是处理日常业务活动的数据库处理方式。在事务处理系统中，通常需要支持并发的用户操作，如数据的插入、更新、删除等，以确保数据的完整性和一致性。

在线分析处理（OLAP）是数据仓库的主要功能。在分析处理系统中，数据通常被预先汇总和处理，提供强大的多维数据分析功能，同时还可以加速复杂查询的执行。

从应用场景和用户需求的角度进行分析，数据库和数据仓库在以下几个方面有着明显的区别。

1）面向对象：数据库主要面向在线事务处理，它专注于支持日常的业务操作，如数据的增、删、改、查等；数据仓库则面向在线分析处理，它的主要任务是支持决策制定和数据分析，提供历史数据的查询、汇总和分析功能。

2）用户角色：数据库的用户主要是数据库管理员和开发人员，他们负责数据库的管理和维护；数据仓库的用户主要包括企业主管、业务分析师、市场营销团队等，他们利用数据仓库中的数据进行商业分析和决策支持。

3）功能定位：数据库用于处理日常的业务操作，强调实时性和事务处理能力；数据仓库用于支持长期信息需求，注重数据分析和决策支持功能。

4）数据存储：数据库通常存储当前的、最新的数据，着重于短期数据存储；数据仓库存储历史的、跨时间维度的数据，用于长期分析和决策支持。

5）用户规模：数据库的用户数量通常较大，可能从数百到数亿不等，适用于广泛的业务场景；数据仓库的用户数量相对较少，一般在数百到数千之间，主要面向企业内部的决策者和分析人员。

6）设计规模：数据库的设计规模通常在 GB 或 TB 级别；数据仓库由于要存储历史数据，设计规模通常大于 TB 级别。

举例来说，在理想生活商城的销售业务中，数据库用于记录每笔交易的详细信息，支持实时的账务处理；而数据仓库则用于从数据库中提取数据，进行分析和汇总，为管理层提供决策依据，比如预测客户需求、优化业务流程等。总体来说，虽然数据库和数据仓库都扮演着数据存储的角色，但它们的定位、功能和使用方式有着明显的差异，各自都在不同的领域发挥着重要作用。表 3-1 对数据库和数据仓库进行了概括性的比较。

表 3-1　数据库和数据仓库的比较

特征	数据库	数据仓库
特征	操作处理	信息处理
面向	事务	分析
用户	数据库专业人员	分析人员、企业主管、营销团队
功能	日常操作	决策支持
DB 设计	基于 E-R、面向应用	星形/雪花、面向主题
数据	当前的、确保最新	历史的、跨时间维护
汇总	原始的、高度详细	汇总的、统一的
访问	读/写	大多为读
关注	数据输入	信息输出
访问记录数量	数十	数百万
用户数	数百到数亿	数百到数千
DB 规模	GB 或 TB	TB 及以上
优先	高性能、高可用性	高灵活性
度量	事务吞吐量	查询吞吐量、响应时间

3.2　数据仓库的系统架构

本节将深入研究数据仓库的系统架构，探讨其在信息管理和数据分析中的重要性。数据仓库作为一个集成的、时变的和主题导向的数据集合，必须拥有合适的架构来确保数据的有效存储、管理和检索。首先，介绍数据仓库系统的基本架构，讨论其如何组织数据以支持企业的决策制定和分析需求；随后，深入探讨数据仓库系统分层的意义，了解数据仓库系统为何需要分层结构以满足不同层次的需求和用户访问；最后，详细介绍数据仓库系统的分层结构，包括各层的功能、特点和相互关系，帮助读者更好地理解数据仓库系统架构设计的要点。

3.2.1　数据仓库系统基本架构

从组成来看，每个数据仓库系统的核心都有三个主要组件，分别是：数据来源、提取-加载-转换（Extraction-Loading-Transformation，ELT）过程，以及数据仓库本身。此外，大部分数据仓库系统还有数据应用部分。图 3-3 详细地展现了这四个组件的内部结构及它们之间的关联关系。

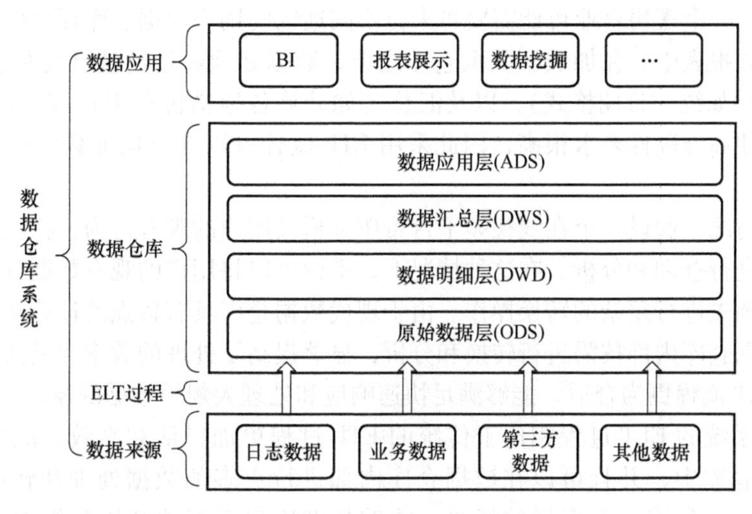

图 3-3　数据仓库系统基本架构

下面将简要说明并讨论这些组件。

1. 数据来源

数据来源旨在为数据仓库提供可分析的有用信息，以支持组织的决策制定和业务分析需求。在数据仓库系统架构中，数据来源包括来自内部组织的数据库系统，如企业的主要业务系统、客户关系管理系统、供应链管理系统等。这些系统最初创建的目的是为用户提供操作性功能，如增、删、改、查等，但同时也可以作为数据仓库的数据来源，从中提取数据供数据仓库使用。

此外，数据来源还可以包括外部数据源，如第三方市场研究数据、人口统计数据、股市数据、天气数据等。这些外部数据源可以为数据仓库提供更全面和多样化的数据，帮助组织更好地理解市场趋势、客户行为等信息，从而做出更明智的决策。

2. ELT 过程

数据仓库系统的 ELT 过程主要包括以下几个部分。

1）提取（Extraction）。在 ELT 过程中，首先需要从各个数据源中提取数据。这些数据可以是结构化数据、也可以是半结构化数据和非结构化数据等。提取的过程通常包括连接数据源、读取数据，以及将数据移动到数据仓库中的过程。

2）加载（Loading）。提取的数据会直接加载到数据仓库中，存储在数据仓库的数据存储区域中。加载的过程通常涉及数据校验等操作，确保数据的质量和完整性。

3）转换（Transformation）。在数据仓库中，数据可以进行各种转换操作，如数据清洗、数据集成、数据标准化、数据聚合等。这些转换操作可以帮助用户更好地理解数据、分析数据，并支持决策制定。

数据仓库系统的 ELT 过程用于数据集成和数据处理，它与传统的 ETL 过程有所不同。在传统的 ETL 过程中，数据是按照提取、转换和加载的顺序进行处理的，这个处理过程适用于需要在数据加载前进行复杂转换和整合的场景，需要额外的 ETL 工具和复杂的流程管理。而在数据仓库系统的 ELT 过程中，数据会先被提取出来，然后直接加载到数据仓库中，最后在数据仓库中进行转换，这个处理过程适用于数据量大、需求灵活的场景。

举例来说，一个零售企业可能需要将来自不同地区的销售数据、库存数据和顾客数据合并到一个统一的报表中。在加载到数据仓库之前，数据必须经过清洗（比如去除重复项）、标准化处理（比如统一日期格式），以及汇总（如计算各地销售总额）。在这个过程中，数据转换的复杂性和准确性要求很高，因此采用 ETL 流程可以在数据加载前确保数据的质量和一致性。

另外一种情况，假设一个在线视频平台希望分析其用户的观看行为，在实时更新的巨大数据集中快速进行查询和分析。在这种情况下，平台可以将用户的观看数据直接加载到数据仓库中，而不预先进行复杂的转换操作。由于现代数据仓库具有较强的计算能力，这些大数据集可以在数据仓库内部按需进行转换和分析，显著提高了处理的效率和灵活性。在这种情况下，采用 ELT 流程更为合适，能够满足快速响应和处理大规模数据的需求。

数据仓库系统的 ELT 过程相比于传统的 ETL 过程更加灵活和高效，能够更快地将数据加载到数据仓库中，并且可以在数据仓库内部进行更多的数据处理和转换操作，因此适用于大数据量、数据类型多样的场景，能够帮助用户更好地利用数据支持业务决策和分析需求。

3. 数据仓库

数据仓库是一种用于存储、管理和分析数据的工具，其主要功能是集成不同来源的数据，进行数据分析和业务洞察。数据仓库有时也被称为目标系统，因为它是数据来源中数据的最终目的地。

数据仓库通常会定期从数据库或其他数据源中提取数据，并经过加工处理后存储在数据仓库中，以便用户能够方便地进行查询和分析，这是数据仓库的核心。在“活动的”数据仓库中，数据的提取和更新是一个持续不断的过程，以保证数据的及时性和准确性。数据来源、ETL 及数据仓库，这三个组件形成了所有数据仓库系统的主要部件。

4. 数据应用

数据仓库系统中的数据应用部分是与最终用户直接交互的部分。数据应用部分主要负责数据仓库系统中的数据展示、报表生成、查询分析等功能，为用户提供直观、易用的界面。通过数据应用部分，用户可以根据自身需求进行数据分析和挖掘，发现数据中隐藏的价值，为决策和分析提供支持和指导。

3.2.2 数据仓库系统分层的意义

分层模式是数据仓库系统设计中常用的一种组织模式，通过将数据按照不同的层级进行划分和管理，实现更高效、更灵活的数据处理和利用。数据仓库系统的分层模式主要具备以下几点作用。

1）数据组织结构更清晰。通过数据仓库系统的分层模式，对不同层级的数据进行分类组织，每个层级有其特定的作用范围，这样数据的组织结构更加清晰。在使用数据时，可以更方便地定位到需要的数据，理解数据的含义及用途，提高数据的可用性和准确性。

2）提供数据血缘追踪功能。在数据仓库中，数据经常会流转和传递，可能一张业务表来源于多张源表。借助数据仓库分层模式，人们可以快速、准确地追踪到数据的来源，了解数据之间的关系。当某个来源表出现问题时，能够迅速定位到问题所在，并清楚了解受影响的范围，有利于问题的处理和修复。

3）减少重复开发。通过规范化数据分层，可以建立一些通用的中间层数据，避免重复计算相同数据，提高数据的复用率和开发效率。这样不仅能节约开发成本，还能降低数据处理的复杂度，提升数据仓库的整体性能。

4）简化复杂的问题。将复杂的业务过程拆分为多个简单步骤，在不同的数据层级上进行处理，这样每一层只负责单一的任务，简化问题的处理和理解的同时，也有利于维护数据的准确性。当数据出现问题时，只需修复有问题的部分，而不需要对所有数据进行修复，提高了数据处理的稳定性和可靠性。

5）减少业务的影响。由于业务需求可能会不断变化，采用数据仓库分层模式可以使得数据与业务相互分离。当业务发生变化时，无须重新提取数据，这样减少了对业务的影响，提高了数据仓库的灵活性和扩展性。

3.2.3　数据仓库的分层结构

从数据仓库系统基本架构（见图 3-3）可以看到，数据仓库包含了多个层级，每个层级都有着其特定的功能和处理原则。下面来详细介绍一下数据仓库各层级的用途和处理原则。

1. 原始数据层

原始数据层（Operational Data Store，ODS）是数据仓库的一个重要组成部分，用于存储从各个业务系统中提取的、经过简单清洗和整合后的原始数据。原始数据层通常是数据仓库架构中的第一层，也是与业务系统交互的接口。

原始数据层存储从各个业务系统中提取的原始数据，这些数据通常是实时或批量抽取的，还未经过大规模的清洗和转换。原始数据层也可以将来自不同业务系统的数据进行整合，帮助数据仓库实现数据的一致性和完整性。此外，该层还可以为上层提供数据查询、数据访问等服务，支持数据仓库的建设和运营。

2. 数据明细层

数据明细层（Data Warehouse Detail，DWD）中的数据是原始数据层中的数据经过清洗、转换后得到的明细数据，保留了数据加载过程中的全部信息，同时包含了各种维度表和事实表，可以支持复杂的查询和分析需求。此外，该层还保留了历史数据，能够支持时间上的溯源和趋势分析。该层中的数据质量较高，经过清洗、转换、整合等处理，确保数据的准确性和一致性。

3. 数据汇总层

数据汇总层（Data Warehouse Summary，DWS）通常用于存储经过清洗、转换和集成后的数据。这一层位于数据仓库的核心位置，主要负责将来自数据源的数据进行整合，并提供给决策支持系统和业务智能应用程序使用。

在数据汇总层中，数据会经过一系列处理，这些处理包括数据清洗（去除重复数据、纠正错误数据）、数据转换（将数据格式标准化、进行数据计算等）、数据整合（将来自不同数据源的数据整合为一致的格式）等。

此外，该层通常采用星形模式或雪花模式的数据存储结构。星形模式是一个中心事实表与多个维度表相连；而雪花模式在此基础上进一步规范了维度表的关联关系，使数据更加规范化。(这两种模式将在 3.3.3 小节中进行详细介绍。)用户在该层还可以通过 SQL 等查询语言对已经整合好的数据进行查询和分析。这些查询可以用于生成报表、进行数据挖掘、制定决策等各种用途。

4. 数据应用层

数据应用层(Application Data Store, ADS)是根据业务需要,由数据明细层和数据汇总层中的数据统计而出的结果。该层旨在为数据分析和报表生成等工作提供高性能的数据查询和访问功能,以支持业务决策和报告需求。该层与数据应用部分结合之后,可以为用户提供灵活的数据查询和分析功能,支持用户通过图表、报表等形式直观地分析数据,用户能够根据自身需求快速获取所需数据,并进行多维分析、数据挖掘等操作。

3.3 数据立方体

本节将探讨数据立方体的概念,这是数据仓库中的重要概念之一,用于有效组织和分析多维数据。首先,介绍数据立方体的基本概念;其次,会深入研究数据立方体的组成元素,包括维度、度量和层次等六个重要概念;最后,介绍多维数据模型的模式,这是数据立方体设计中的关键部分,将讨论不同类型的多维数据模型,以及如何选择合适的模式来构建可靠和高效的数据立方体。

3.3.1 数据立方体的基本概念

数据立方体是数据仓库领域中用于多维数据分析的核心概念,它极大地方便了决策制定、数据挖掘和业务分析等关键任务的实施。通过数据立方体,人们可以更加直观和深入地理解及分析数据。

这里需要额外说明一下,上面提到的多维数据分析中"维"的概念,它实际上是指希望跟踪和记录的各类实体。例如,在理想生活商城中,分析人员可能需要创建一个名为 sales 的数据仓库,用于记录商城的销售情况,这个数据仓库将会涉及四个维度,包括 time 维、item 维、branch 维和 location 维。这些维使得商城能够记录各种商品在各个时间段的销售额、销售商品的分店及地点等信息。每个维都会有一个与之相关联的表(维表),用于进一步补充信息。例如,item 维的维表可以包含 item_name 属性、branch 属性和 type 属性。维表可以由用户自行设定,也可以根据数据的分布自动产生和调整。

在传统的数据库中,数据通常是以二维表格的形式进行存储的,如表 3-2 涉及 time 维(季度)和 item 维(商品类型)。但在真实世界里,人们分析数据的角度很可能有多个,数据立方体可以理解为对二维表格的维度拓展。

表 3-2 二维表格示例

季度	日常用品	饮料	电器	食品
Q1	605	825	14	400
Q2	680	952	31	512
Q3	812	1023	30	501
Q4	927	1038	38	580

数据立方体的定义：数据立方体是一种多维数据集合，通常用于存储和分析数据仓库中的大量数据。它由一个或多个维度（Dimension）和度量（Measure）组成，维度表示数据的属性或者类别，度量则表示要分析的数据指标。通过将数据按照不同维度组织，可以形成一个多维数据集合，这种数据结构就是数据立方体。

图 3-4 展示的是一个三维数据立方体。需要注意的是，尽管人们经常把数据立方体看作三维几何结构，但数据仓库中的数据立方体是 N 维的，而不限于三维。数据立方体主要具备以下特点。

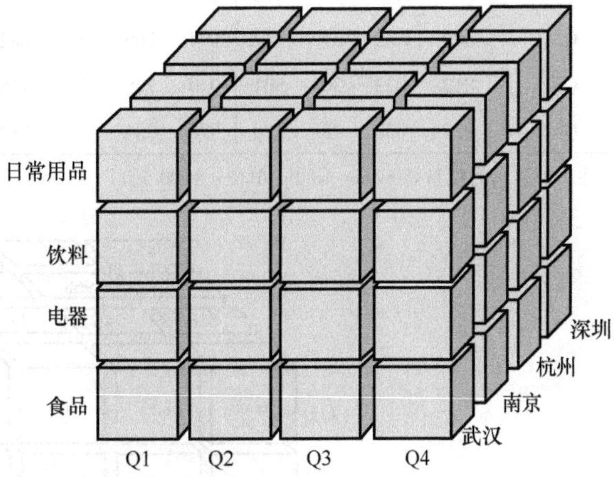

1）多维性。数据立方体是一个多维数据集合，可以包含多个维度和度量，从而更全面地描述数据。

2）预计算。为了提高查询效率，数据立方体通常会事先计算并存储聚合数据，而不是每次查询时都重新计算。

3）快速响应。由于有预计算，数据立方体可以快速响应用户的查询请求，提高数据分析的效率。

4）易于理解。通过数据立方体，用户可以直观地理解数据之间的关系，进行交互式分析和探索。

图 3-4　三维数据立方体

为了更好地理解数据立方体和多维数据模型，下面首先从考察二维数据立方体开始。来观察理想生活商城销售数据中武汉每季度销售的商品，这些商品信息见表 3-3，武汉的销售按 time 维（按季度组织）和 item 维（按所售商品的类型组织）进行显示。所显示的事实或度量是 money_sold（单位：1000 元）。

表 3-3　理想生活商城武汉销售数据的 time 维和 item 维的 2D 视图

Location = " 武汉 "				
time（季度）	item（商品类型）			
	日常用品	饮料	电器	食品
Q1	605	825	14	400
Q2	680	952	31	512
Q3	812	1023	30	501
Q4	927	1038	38	580

现在，假定管理人员想从三维角度观察销售数据。例如，管理者想根据 time、item 和 location 观察数据，其中 location 包括武汉、南京、杭州和深圳四个城市，得到的三维数据见表 3-4，该三维数据表以二维数据表的序列的形式表示。从概念上来说，也可以通过三维数据立方体的形式表示这些数据，如图 3-5 所示。

表 3-4　理想生活商城销售数据的 time 维、item 维和 location 维的 3D 视图

time（季度）	location＝"武汉"item				location＝"南京"item				location＝"杭州"item				location＝"深圳"item			
	日常用品	饮料	电器	食品	日常用品	饮料	电器	食品	日常用品	饮料	电器	食品	日常用品	饮料	电器	食品
Q1	605	825	14	400	818	746	43	591	1087	968	38	872	854	882	89	623
Q2	680	952	31	512	894	769	52	682	1130	1024	41	925	943	890	64	698
Q3	812	1023	30	501	940	795	58	728	1034	1048	45	1002	1032	924	59	789
Q4	927	1038	38	580	978	864	59	784	1142	1091	54	984	1129	992	63	870

注：所显示的度量是 money_sold（单位：1000 元）。

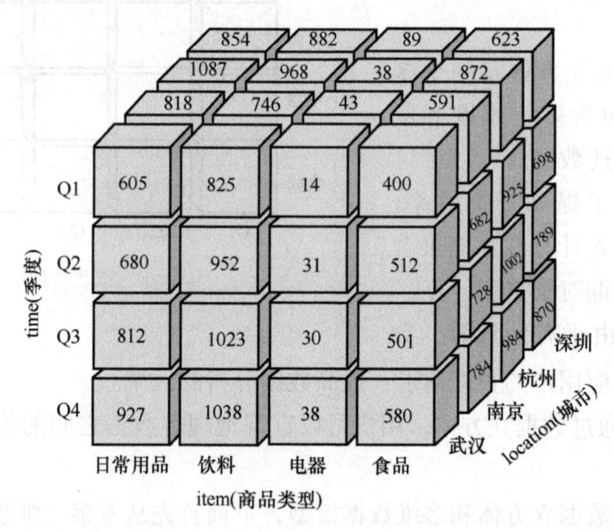

图 3-5　表 3-4 所列数据的数据立方体表示（度量为 money_sold（单位：1000 元））

现在，如果想要再增加一个维度，如 Supplier 维，从四维的角度观察销售数据，这很难在平面中展示，但可以把四维立方体看成三维立方体的序列，如图 3-6 所示。如果按照这种方式进行下去，就可以把任意 N 维数据立方体显示为 N−1 维数据立方体的序列。

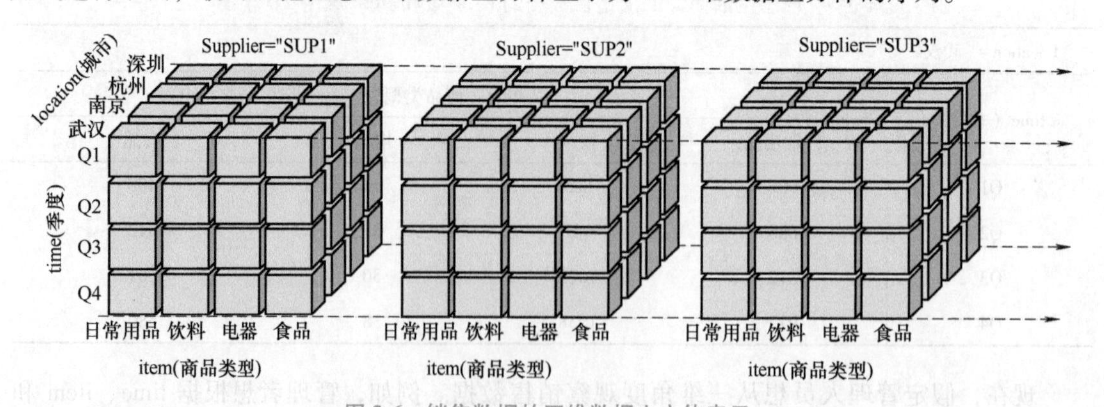

图 3-6　销售数据的四维数据立方体表示

以上介绍了数据立方体的定义，并通过一个具体的例子来说明数据立方体的基本结构。构建一个数据立方体通常需要经历以下步骤。

1）选择维度和度量：确定需要分析的维度和度量，例如时间、地区、产品等。

2）数据清洗：清洗原始数据，处理缺失值和异常值，保证数据质量。

3）数据转换：将清洗后的数据按照选定的维度和度量进行转换，生成多维数据集合。

4）数据聚合：对数据进行聚合操作，计算各种汇总统计信息，生成数据立方体。

5）数据存储：将构建好的数据立方体存储在数据仓库或者专门的数据立方体服务器中，以供查询和分析使用。

3.3.2　数据立方体的组成元素

数据立方体的组成元素主要包括维度、度量、层次、聚集、维度表和事实表等。

1）维度（Dimension）：维度是数据立方体用于对数据进行分类和分组的属性或者特征。维度通常用来描述数据的各个方面，比如时间、地区、产品、客户等。在数据立方体中，维度可以有不同层次，并且可以相互关联形成层次结构。以销售数据为例，一个常见的维度是“时间”。在时间维度中，可以包含年份、季度、月份等不同层次的时间信息。例如，2019年是一个时间维度的值，它可以进一步展开为包含四个季度和每个季度包含若干月份的层次结构。

2）度量（Measure）：度量是数据立方体中需要进行分析和计算的指标或数值，用来衡量业务绩效或者其他关键性能指标。度量是数据立方体的核心内容，用户通常通过度量来对数据进行统计、计算和分析。例如，在销售数据中，一个常见的度量是“销售额”。销售额是用来衡量公司销售业绩的重要指标，可以按照不同维度（如时间、地区、产品等）进行分析和计算。

3）层次（Hierarchie）：层次定义了维度之间的父子关系，描述了维度值之间的层级结构。例如，在时间维度中，年份可以按照季度、月份、周等进行层次划分；在地区维度中，国家可以按照省份、市级、区县等层次展开，形成一个地区维度的层次结构，用户可以根据需要选择不同层次的地区信息进行分析。

4）聚集（Aggregate）：聚集是预先计算并存储在数据立方体中的汇总数据，例如总销售额、平均利润等，可以加快查询速度和提高计算效率。通过事先计算并存储聚集数据，可以避免每次查询都重新计算原始数据，从而提高数据分析的性能。

5）维度表（Dimension Table）：维度表是包含维度属性信息的表格，用于描述维度的具体内容和特征。维度表包含了维度的各种属性和属性值，以便用户能够更好地理解和分析数据。

6）事实表（Fact Table）：事实表是包含度量信息的表格，用于存储需要分析的数值型数据。事实表与维度表通过共同的键（Key）进行关联，从而构建多维数据集合，支持多维分析和查询操作。以销售事实表为例，它可能包含销售 ID、产品 ID、销售日期、销售数量和销售金额等信息，用户可以通过产品 ID 将该事实表与产品维度表（包含产品 ID、产品类别、产品品牌、产品价格）进行关联，从而帮助用户更好地理解产品数据。

3.3.3　多维数据模型的模式

多维数据模型的模式定义了数据在多个维度上的组织结构和关联关系，以便进行有效的数据分析和查询。目前流行的数据仓库数据模型是多维数据模型，包括星形模式、雪花模式和事实星座模式等，前文提到的数据立方体在本质上可以认为是多维数据模型的具体实现。下面来详细考察这些模式的特点和应用场景。

1. 星形模式

星形模式（Star Schema）是数据仓库中常用的多维数据模型之一，它采用星形结构来组织数据。在星形模式中，中心是一个事实表，周围围绕着多个维度表，构成了一个星形结构。

1）事实表包含了业务过程中的度量和指标，通常存储数值型数据，每一行记录表示一个事实事件或业务事实，如销售额、数量等。

2）维度表包含了与事实表中数据有关的描述性信息，用来对事实数据进行分析和查询。每个维度表包含了维度，即用来描述数据的各个方面的属性集合，如时间、地理位置、产品等。

例 3-2　理想生活商城商品销售的星形模式如图 3-7 所示。从四个维度 time、item、branch 和 location 考虑销售情况。该模式包含一个中心事实表 sales，有四个维标识符和两个度量 money_sold 和 units_sold。为尽量减小事实表的大小，维标识符（如 time_key 和 item_key 等）是系统产生的标识符。

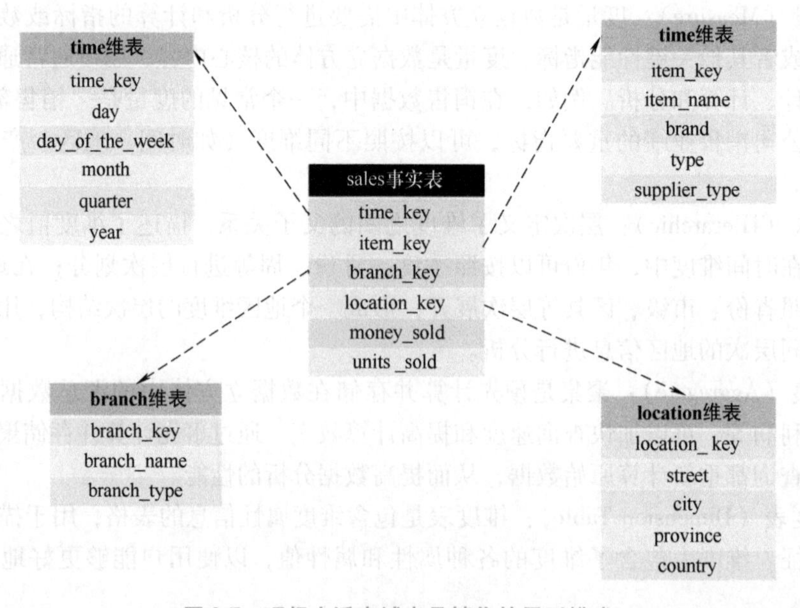

图 3-7　理想生活商城商品销售的星形模式

注意，在星形模式中，每个维只用一个表表示，而每个表包含一组属性。例如，location 维表包含属性集 {location_key, street, city, province, country}。这种限制可能造成某些冗余，例如，“南京”和“苏州”都是隶属于江苏省的城市。location 维表中城市实体的属性 province 和 country 中会有冗余，即（…，南京，江苏，中国）和（…，苏州，江苏，中国）。此外，一个维度表中的属性可能形成一个层次（全序）或格（序）。

星形模式的优点如下。

1）简单直观。星形模式具有简单直观的结构，易于理解和使用，适合初学者和业务用户进行数据查询和分析。

2）查询性能高。由于星形模式中包含少量的维度表和一个事实表，查询通常效率较高，能够满足大多数数据查询需求。

3）容易维护和扩展。星形模式的结构相对简单，维护和扩展起来比较容易，能够快速响应业务需求的变化。

4）灵活性。星形模式支持灵活的维度关系和查询需求，用户可以轻松进行数据切片、切块和钻取操作，实现多维数据分析。

星形模式的缺点如下。

1）数据冗余。星形模式下的数据结构可能存在数据冗余，特别是当多个维度表共享相同维度属性时，会导致存储冗余。

2）复杂度限制。对于复杂的数据模型和多对多关系，星形模式的简单结构可能会受到限制，它不适用于处理超级复杂的数据情况。

3）关系维护。当数据模型中存在复杂的关系时，星形模式需要更多的关联操作和连接查询，可能影响查询的性能和复杂性。

4）局限性。对于某些特定的数据仓库设计场景，星形模式可能不足以满足复杂的分析需求，需要考虑其他更为灵活的数据建模方式。

2. 雪花模式

雪花模式（Snowflake Schema）是在星形模式的基础上发展而来的设计模式。在雪花模式中，维度表被进一步规范化，比星形模式中的具有更复杂的结构，其组成要素包括事实表、维度表和规范化维度表。

1）事实表，与星形模式相同，仍然包含度量和指标来描述业务事实。

2）维度表，包含描述性维度信息，如时间、地理位置等，但雪花模式中可能存在规范化的结构。

3）规范化维度表，是指将维度表进一步进行拆分形成多个规范化的维度表，以减少数据冗余并提高数据的一致性。

例 3-3　理想生活商城商品销售的雪花模式如图 3-8 所示。事实表 sales 与图 3-7 所示的星形模式相同。两个模式的主要差别是维度表。星形模式中的 item 维表在雪花模式中被规范化，获得新的 item 维表和 supplier 维表。例如，现在 item 维表包含属性 item_key、item_name、brand、type 和 supplier_key，其中 supplier_key 连接到包含 supplier_key 和 supplier_type 属性的规范化维度表 supplier。类似地，星形模式中 location 维表也被规范化成两个新表 location 和 city。因此，新的 location 维表中的 city_key 属性连接到 city 维表。注意，图 3-8 所示的雪花模式中的 province 和 country 属性还可以进一步规范化。

雪花模式的优点如下。

1）提高了数据的一致性和完整性，减少了数据冗余。

2）易于维护和修改维度表结构，有助于保持数据的规范性。

雪花模式的缺点如下。

1）相较于星形模式，雪花模式通常需要更多的关联操作和连接查询，可能影响查询性能。例如，如果想要查询一个商品的销售城市，就需要将 sales 事实表、location 维表和 city 维表进行连接，而在星形模式中，只需要将 sales 事实表和 location 维表进行连接即可。

2）维护复杂度较高，需要更多的规范化表和连接路径，可能增加数据查询的复杂性。

time维表
time_key
day
day_of_the_week
month
quarter
year

sales事实表
time_key
item_key
branch_key
location_key
money_sold
units_sold

item维表
item_key
item_name
brand
type
supplier_key

supplier维表
supplier_key
supplier_type

branch维表
branch_key
branch_name
branch_type

location维表
location_key
street
city_key

city维表
city_key
city
province
country

图 3-8　理想生活商城商品销售的雪花模式

3. 事实星座模式

复杂的应用可能需要多个事实表共享维度表，这种模式可以看作星形模式的汇集，称作星系模式（Galaxy Schema）或事实星座（Fact Constellation）模式。事实星座模式支持复杂的数据关系和多变的数据分析需求，适用于需要处理多种不同业务过程和度量的场景。事实星座模式的组成要素包括多个事实表、多个维度表和事实表之间的联系。

例 3-4　一个事实星座模式的例子如图 3-9 所示。该模式包含两个事实表 sales 和 shipping。sales 表的定义与星形模式（见图 3-8）相同；shipping 表有五个维标识符 item_key、time_key、shipper_key、from_location 和 to_location，以及两个度量 money_cost 和 units_shipped。事实星座模式允许事实表共享维度表。例如，事实表 sales 和 shipping 共享维度表 time、item 和 location。

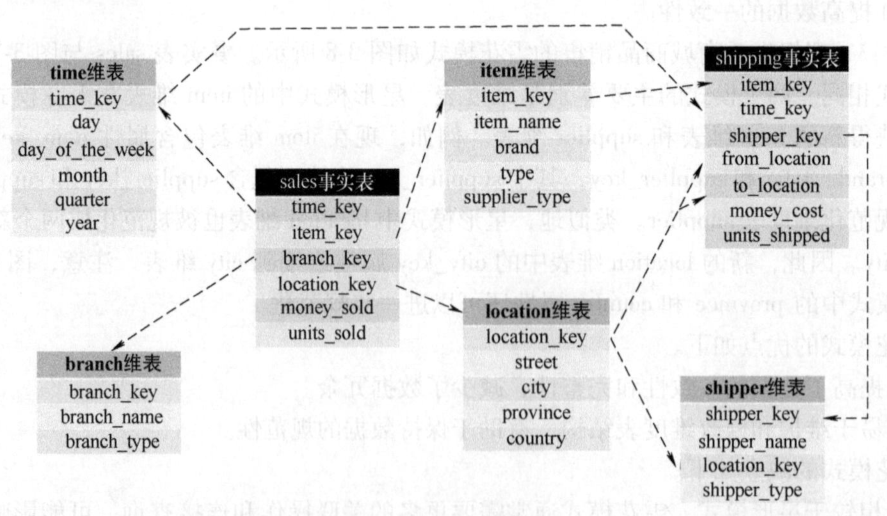

图 3-9　事实星座模式

事实星座的优点如下。

1）提供了更全面和更深入的数据分析能力，可以满足复杂业务需求的数据分析和决策支持。

2）具有高度灵活性和扩展性，适用于需要处理多个业务过程和度量的数据仓库设计场景。

事实星座的缺点如下。

1）设计和维护事实星座模式可能需要更多的工作量和更高的复杂性，包括数据关系管理和查询性能优化。

2）可能增加数据仓库的复杂性，需要仔细规划和设计，以确保数据的一致性和准确性。

3.4　在线分析处理

本节将深入研究在线分析处理（Online Analytical Processing，OLAP）这一重要概念，它在数据分析和决策支持方面扮演着关键角色。首先，探讨 OLAP 的概念，了解它是如何帮助用户对大量数据进行多维分析和交互式查询的；其次，详细介绍 OLAP 的基本操作，包括切片、切块、转轴、上卷和下钻等；最后，探讨 OLAP 的实现，包括基于存储模型的多维数据库、基于查询模型的 ROLAP、基于多维模型的 MOLAP 等不同类型的实现方式。

3.4.1　在线分析处理的基本概念

在线分析处理（OLAP）是基于数据仓库中数据立方体的操作，是快速分析、探索和汇总多维数据的计算技术，旨在帮助用户进行复杂的数据分析和提供决策支持。

OLAP 的核心特点如下。

1）多维性。OLAP 能够处理多维数据，允许用户从不同的角度（维度）对数据进行分析，支持多维数据切片和切块操作。

2）实时分析。OLAP 支持用户对数据进行即时的、动态的分析，用户可以随时根据需要进行数据探索和交互式查询。

3）联机。OLAP 能够直接连接到数据仓库或数据源，具有快速响应用户查询的特点，以便用户可以实时获取数据分析结果。

4）分析功能。OLAP 提供强大的分析功能，如数据的上卷、下钻、转轴、切片和切块等方法，帮助用户深入分析数据。

3.4.2　在线分析处理的基本操作

当用户借助数据仓库进行数据分析时，往往需要从多个角度通过多种方式对数据进行处理。这些过程大部分都需要使用比较复杂的查询操作，可能涉及多个表之间的连接，有时还会涵盖聚合函数（如 SUM、AVG、COUNT 等）的使用。为了降低用户的操作复杂度，OLAP 依托于多维数据模型，定义了一系列专门针对数据分析的基本操作类型，主要包括：上卷（Roll-up）、下钻（Drill-down）、切片（Slice）、切块（Dice）及转轴（Pivot）。通过这些基本操作的组合使用，用户可以很方便地在数据仓库中完成对数据的处理和分析。下面通过一个例子来进行具体说明。

例 3-5　如图 3-10 所示，图的中心是理想生活商城商品销售数据的数据立方体。该数据立方体包含 location 维、time 维和 item 维。其中，location 维按城市值聚集，time 维按季度聚集，而 item 维按商品类型聚集。为了便于说明，称该数据立方体为中心立方体。其度量是 money_sold（单位：1000 元）。（为了提高可读性，只显示某些方体单元的值。）所考察的数据是南京、武汉、杭州和深圳的数据。

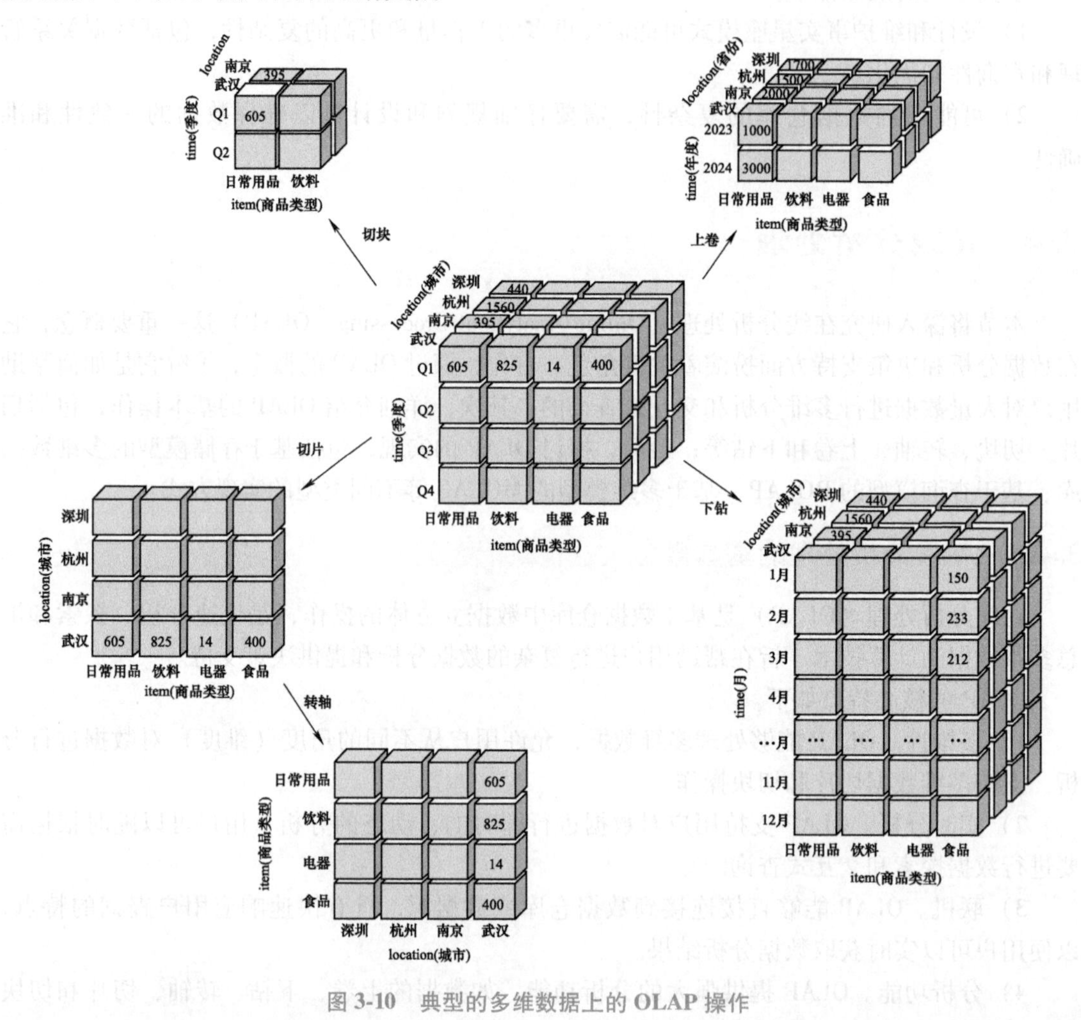

图 3-10 典型的多维数据上的 OLAP 操作

上卷：上卷操作是将数据从较低层次的维度汇总到较高层次的维度，减少数据的细节以获得总体性的视图。图 3-11 显示了在 time 维上对中心立方体执行上卷操作的结果。所展示的上卷操作沿 time 的分层，由 quarter（季度）层向上到 year（年度）层聚集数据。换句话说，结果立方体按 year 而不是 quarter 对数据分组。当用维归约进行上卷时，一个或多个维从给定的立方体中删除。例如，考虑只包含两个维 location 和 time 的数据立方体 sales。上卷可以删除 time 维，导致整个销售按地点而不是地点和时间聚集。

下钻：下钻操作是上卷的逆操作，可以查看较低层次的细节数据，以便深入了解具体细节。图 3-12 所示为由 time 维的分层结构向下，从 quarter（季度）层到更详细的 month（月份）层。结果数据立方体详细地列出每月的总销售，而不是按季度汇总。

切片：切片是选取多维数据集中的一个子集，即在某个固定维度上进行数据的筛选和分析。图 3-13 所示为对中心立方体使用条件 time = "Q1" 在维度 time 选择销售数据。

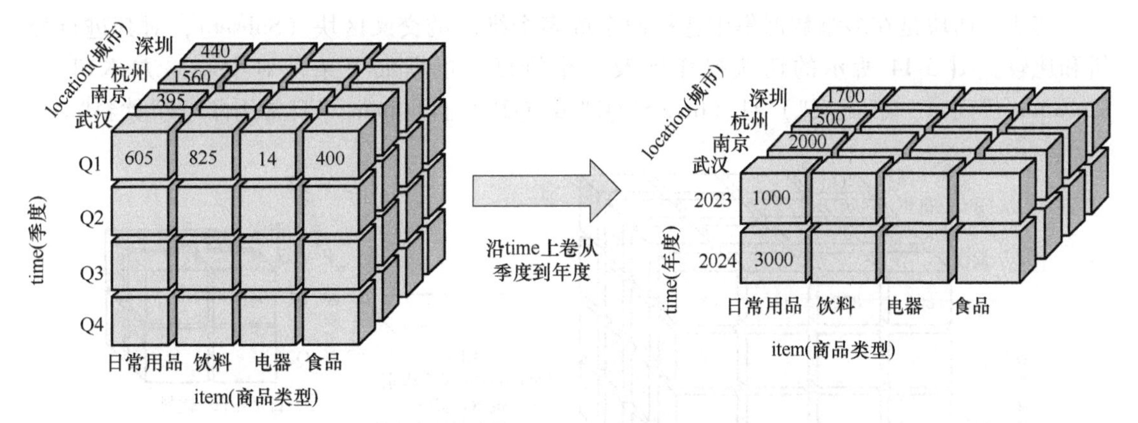

图 3-11　沿 time 维上卷

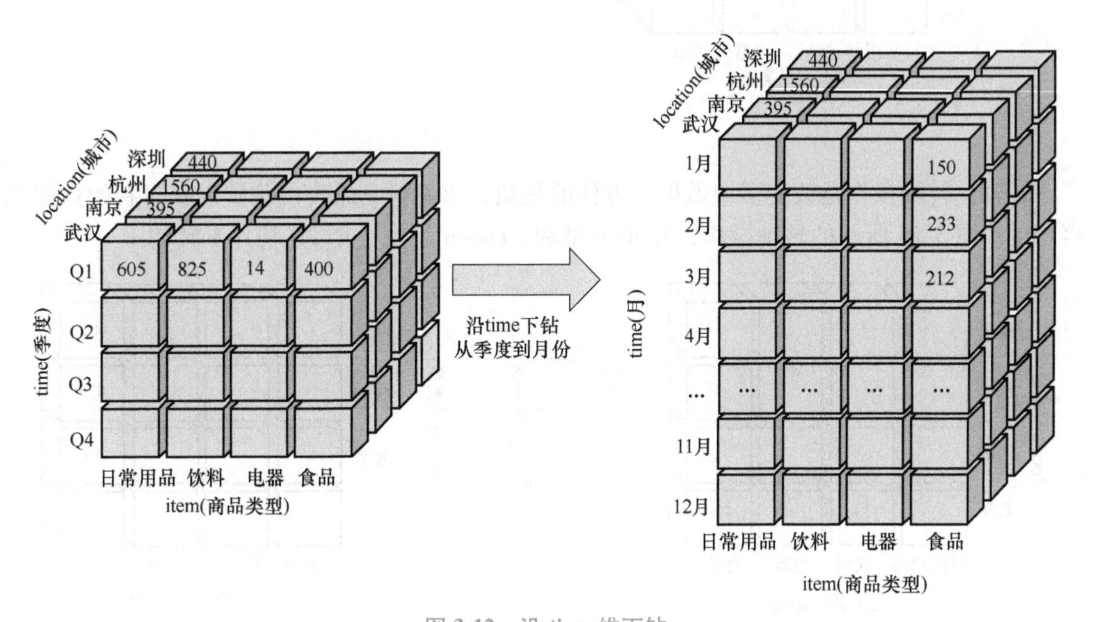

图 3-12　沿 time 维下钻

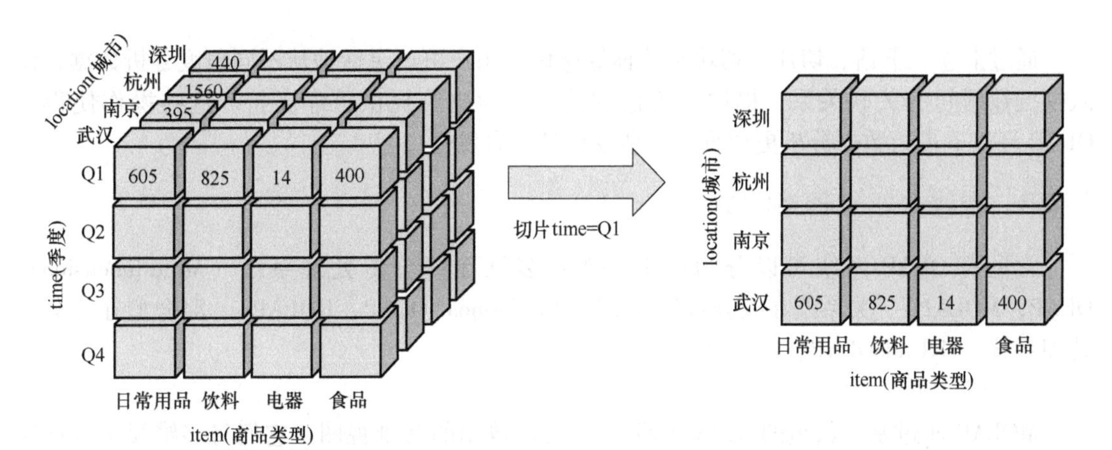

图 3-13　切片

切块：切块是在多维数据集中选择两个或多个维度的交叉区块（Subset），对其进行分析和比较。图 3-14 所示的切块操作涉及三个维度，根据如下条件对中心立方体切块：(location="南京"或"武汉")且(time="Q1"或"Q2")且(item="日常用品"或"饮料")。

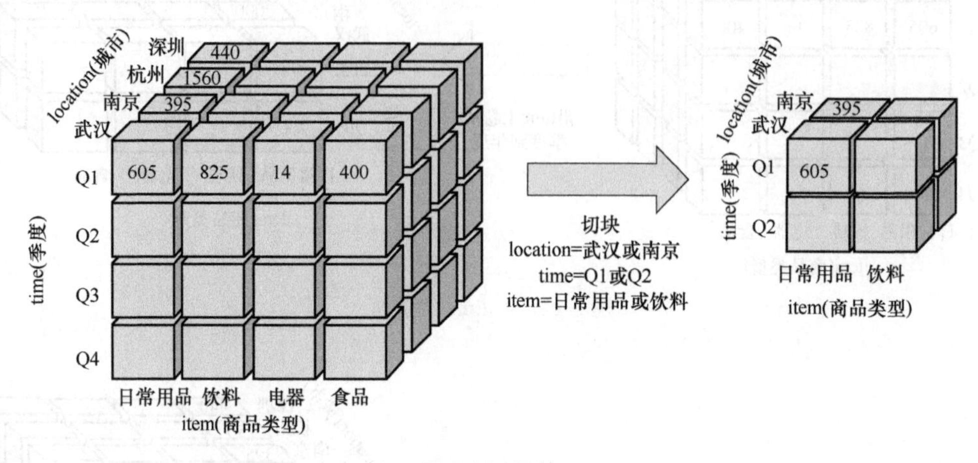

图 3-14 切块

转轴：转轴操作是改变多维数据立方体的视角，重新排列维度的位置以获得新的数据观察角度。图 3-15 所示的转轴操作，是 item 维和 location 维在一个 2D 切片上转动。

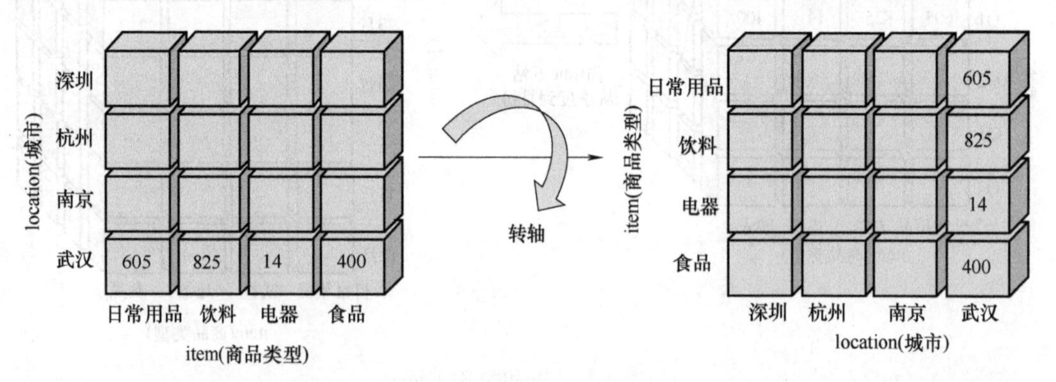

图 3-15 转轴

通过上卷、下钻、切片、切块和转轴等操作，用户可以灵活地从不同角度分析数据，深入挖掘数据间的关联关系，提取有价值的信息，为决策提供可靠支持。这些操作使得在 OLAP 环境下进行数据分析更加直观、高效和具有启发性。

3.4.3 在线分析处理系统的实现

常见的 OLAP 系统可以分为以下三类：多维在线分析处理系统（Multidimensional-OLAP，MOLAP）、关系型在线分析处理系统（Relational-OLAP，ROLAP）、混合型在线分析处理系统（Hybrid-OLAP，HOLAP）。

1. MOLAP

MOLAP 通过基于数组的多维存储引擎，支持数据的多维视图。它们将多维视图直接映射到数据立方体数组结构。典型的 MOLAP 框架如图 3-16 所示。MOLAP 中的数据来自数据仓库或者存储在多维立方体中的操作型数据源。底层数据的复杂性对于 MOLAP 工具的使用者是隐藏的。换句话说，用户在使用时可以通过简单的鼠标操作就可以实现其常用的功能。

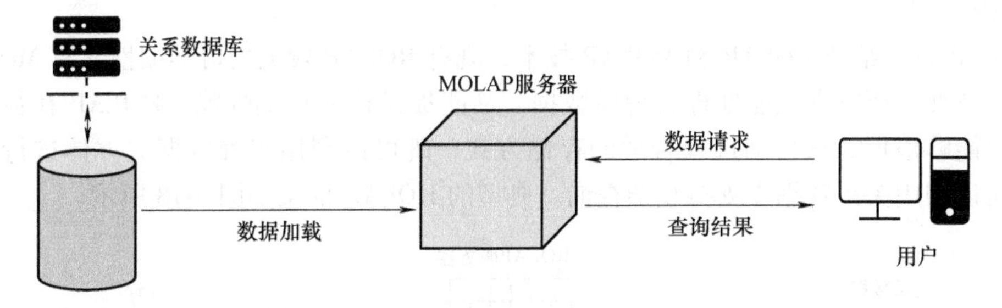

图 3-16　典型的 MOLAP 框架

需要强调的是，MOLAP 立方体在分析聚合数据时表现出色，但并不适合处理事务级别的详细数据。由于每个立方体格子对应一个直接地址，并且常用查询结果通常已经被预先计算，因此 MOLAP 的查询速度通常很快。计算引擎能够从现有数据中提取新信息，通过公式和转换实现。通过预先聚合汇总数据和计算结果的方法，复杂数据关系的分析变得快速、简单。查询过程通常简化为直接数据查找。尽管 MOLAP 检索数据非常高效，但立方体的更新速度较慢，数据加载可能需要数小时，而立方体计算则需更多的时间。每当有新的有效数据时，立方体就必须重新加载和重新计算。

通常，加载到 MOLAP 服务器上的数据源自关系数据库管理系统平台的数据仓库。然而，也存在一种情况，即操作型数据源的数据直接加载到立方体中以满足当前数据分析需求。在此情况下，立方体本身就相当于一个数据集市，而无需数据仓库的存在。

2. ROLAP

ROLAP 介于关系数据库（后端）和客户前端工具之间。它使用关系的或扩充关系的数据库管理系统存储并管理数据仓库数据，而 OLAP 中间件支持其余部分。典型的 ROLAP 框架如图 3-17 所示。ROLAP 工具也提供本章之前描述的常用 OLAP 功能。ROLAP 服务将查询转换成 SQL 语句，SQL 语句被发送到由关系数据库支持的数据仓库中。关系数据库执行查询，并将查询的结果集合发送到 ROLAP 服务器上，最终交给 OLAP/BI 工具终端用户。

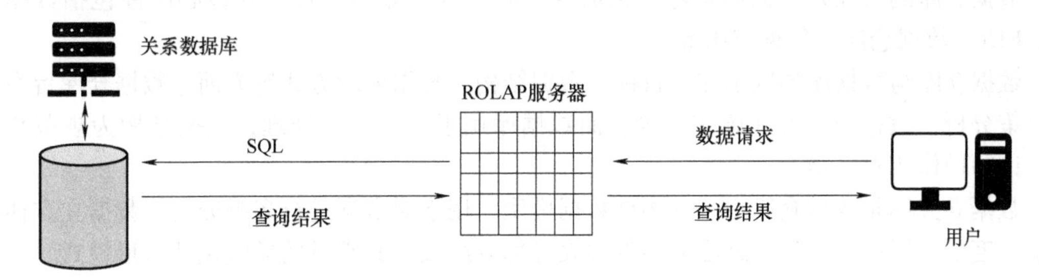

图 3-17　典型的 ROLAP 框架

ROLAP 框架并没有对数据库大小及可能执行的分析类型施加任何限制。因此，ROLAP 技术比 MOLAP 技术具有更好的伸缩性。然而，其查询结果并不是预先计算的，相比 MOLAP，其查询性能并不是那么快。在选择 MOLAP 和 ROLAP 时，需要在查询性能和存储空间之间进行权衡。ROLAP 能够处理更大规模的数据，这使得它更适用于处理事务级别的详细数据。同时，关系数据库管理系统软件也在不断提升查询处理速度，以缩小 MOLAP 和 ROLAP 之间的性能差距。

3. HOLAP

HOLAP 方法结合 ROLAP 和 MOLAP 技术，既有 ROLAP 较大的可伸缩性又有 MOLAP 的快速计算特性，所以它既能处理大规模数据，又能提供快速查询性能。HOLAP 在数据存储和查询时能够根据需求自动选择合适的存储方式，既可以利用多维数据立方体进行快速查询，也可以利用关系数据库支持复杂查询。典型的 HOLAP 框架如图 3-18 所示。

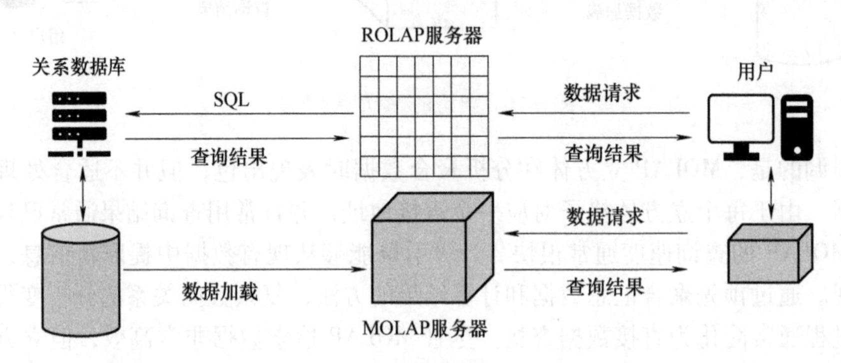

图 3-18 典型的 HOLAP 框架

3.5 本章小结

本章主要介绍了数据仓库及数据立方体的相关概念，包括数据仓库的定义、特征、产生背景，数据仓库与数据库之间的区别，数据仓库的系统架构，数据立方体及在线分析处理（OLAP）等。简单回顾本章的重要知识点。

数据仓库是一个面向主题的、集成的、时变的、非易失的数据集合，用于支持管理决策。数据仓库的产生背景主要是企业需要更好地管理和分析海量数据以支持决策，而传统的数据库系统无法满足复杂的分析需求。

数据仓库的特征是：面向主题、集成性、时变性、非易失性。其核心组件包括数据来源、ELT、数据仓库和数据应用等。

数据仓库与数据库的区别在于目标、数据结构、数据处理方式等方面。数据仓库旨在支持决策分析，数据处理方式读多写少；而数据库用于日常事务处理，数据结构为规范化形式，读写操作相对平衡。

数据立方体是数据仓库中一种多维数据模型，用于对数据进行多维分析。数据立方体由维度、度量、层次、聚集、维度表和事实表等部分组成。其常见的模式包括星形模式、雪花模式和事实星座模式。

OLAP 是一种用于多维数据分析技术，基本操作包括上卷、下钻、切片、切块和转轴等。常见的 OLAP 系统可以分为多维在线分析处理系统（MOLAP）、关系型在线分析处理系统（ROLAP）和混合型在线分析处理系统（HOLAP）。

本章内容涵盖了数据仓库的基本概念和架构、数据立方体及 OLAP 技术，有助于理解数据仓库系统的运作机制和应用场景。

第 4 章　关联规则挖掘

导读

啤酒与尿布是一个广为人知的营销故事，通常被用来说明商品关联分析的商业价值。1993 年，美国沃尔玛超市通过对顾客购物行为数据的分析，发现啤酒和尿布这两种看似毫不相关的商品之间存在很高的销售关联性。这是由于在每周的某一天，父亲们会购买尿布，并且同时购买啤酒。不过，也有观点认为“啤酒与尿布”的故事可能是杜撰的，因为沃尔玛官方并未提供确切的案例证据。但不管怎样，这个故事已经成为数据分析领域一个具有象征意义的例子。这种对数据进行分析，发现数据间有趣关系的方法称为关联规则挖掘。

关联规则挖掘广泛应用于许多领域的数据分析。在零售中，它用于理解顾客购买行为，优化产品摆放和促销策略；在推荐系统中，它帮助个性化推荐产品和内容；在金融领域，它用于欺诈检测和信用评估；在生产和库存管理领域，它用于优化生产流程和库存控制；在医疗保健领域，它用于疾病预测和药物相互作用分析；在生物信息学中，它用于基因和蛋白质数据分析。通过发现数据中的有意义关系，关联规则挖掘帮助企业提升了洞察力，使其做出更明智的决策，提高效率并改善服务质量。本章将介绍关联规则挖掘的基本概念、频繁项集挖掘算法、关联规则挖掘方法、高级关联规则挖掘，以及推荐系统中的关联规则挖掘。

本章知识点

- 关联规则挖掘的基本概念。
- 频繁项集挖掘涉及的格结构、朴素法、先验算法、频繁模式增长算法。
- 关联规则挖掘涉及的基于置信度的剪枝、从关联分析到相关性分析。
- 高级关联规则挖掘涉及的多层模式挖掘和非频繁模式挖掘。
- 推荐系统中的关联规则挖掘。

学习要点

- 掌握关联规则挖掘的基本原理，能够理解关联规则挖掘的基本概念和算法。
- 掌握频繁项集挖掘算法，能够应用不同的算法进行频繁项集挖掘。

- 掌握关联规则的生成和优化，能够从频繁项集中生成关联规则，并使用置信度等指标进行优化。
- 熟悉高级关联规则挖掘技术，能够进行多层模式和非频繁模式的挖掘。
- 了解推荐系统的关联规则挖掘，能够将关联规则挖掘应用于推荐系统召回层和排序层。

工程能力目标

实现和优化关联规则挖掘算法；分析数据集中的关联规则，并从中提取有价值的信息；通过关联规则分析进行有效推荐。

4.1 关联规则挖掘的基本概念

为了深入了解关联规则挖掘，首先需要认识几个概念表 4-1 存储的数据可以称为购物篮事务，每行代表一个事务，每个事务有一个唯一的事务标识符（TID），事务中包含的商品集合称为项集。例如，事务 1 的项集包括面包和牛奶。

表 4-1 购物篮事务

TID	项集
1	{面包,牛奶}
2	{面包,尿布,啤酒,牛奶}
3	{鸡蛋,尿布,啤酒,可乐}

数学上，事务可以表示为形如 $<t,X>$ 的元组，其中 $t \in T$ 是一个独一无二的事务标识符，$X=\{x_1,x_2,\cdots,x_k\}$ 是一个项集。如果一个项集包含 k 个项，则称之为 k-项集。事务 1 对应的项集称为 2-项集。

关联规则是形如 $X \rightarrow Y$ 的表达式，其中 X 和 Y 是两个不相交的项集。关联规则挖掘的一般步骤如下。

1）产生频繁项集。找出满足最小支持度阈值的所有项集，这些项集为频繁项集。

2）生成规则。从上一步得到的频繁项集中过滤出满足最小置信度阈值的规则，这些规则称为强规则。

在关联规则挖掘中，支持度计数和支持度是两个核心概念，它们可以量化项集在数据集中的普遍性或频繁性。理解这两个概念对于发现数据中有价值的关联规则是至关重要的。

支持度计数是指一个项集在所有事务中出现的次数。换言之，它是该项集在事务数据库中的绝对频率。数学上可以表示为

$$\sigma(X)=|\{t_i|X\subseteq t_i,t_i\in T\}| \tag{4-1}$$

其中，$|\cdot|$ 表示集合中元素的个数。从表 4-1 中可以看到，事务 2 和事务 3 都包含{尿布,啤酒}，因此，{尿布,啤酒}的支持度计数是 2。

支持度则是支持度计数与总事务数的比例，表示在所有事务中有多少比例的事务包含该项集。这是一个标准化的指标，用于评估项集的普遍性。支持度的数学定义为

$$s(X \rightarrow Y)=\frac{\sigma(X \cup Y)}{N} \tag{4-2}$$

其中，N 为事务总数，仍然以 {尿布,啤酒} 为例，总事务为 3，因此 {尿布,啤酒} 的支持度为

$$s(\text{尿布} \rightarrow \text{啤酒})=\frac{2}{3}=0.667 \tag{4-3}$$

在关联规则挖掘中，支持度是用于初步筛选数据中潜在有用模式的重要工具。只有当项集的支持度达到预设的最小支持度阈值时，这些项集才被认为是频繁项集，并用于进一步的分析和规则生成。因为支持度较低的规则可能只是偶然出现的，对于商业推荐来说这种规则多半是无意义的。最小支持度阈值通常由数据分析师根据具体问题和数据集的特点设定。

4.2　频繁项集挖掘算法

本节将聚焦于频繁项集挖掘这一关键环节，它在关联规则挖掘中扮演着至关重要的角色。首先介绍格结构，通过格结构能够更清晰地理解项集之间的关系，为后续挖掘频繁项集奠定基础；接着，深入介绍朴素法，这是一种简单而直观的频繁项集挖掘方法，其原理简单易懂；随后，介绍基于 Apriori 原理的先验算法，通过利用频繁项集的先验信息高效地挖掘出频繁项集；最后，讨论频繁模式增长（Frequent Pattern-growth，FP-growth）算法，通过利用数据集的增长性质，避免多次扫描数据集的低效问题，提高数据挖掘效率。通过学习本节内容，可以全面了解频繁项集挖掘的基本原理与常用方法，并具备运用这些方法进行实际数据分析与挖掘的能力。

4.2.1　格结构

格结构是挖掘频繁项集时，候选项集之间的包含关系所形成的结构。在格结构中每一个节点代表一个项集，节点之间的连接代表包含关系。如果一个项集是另一个项集的子集，那么它们之间就存在一条连接。换言之，如果任意两个项集 X 和 Y 有一条连接，那么 X 是 Y 的一个直接子集，$X \subseteq Y$ 且 $|X|=|Y|-1$。设 $k=|I|$ 为该项集中项的个数，则该格结构包含 2^k-1 个可能的频繁项集，且不包括空集在内。图 4-1 所示的是项集 $I=\{A,B,C,D,E\}$ 的格结构，其中 2-项集 $\{A,B\}$ 是 3-项集 $\{A,B,C\}$ 的直接子集。在许多实际应用中，k 值可能非常大，需要探查的项集搜索空间也会呈指数级增长。

4.2.2　朴素法

在频繁项集挖掘中，朴素法是一种基本的、相对简单的方法。它通常用于理解频繁项集挖掘的基本概念，因为它的计算成本随着数据量的增加呈指数级增长，在实际应用中往往不太实用。朴素法将所有的 k-项集作为候选项集，然后确定其在输入数据 D 中的支持度以选出频繁项集。具体步骤如下。

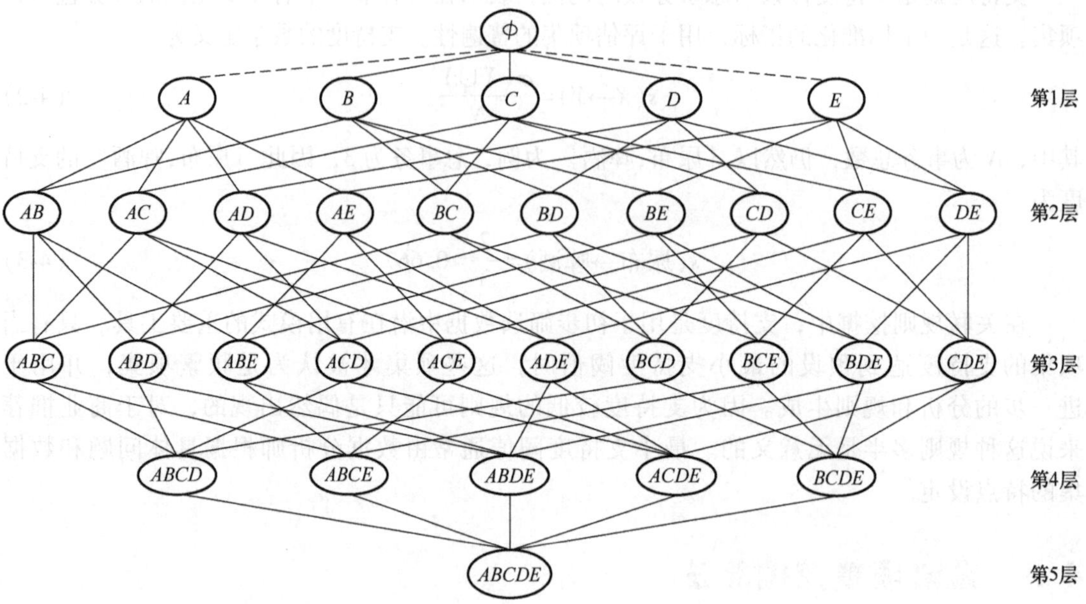

图 4-1　项集 $\{A,B,C,D,E\}$ 的格结构

1. 候选生成

如图 4-2 所示，一次性生成所有候选项集。第 k 层的候选项集的数目为 C_d^k，其中 d 是项的总数。

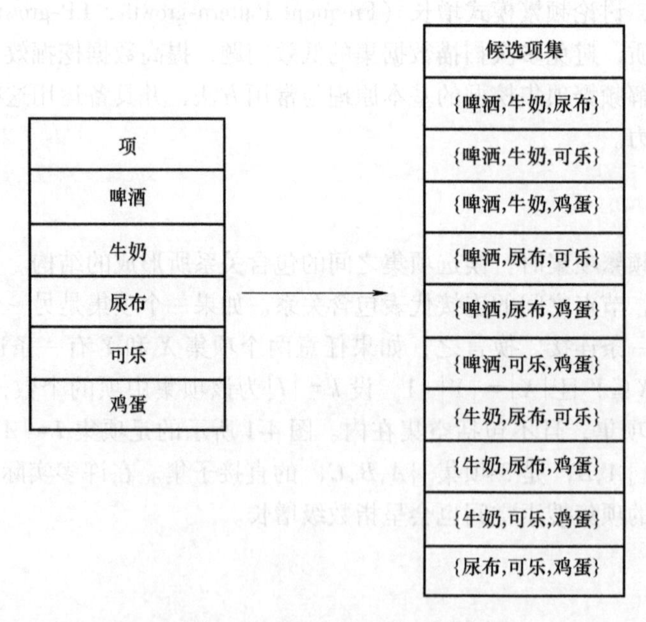

图 4-2　朴素法产生候选 3-项集

2. 支持度计算

将每个事务与所有候选项集进行比较，如图 4-3 所示，若候选项集在事务中，则该候选

项集的支持度计数加 1，最终根据项集支持度是否大于或等于最小支持度阈值以判断其是否为频繁项集。

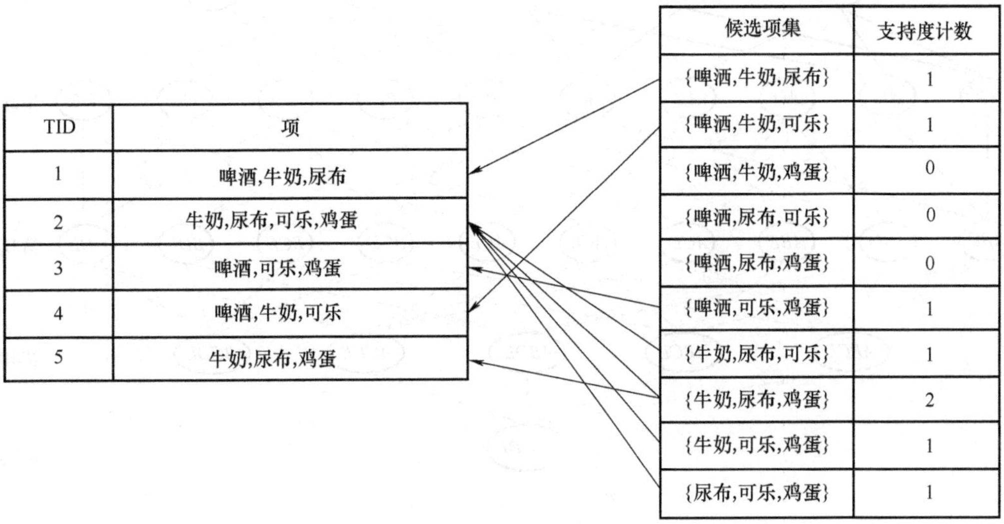

TID	项
1	啤酒,牛奶,尿布
2	牛奶,尿布,可乐,鸡蛋
3	啤酒,可乐,鸡蛋
4	啤酒,牛奶,可乐
5	牛奶,尿布,鸡蛋

候选项集	支持度计数
{啤酒,牛奶,尿布}	1
{啤酒,牛奶,可乐}	1
{啤酒,牛奶,鸡蛋}	0
{啤酒,尿布,可乐}	0
{啤酒,尿布,鸡蛋}	0
{啤酒,可乐,鸡蛋}	1
{牛奶,尿布,可乐}	1
{牛奶,尿布,鸡蛋}	2
{牛奶,可乐,鸡蛋}	1
{尿布,可乐,鸡蛋}	1

图 4-3　朴素法支持度计算

4.2.3　先验算法

朴素法产生的候选项集很多是非频繁项集，后续还要对这些非频繁项集进行支持度计算，造成了时间上的浪费。因此，经典的频繁项集挖掘算法 Apriori 应运而生，它适用于从大规模数据集中发现频繁项集和关联规则。Apriori 算法由 Rakesh Agrawal 和 Ramakrishnan Srikant 于 1994 年提出，是频繁项集挖掘领域的里程碑之一。

Apriori 算法的核心思想是利用先验知识来减少搜索空间，令 X，$Y\subseteq I$ 为任意两个项集，若 $X\subseteq Y$，则支持度 $\sup(X)\geqslant\sup(Y)$。进一步得到先验知识：

- 若 X 是频繁的，则其任意非空子集 $Y\subseteq X$ 也是频繁的；
- 若 X 是非频繁的，则其任意超集 $Y\supseteq X$ 也是非频繁的。

在生成每层的候选项集时，使用先验知识对候选项集进行剪枝。如图 4-4 所示的项集格，假设 $\{A,B,C\}$ 是频繁项集，则其子集 $\{A,B\}$、$\{B,C\}$、$\{A,C\}$、$\{A\}$、$\{B\}$、$\{C\}$ 都是频繁项集。

同理，如图 4-5 所示，若 $\{A,B\}$ 是非频繁项集，则其超集 $\{A,B,C\}$、$\{A,B,D\}$、$\{A,B,E\}$、$\{A,B,C,D\}$、$\{A,B,C,E\}$、$\{A,B,D,E\}$、$\{A,B,C,D,E\}$ 都是非频繁的。对于非频繁项集 $\{A,B\}$，在生成 2-项集时将其剪枝，可以避免之后不必要的候选项集生成和支持度计算。

Apriori 算法通过两个操作产生频繁项集，候选项集的产生与候选项集的剪枝。

（1）候选项集的产生

由前一次迭代发现的频繁项集（$k-1$）-项集产生新的候选 k-项集。对于（$k-1$）-项集，仅当它们的前 k-2 个项都相同，合并这对（$k-1$）-项集。令 $A=\{a_1,a_2,\cdots,a_{k-1}\}$ 和 $B=\{b_1,b_2,\cdots,b_{k-1}\}$ 是一对频繁（$k-1$）-项集，如果它们满足如下条件则合并：

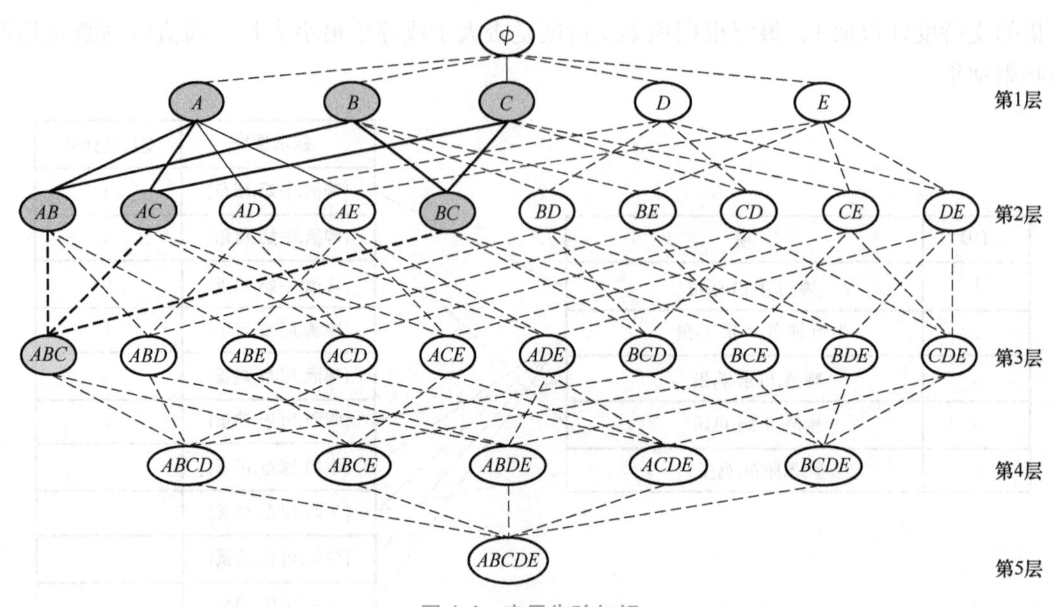

图 4-4　应用先验知识

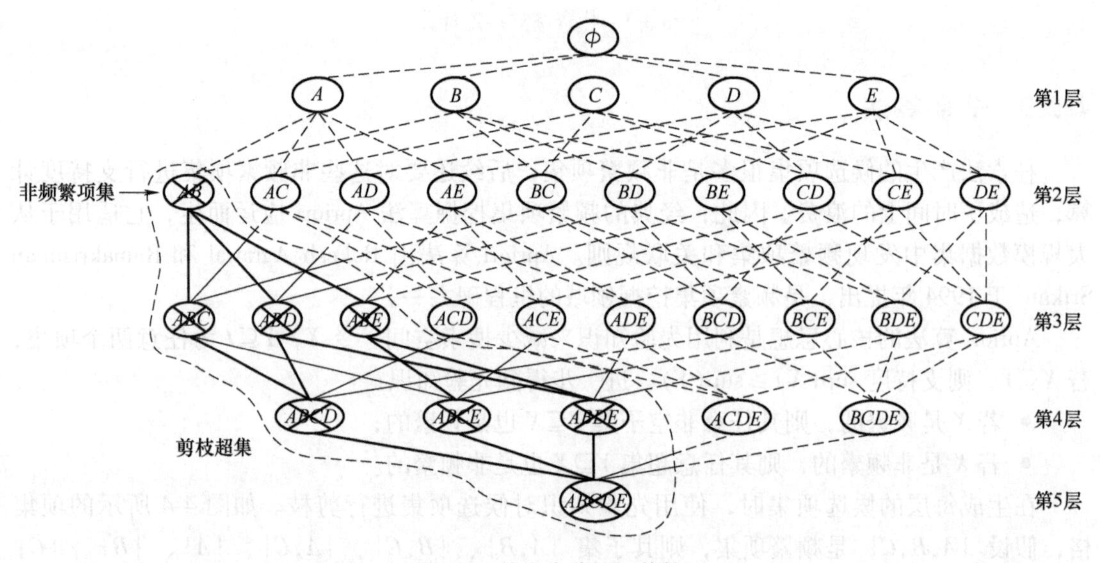

图 4-5　使用先验知识剪枝

$$a_i = b_i(i=1,2,\cdots,k-2),且\ a_{k-1} \neq b_{k-1} \tag{4-4}$$

该方法不仅确保了候选项集的集合完全性，而且通过字典序的方式避免产生重复候选项集。如图 4-6 所示，频繁 2-项集 {啤酒,尿布} 与 {啤酒,牛奶} 生成候选 3-项集 {啤酒,尿布,牛奶}，而不是 {啤酒,牛奶,尿布}。因为“牛奶”（Milk）的字典序比“尿布”（Diaper）大。

（2）候选项集的剪枝

枚举每个事务所包含的 k-项集用于与候选 k-项集进行匹配，若一致，则相应的候选项集支持度计数加 1。对于事务 t 的项集 $X=\{1,2,3,5,6\}$，该事务包含 $C_5^3=10$ 个 3-项集作为候选项集。

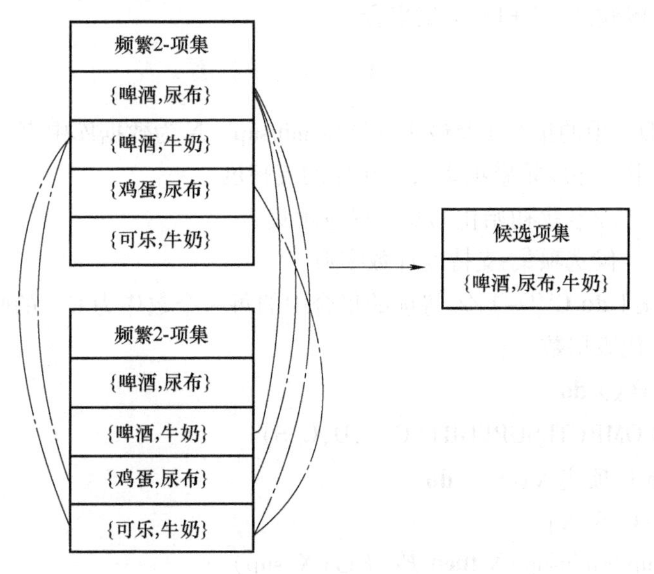

图 4-6　合并两个频繁 2-项集产生候选项集

图 4-7 展现了枚举事务 t 中所有 3-项集的方法。要求每个项集中的项都以递增的字典序排列，则事务 t 的 3-项集一定以项 1、2、3 开始，因为 5 或 6 为前缀的项集中的项凑不到 3 个。在第 2 层的 2-项集不可能以项 6 为后缀，因为 6 之后再无项，无法构成 3-项集，因此第 2 层不枚举 {1,6}、{2,6}、{3,6}。对于 2-项集 {1,2} 再从剩余的项集 {3,5,6} 中组合出 3-项集 {1,2,3}、{1,2,5}、{1,2,6}。对于枚举出的每一个 3-项集需要判断其是否对应于一个候选项集，如果它与一个候选项集匹配，则相应的候选项集支持度计数加 1。

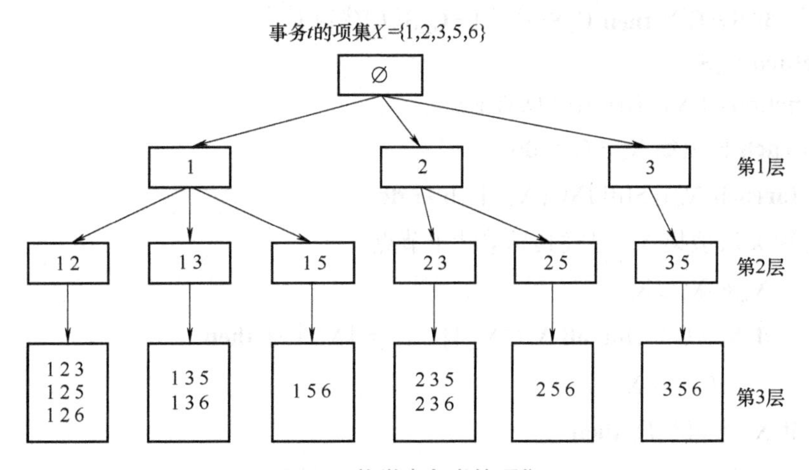

图 4-7　枚举事务中的项集

Apriori 算法的伪代码如算法 4-1 所示，F 用于存放频繁项集以及其相应的支持度计数，候选 k-项集集合 $C^{(k)}$ 存放格结构中第 k 层的 k-项集，初始化存入空集。函数 COMPUTESUPPORT 枚举每个事务的 k-项集，若该项集存在于 $C^{(k)}$ 中，则该 k-项集的支持度计数加 1 并存放在字典 C_S（第 15～18 行）。遍历 $C^{(k)}$ 中的 k-项集进行剪枝，如果 k-项集的支持度大于 minsup，则该项集为频繁项集，否则为非频繁项集，并从候选项集集合中删除。最后，通过候选 k-项集集合扩展候选 (k+1)-项集集合。

算法 4-1 Apriori 算法

```
输入数据库 D、项的集合 I 及最小支持度 minsup, N 为数据库中事务的个数
1  F←∅ //用于存放频繁项集及其相应的支持度
2  C^(1)←{∅} //空集初始化第 0 层候选项集
3  C_S←{} //候选项集-支持度计数字典
4  foreach i∈I do C^(2)←i // 将项的集合中的每一个数作为 C^(1) 的叶子节点
5  k←1 //k 代表层数
6  while C^(k)≠∅ do
7    C_S←COMPUTESUPPORT(C^(k),D,C_S)
8    foreach k-项集 X∈C^(k) do
9      sup←C_S[X]
10     if sup≥minsup×N then F←F∪(X,sup)
11     else 从 C^(k) 中删除 X
12   C^(k+1)←EXTENDPREFIXTREE(C^(k))
13   k←k+1
14  return F^(k)
    function: COMPUTESUPPORT(C^(k),D,C_S)
15  foreach <t,i(t)>∈D do
16    foreach k-子集 S⊆i(t) do
17      if S∈C^(k) then C_S[C^(k)]=C_S[C^(k)]+1
18  return C_S
    function: EXTENDPREFIXTREE
19  foreach k-项集 X_a∈C^(k) do
20    foreach X_b∈SIBLING(X_a) 且 b>a do
//对于第 k 层项集 X_a,寻找其兄弟叶子节点
21      X_ab←X_a∪X_b
22      if X_j∈C^(k), for all X_j⊂X_ab 且 |X_j|=|X_ab|-1 then
23         C^(k)←X_ab
24    if X_a 不再扩展 then
25      删除 C^(k) 中的 X_a、X_b 及所有无扩展的祖先
26  return C^(k)
```

4.2.4 频繁模式增长算法

Apriori 算法在处理大规模数据集时，候选项集的生成和支持度计算的开销较大，算法效率比较低。此外，Apriori 算法需要多次扫描数据集，输入/输出开销较大，生成的候选项

集可能很大，占用大量存储空间。频繁模式增长算法是由韩家炜等人于 2000 年提出的，通过构建增强的前缀树-频繁模式树对数据集进行索引，避免生成候选项集的过程。

1. 频繁模式树（Frequent Pattern Tree，FP 树）的创建

FP 树是一种特殊类型的树形数据结构，用于存储一组事务数据库的压缩版本。FP 树中每个节点包含项及该项的支持度计数。

对表 4-2 构建 FP 树，如图 4-8 所示。算法第一次扫描整个数据库，统计每一项的出现频率并依据出现频率降序排列｛面包:3,尿布:2,牛奶:1,啤酒:1｝，基于阈值（最小支持度）删除非频繁项。第二次扫描数据库，将每个事务按照排序后的项添加到 FP 树中，从空集开始，每读入一条事务，就根据事务中项的顺序，从根节点开始。若事务中的某一项在 FP 树中已存在，则对应的项支持度加 1；若不存在，则创建该项对应的节点。初始时，FP 树仅包含根节点，首先读入事务 1｛面包,牛奶｝，创建节点“面包”和“牛奶”并分别计数为 1，此时 FP 树中存在路径∅->面包->牛奶；扫描事务 2｛面包,尿布,啤酒｝，由于事务 2 与事务 1 共享同一个前缀项“面包”，因此事务 2 与事务 1 部分重叠路径∅->面包，“面包”节点在事务 1 计数后的基础上加 1，因此在扫描事务 2 后“面包”节点的支持度计数为 2，并依次创建“尿布”和“啤酒”节点，其支持度计数初始化为 1；扫描事务 3，由于事务 2、事务 3 有共同前缀｛面包,尿布｝，因此部分重叠路径∅->面包->尿布，“面包”支持度计数加 1 累计为 3，“尿布”支持度计数加累计为 2。

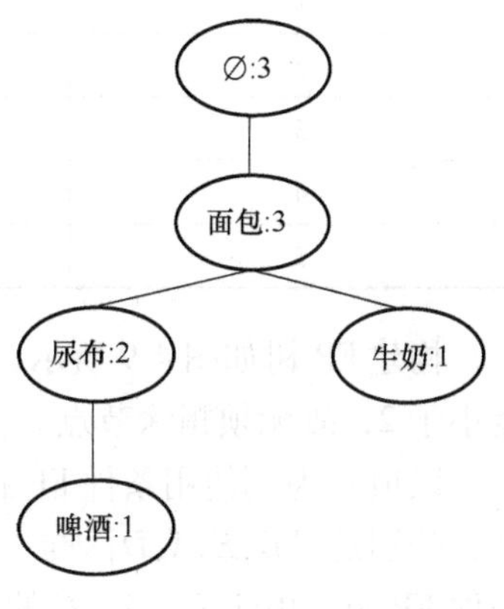

图 4-8 构建 FP 树

表 4-2 事务列表

TID	项集
1	｛面包,牛奶｝
2	｛面包,尿布,啤酒｝
3	｛面包,尿布｝

2. FP 树的挖掘

从 FP 树中选择一个项，找出其对应的条件模式基。条件模式基为从该项出发到根节点的所有路径集合，即要挖掘的项作为叶子节点所对应的 FP 子树，该子树也称为条件 FP 树。

接下来，通过一个例子说明用 FP 增长算法挖掘频繁项集的过程。给定表 4-3 所列的事务，设置最小支持度计数为 2。

表 4-3 FP 增长算法例题事务列表

TID	项集
1	$\{A,B,E\}$
2	$\{B,E\}$
3	$\{A,B,D,E\}$
4	$\{A,B,C,E\}$
5	$\{B,C,D\}$

记录每个项的支持度计数，排序后的项集为 $\{B:5,E:4,A:3,C:2,D:2\}$，每一个事务中的项都按照该顺序重新排序得到表 4-4。

表 4-4　重新排序后的事务列表

TID	项集
1	$\{B,E,A\}$
2	$\{B,E\}$
3	$\{B,E,A,D\}$
4	$\{B,E,A,C\}$
5	$\{B,C,D\}$

构建 FP 树如图 4-9 所示，使用最小支持度删除非频繁项集，在该 FP 树中没有项的支持度小于 2，故无须删除节点。

以项 D 为例使用条件 FP 树挖掘频繁项集，如图 4-10 所示，从根到节点 D 一共有 2 条路径，分别是 $\{B,E,A,D\}$ 与 $\{B,C,D\}$。将除了最后一项 D 的其他项插入新的 FP 树中得到条件 FP 树。由于 E、A、C 的支持度计数为 1 小于最小支持度计数，故删除非频繁项 E、A、C。频繁项有 $\{B:2\}$，故生成 D 的频繁 2-项集 $\{B:2, D:2\}$。

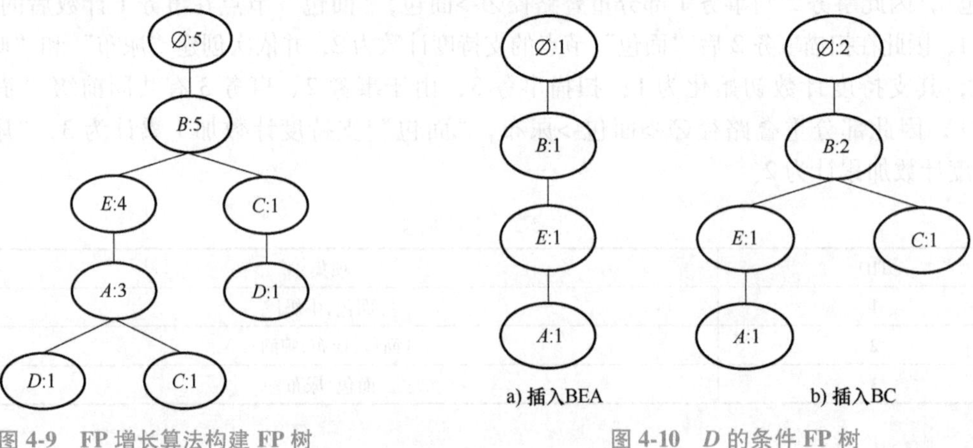

图 4-9　FP 增长算法构建 FP 树

图 4-10　D 的条件 FP 树

4.3　关联规则挖掘方法

一旦识别出频繁项集，下一步就是从这些项集中生成潜在的关联规则。关联规则形如 $A \rightarrow B$，其中 A 和 B 是不重叠的项集。A 为规则中的“条件”部分，也称为前件，代表了规则的出发条件；B 是规则中的“结果”部分，也称为后件，代表了前件 A 出现时，预期将会同时出现的项集。例如，考虑一条商店销售数据中的关联规则：“如果顾客购买了面包（前件 A），那么他们也倾向于购买黄油（后件 B）。”这里面包是前件，触发了规则的条件；黄油是后件，面包→黄油是规则预测的结果或输出。

产生规则的过程如下。

1）选择频繁项集 F。

2）为每个频繁项集生成所有可能的非空子集 A。

3）对每个非空子集 A，生成规则 $A \to (F-A)$，令（$F-A$）为 B。

4）计算每条规则的置信度，即 A 出现的条件下 B 出现的概率。

4.3.1　基于置信度的剪枝

支持度（Support）是指项集在所有事务中出现的频率。对于一个关联规则 $A \to B$，支持度定义为 $A \cup B$（即前件和后件的并集）在所有事务中出现的比例。而置信度（Confidence）指在前件 A 发生的情况下，后件 B 同时发生的条件概率。置信度是衡量规则准确性的一个标准，其数学定义为

$$\mathrm{Conf}(A \to B) = \frac{\sigma(A \cup B)}{\sigma(A)} \tag{4-5}$$

基于置信度的剪枝目的是减少关联规则挖掘过程中无关或误导性规则的数量，提高挖掘结果的质量。通过设置置信度阈值，只有当规则的置信度高于此阈值时，该规则才被认为是强规则，值得进一步分析。

4.3.2　从关联分析到相关性分析

支持度-置信度框架是关联规则挖掘中最常用的方法之一，但它并非没有缺陷。这个框架主要由两个指标构成：支持度和置信度。尽管这两个度量对于初步筛选和评估规则很有用，但是它们也有一些明显的局限性。支持度和置信度并不考虑项集本身的发生概率。这可能导致一些频繁发生但并无实质关联性的规则被误判为有意义的关联。

例 4-1　假设在一个大型零售商店中，通过交易数据分析发现：80%的顾客都购买了牛奶，50%的顾客都购买了面包，40%的顾客同时购买了牛奶和面包，现在考虑关联规则“购买牛奶→购买面包”是否成立。

- “购买牛奶→购买面包”的支持度为 0.4，因为 40% 的交易中牛奶和面包一起被购买。
- “购买牛奶→购买面包”的置信度为 0.5，（40%/80%）。

在这种情况下，尽管“购买牛奶→购买面包”的置信度较高，但这可能并不是因为购买牛奶导致了购买面包的行为，而是因为牛奶和面包都是非常普遍的购买选项。这两个商品本身的购买率都很高，所以很容易在大量的购物篮中同时出现，这并不一定意味着存在实际的购买依赖关系。

为了克服支持度-置信度框架的局限性，引入相关性分析扩充支持度-置信度框架。

1）提升度（Lift）。提升度是指规则前件和后件同时发生的概率与这两个项集独立发生的概率乘积的比值。引入了提升度可以更加准确地评估两个项集之间是否存在超过随机概率的关联。

$$\mathrm{Lift}(A \to B) = \frac{s(A \cap B)}{s(A)s(B)} \tag{4-6}$$

如果提升度大于 1，表明 A 和 B 之间有正相关关系，一个出现另一个可能同时出现；提升度等于 1，即 $s(A \cap B) = s(A)s(B)$，表明 A 和 B 独立，没有关联；提升度小于 1，表明 A 和 B 之间有负相关关系，一个出现可能导致另一个不出现。

使用提升度计算例4-1，Lift(“购买牛奶”→“购买面包”)= 1，这意味着购买牛奶和购买面包之间实际上没有超过随机概率的关联。换句话说，两者的购买行为是相互独立的，没有相互影响。因此，即使置信度较高，提升度表明这种关联可能只是因为两种商品都比较常见。这正是引入提升度作为一个关联度量的原因，它帮助避免因商品本身的普遍性而做出错误的关联判断。

2）杠杆率（Leverage）。引入杠杆率同样是为了解决支持度和置信度在关联规则挖掘中的局限性，尤其是它们无法充分反映项集间偏离独立性的程度。杠杆率补充了这一点，提供了一个直观地衡量项集间相互影响的指标。杠杆率是指项集 A 和 B 同时出现的联合概率与假设两个项集完全独立的情况下期望联合概率之间的差。

$$\text{Leverage}(A \to B) = s(A \cap B) - s(A)s(B) \tag{4-7}$$

杠杆率值可以是正的也可以是负的，反映了项集之间的正关联或负关联的程度。如果两个项集完全独立，则杠杆率为零。

3）确信度（Conviction）。确信度是关联规则挖掘中用来评估规则强度的一个重要指标。它是指在规则 $A \to B$ 下，不发生 B 时 A 发生的频率与 B 自身不发生的概率之比。这个指标反映了当规则 $A \to B$ 不成立时，A 发生的可能性有多大。

$$\text{Conv}(A \to B) = \frac{1 - s(B)}{1 - \text{Conf}(A \to B)} \tag{4-8}$$

$\text{Conf}(A \to B)$ 是置信度，即在 A 发生的条件下 B 发生的概率。确信度的计算是基于比较 B 不发生的实际概率与 A 发生且 B 不发生的条件概率。如果 A 和 B 是完全独立的，即 A 对 B 的发生没有任何影响，则确信度值为1。如果 A 对 B 的发生有强烈的正影响，即 B 几乎总是在 A 发生时发生，那么 $\text{Conf}(A \to B)$ 趋近于1，从而使 $1 - \text{Conf}(A \to B)$ 趋近于0，这会使确信度趋向无穷大，表明 A 对 B 的发生有很强的推动作用。确信度对 B 的频繁程度非常敏感，如果 B 发生的概率很低，即使（$A \to B$）的置信度不是特别高，确信度也可能非常高。

4.4 高级关联规则挖掘

在4.3中详细探讨了关联规则挖掘的核心技术，重点介绍了频繁项集挖掘的主要算法，包括基于格结构的算法、朴素法、先验算法和频繁模式增长算法。这些基础算法为关联规则挖掘提供了强有力的支持，通过发现数据中的频繁模式，能够从大规模数据集中提取出有价值的规则，揭示潜在的关联关系。

尽管这些频繁项集挖掘技术已经能够处理大量数据，并在实际应用中表现出显著的效果，但在一些复杂场景下，还需要进一步的挖掘策略来应对数据的多样性和复杂性。这便引出了高级关联模式挖掘这一主题。本节将探讨更为复杂和高级的关联规则挖掘方法，这些方法在处理多层模式、非频繁模式及其他复杂模式方面具有重要的应用价值。

4.4.1 多层模式挖掘

在许多应用场景中，虽然在较高的抽象层级所发现的关联规则支持度较高，但这些规则往往反映的是一些已广为人知的常识性知识，更深入地挖掘具体细节层面可以揭示更多创新和有价值的模式。然而，在较低或最基础的抽象层，可能面临众多零星且琐碎的模式，这些模式往往只是高层模式的简单细化，缺乏新颖性。因此，开发一种能够在多个层级间灵活挖掘并容易在不同抽象层间转换的方法成为一个重要的研究方向。这种方法旨在综合考量各层数据的特点，实现从宏观到微观的全方位模式发现。

多层模式挖掘通过利用数据的内在层次结构来探索和发现跨多个层次的关联规则。这种方法特别适用于那些具有丰富分类层次的数据集，如零售产品分类和在线内容分类。通过这种技术，企业可以揭示不同层级之间的隐含关系，帮助制定更精确的营销策略和库存管理。

考虑一个大型在线零售商，其产品分类具有详细的层次结构，从一般类别到具体商品。顶层为最抽象层，自上而下产品变得具体，底层为具体品牌的产品。

在数据的多个层次结构上挖掘出的关联规则为多层关联规则。首先，在每个层级中使用频繁模式挖掘算法提取频繁项集或模式，如 Apriori 或 FP-Growth 等；然后，从底层（即最具体的层次）开始挖掘出关联规则，并逐步上升到更一般的层次。这样可以利用已挖掘出的频繁项集或模式，结合层次结构的知识，发现多层关联规则。如图 4-11 所示，在 Huawei 的层次上，可能会发现用户购买 Huawei Mate40 的同时更有可能购买 Huawei Watch 4Pro；最后，使用这些底层规则来探索更一般的类别层面上的关联，比如在手机类别下，可以发现用户购买华为手机的同时更有可能购买华为的手表。

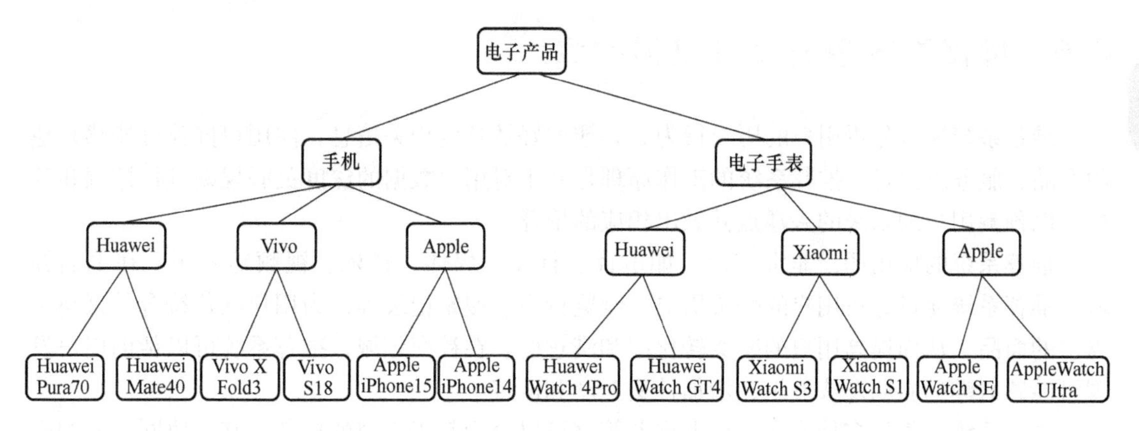

图 4-11　多层模式

在进行多层关联规则挖掘时，所有层使用一样的最小支持度可以简化搜索过程。然而，较低层的项集不大可能像较高抽象层中的项集频繁出现，若使用一致的支持度可能导致较低层有价值的关联规则无法被挖掘。因此，递减支持度被提出，通过在较低层使用递减的最小支持度，适应不同层级的数据稀疏性，有助于发现细节层面的有意义关联。比如品牌层级使用 5%，型号层级使用 3%。

4.4.2　非频繁模式挖掘

在数据挖掘领域，传统的模式挖掘主要关注频繁模式，即在数据集中出现频率超过最小支持度阈值的项集，那些使用支持度阈值进行剪枝的模式称为非频繁模式。非频繁模式不常出现但可能包含重要信息的模式，同样具有重要的研究价值和应用背景。

在医疗健康数据库中，许多常见疾病和症状的组合出现频率较高，如“咳嗽”和“感冒”等，这些组合并不能提供太多有价值的信息。然而，一些罕见疾病和症状的组合虽然出现的频率较低，但它们可以揭示不常见但临床上极其重要的症状与病症关联。例如，“肾上腺皮质功能减退症”这种罕见疾病与症状“皮肤变黑”的组合出现的频率可能非常低，但通过非频繁模式挖掘技术，研究人员可以识别出这种组合，并进一步探究其背后的病理机制。这可以为疾病的早期诊断和治疗提供重要的线索，从而提高治疗效果。

负相关关联规则：X 和 Y 是不相交的项集，$x_i \in X$，$y_i \in Y$。若 $s(X \cup Y) < \prod_i s(x_i) \prod_j s(y_j)$，则关联规则 $X \rightarrow Y$ 是负相关的。

商品间的负相关关系揭示了它们之间的互斥或替代关系，这在零售业中尤为常见，尤其是在同一品类的商品之间。例如，不同品牌、价格、包装或特定属性（如口味）的商品，顾客在购买时很可能会做出替代选择。例如研究发现，60%的意大利面在市场上显示出了互斥和替代关系。商品之间的负相关关系在商业逻辑上具有多样性，对零售商来说，理解这些关系可以帮助商家识别竞争商品，并据此优化货架布局和促销策略。例如，向上销售中的负关联关系（顾客选择更高价位的替代商品）应当被鼓励，因为它能增加购物篮的整体价值。相反，向下销售（选择更低价位的替代商品）中的负关联关系可能需要通过交叉销售策略来转化，以避免购物篮价值的下降。

4.5 推荐系统中的关联规则挖掘

推荐系统通过分析用户的历史行为、兴趣偏好及其他相关信息，向用户推荐可能感兴趣的产品、服务或内容。推荐系统的工作原理是基于对用户数据的深度关联规则进行挖掘和分析，以预测用户的未来的兴趣点并做出相应的推荐。

推荐系统的应用场景非常广泛，如电商、社交、媒体、音乐、视频等领域。在电商领域，推荐系统通过分析用户的购买历史、浏览行为、搜索记录等，为用户推荐符合其兴趣和需求的商品，从而提高用户的购买转化率和满意度。在社交领域，推荐系统可以帮助用户发现可能感兴趣的新朋友或群组，增加社交互动和链接。

推荐系统的类型多种多样，根据推荐策略可以分为基于内容的推荐、基于协同过滤的推荐，以及混合推荐等。每种类型的推荐系统都有其独特的优势和应用场景，以满足不同用户的需求和偏好。推荐系统的核心在于不断地优化和改进推荐算法，以提高推荐的准确性和效率。同时，随着大数据和数据挖掘技术的不断发展，推荐系统也在不断地创新和完善，为用户提供更加个性化、智能化的推荐服务。

在构建推荐系统时，关联规则挖掘是至关重要的技术之一，它涉及两个核心环节：召回层与排序层。尽管召回层和排序层均致力于发掘用户潜在的偏好项，但它们在推荐系统的功能定位和重要性上有所区别。本节将首先阐述召回层在推荐系统中扮演的角色与重要性，并详细介绍两种常用的召回层关联规则挖掘算法——基于内容的召回算法和基于协同过滤的召回算法；然后，将探讨排序层在推荐系统中的作用和意义，分析三种排序层关联规则挖掘算法的设计模式，并以其中一种模式为例详细说明它如何应用于电影推荐排序。

4.5.1 召回层的作用和意义

在推荐系统的架构中，召回层占据着至关重要的地位。它如同一位探险家，在庞大的数据海洋中探寻那些可能引发用户兴趣的宝藏。召回层的主要作用，就是从海量的候选集中筛选出少数与用户兴趣高度相关的物品或内容，为后续的精排层提供精准的目标集合，提高推荐效率。召回层的挖掘过程，实质上就是对用户兴趣和需求的深度分析和预测，是推荐系统智能化的重要体现。

在推荐系统应用中存在两类角色：一类是用户（User），另一类称为项（Item）。以电影推荐系统为例，使用该系统的人就是用户，系统中各个电影就是不同的项。用户会偏爱某些电影，这些偏好信息就需要从大量的电影项中筛选出来，这一过程就叫作召回。

图 4-12 所示为推荐系统中的四个核心阶段，其中召回阶段扮演着从海量数据中迅速筛选出部分候选数据的角色，为后续的排序阶段提供有效数据。从本质上看，召回与后续的粗排、精排、重排均可被视为排序的不同环节。然而，之所以将召回作为一个独立的阶段，并与后续的排序阶段进行区分，主要是基于工程和业务两方面的考虑。

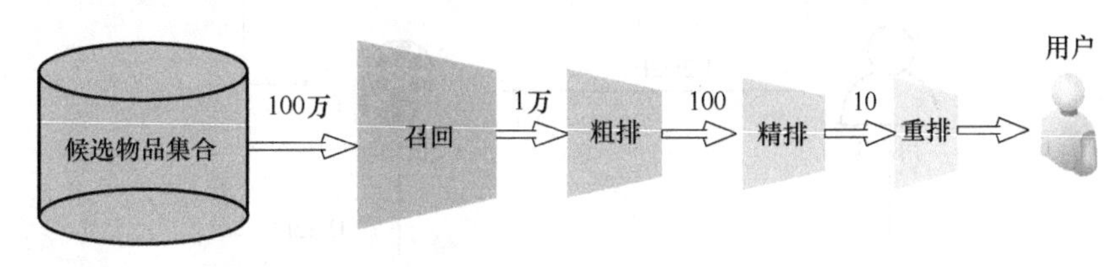

图 4-12　推荐流程

在精排阶段，系统往往会采用复杂的模型和丰富的特征。若直接对庞大的候选集进行精排，计算耗时算力将难以承受。因此，引入召回阶段显得尤为重要，它利用相对简单的模型和较少的特征对候选集进行快速筛选，有效减少后续排序阶段的时间成本。

此外，从业务角度出发，排序阶段主要关注单一目标，如点击率。但在某些情况下，可能希望为用户展示更多的热点新闻或时效性强的数据。这时，可以通过增加不同的召回路径来满足这些业务需求。

总结起来，召回和排序有如下特点。

- 召回层：候选集规模大、模型和特征简单、速度快，尽量保证用户感兴趣的数据被多召回。
- 排序层：候选集不大，目标是保证排序的精准，一般使用复杂的模型和丰富的特征。

在推荐系统中，寻找召回项的方式称为召回路径。如图 4-13 所示，项的召回路径有多种，主要包括：I2I、U2I、U2I2I、U2U2I 及 U2Tag2I。这里的 U 指的是用户，I 指的是项。下面将分别介绍这几种召回路径。

- I2I：根据一项物品推荐另一项物品。两个相似的物品被同时喜欢的可能性更大，当其中一项被喜欢时，系统就会推荐另一项。
- U2I：为一个用户推荐一项物品。当用户对一项物品进行操作（比如播放、点赞、购买等），系统就会再次给用户推荐这个物品。
- U2I2I：根据用户偏爱的一个物品推荐另一个物品。这个路径是将 U2I 和 I2I 路径相结合，即用户操作了一项物品（U2I），然后系统为用户推荐另一项与之相似或相关的物品（I2I）。该路径的中间桥梁是项。
- U2U2I：为当前用户推荐与之相似的用户所偏爱的物品。该路径是将 U2U 和 U2I 路径相结合。也就是说，系统首先寻找与当前用户 A 相似的用户 B，然后为用户 A 推荐用户 B 所偏爱的项。这里计算用户间相似性的方法有两种：一是根据用户的性别、年龄、职业等属性特征计算相似性；二是通过分析用户的行为，寻找与之相似的用户。该路径的中间桥梁是用户。

- U2Tag2I：根据用户偏爱的标签（Tag）推荐物品。这里的 Tag 指的是项的标签。该路径是将 U2Tag 和 Tag2I 路径相结合。也就是说，系统首先分析用户偏爱的物品所具有的标签，然后为用户推荐该标签下的其他物品。该路径的中间桥梁是物品的标签。

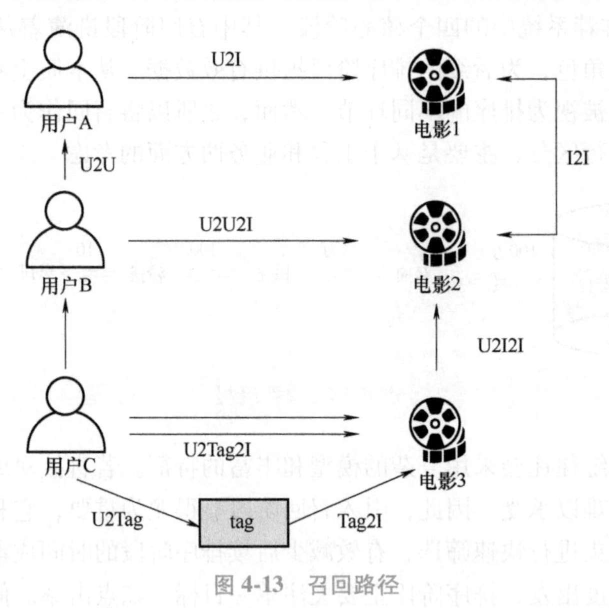

图 4-13　召回路径

常见的召回策略主要有单路召回和多路召回。单路召回是指通过制定一个规则或者利用一个简单模型来快速召回可能的相关物品。以电影推荐系统为例，假设系统采用 U2I2I 单路召回。此时，如果用户对电影 A 的评分较高，那么系统就将与 A 风格相似的平均评分较高的电影召回。然而单路召回虽然简单且快捷，但对物品遗漏过多。多路召回指的是，采用不同的召回规则或者简单模型，分别召回一部分候选物品，然后把候选物品集混合在一起以供后续排序模型处理。值得注意的是，每一路召回需要尽可能地保持独立性与互斥性，从而在保证各链路能够并行召回的同时增加召回的多样性。多路召回由于使用多个不同的召回策略，可以从不同方面召回用户可能偏爱的物品，提高召回效果。

4.5.2　基于内容的召回层挖掘

基于内容的召回算法依赖于项的内容特征及用户的偏好历史来进行个性化推荐。这种方法着重分析项的属性（如文本描述、元数据等）和用户的互动记录，从而找出与用户偏好匹配的新项。这一方法的核心是将项描述转化为可处理的特征向量，然后利用这些特征向量找出用户过去喜欢的项与未知项之间的相似性。常见的特征提取技术包括 TF-IDF（Term Frequency-Inverse Document Frequency，词频-逆文档频率）和 LDA（Latent Dirichlet Allocation，隐含狄利克雷分布）等。基于内容的召回算法流程如图 4-14 所示。

1）特征提取：对每个项提取关键特征，例如，电影特征可能包括类型、导演、演员、片长等。文本特征如剧情简介可以通过自然语言处理技术转化为向量形式。

2）构建用户画像：分析用户的历史行为（如评分、收藏、点赞等），提取出用户偏好的特征组合，并构建一个反映这些偏好的用户画像。

3）计算相似度：利用余弦相似度、Jaccard 相似度或其他相关度量计算用户画像与各项之间的相似度。

4）生成推荐列表：根据相似度分数，从高到低为用户推荐项。

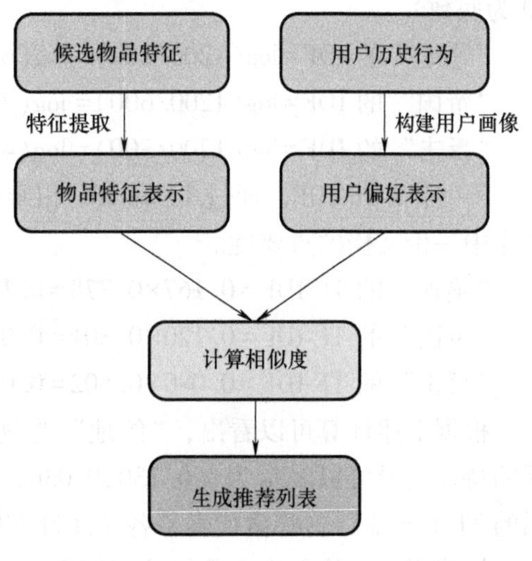

图 4-14　基于内容的召回算法流程

在基于内容的召回算法中，最重要的步骤就是抽取物品和用户的特征，根据计算出的物品特征向量和用户偏好向量之间的相似度进行推荐。TF-IDF 是文本分析中用于将文本内容转化为用户和项之间可比较的数值特征的一种技术。它帮助识别文档中哪些词是有信息量的，哪些是常见的但并不提供多少内容特异性的信息。TF-IDF 由两部分组成：词频（Term Frequency，TF）和逆文档频率（Inverse Document Frequency，IDF）。

词频表示一个词在文档中出现的频率，这是衡量词在文档中重要性的直观指标。词频的计算公式为

$$\mathrm{TF}_{i,j}=\frac{n_{i,j}}{\sum_{k} n_{k,j}} \tag{4-9}$$

其中，$n_{i,j}$表示词 t_i在文档 d_j中出现的次数；$\mathrm{TF}_{i,j}$表示词t_i在文档d_j中出现的频率。

逆文档频率是一个词普遍重要性的度量。某一特定词语的 IDF，可以由总文档数量除以包含该词语的文档的数量，再将得到的商取对数得到（这里加 1 的目的是避免分母为零），即

$$\mathrm{IDF}_i=\log\frac{|D|}{1+|j:t_i\in d_j|} \tag{4-10}$$

其中，$|D|$表示所有文档的数量；$|j:t_i\in d_j|$表示包含词条 t_j的文档数量。

下面以电影《星球大战：帝国反击战》为例，说明如何从电影的影评中计算 TF-IDF，从而提取特征用于推荐系统。

例 4-2　假设电影《星球大战：帝国反击战》共有 1200 篇影评，其中一篇影评包含 150 个词语，且经过停用词过滤后，三个出现频率最高的关键词为“绝地”“帝国”和“反击”，它们在这篇影评中出现的次数分别为 25、18、12 次，它们在所有影评中出现的次数分别为 200、600、300 次。

1）计算 TF（词频），即该词在文档中出现的次数除以文档的总词数。

“绝地”的 TF = 25/150 = 0. 167

“帝国”的 TF = 18/150 = 0. 120

“反击”的 TF=12/150=0.080

2）计算 IDF（逆文档频率），即总文档数除以包含该词的文档数的商的对数（这里以10为底数）。

“绝地”的 IDF=log(1200/200)=log(6)≈0.778

“帝国”的 IDF=log(1200/600)=log(2)≈0.301

“反击”的 IDF=log(1200/300)=log(4)≈0.602

3）计算 TF-IDF，通过 TF 和 IDF 相乘获得，用于评估一个词对于一个文档集或一个语料库中一份文档的重要性。

“绝地”的 TF-IDF=0.167×0.778=0.130

“帝国”的 TF-IDF=0.120×0.301=0.036

“反击”的 TF-IDF=0.080×0.602=0.048

根据上述计算可以看出，“绝地”是这篇影评中最关键的词语，其重要性最高。这篇影评的特征向量可以表示为（0.130,0.036,0.048），特征向量中的每一个维度对应一个关键词的 TF-IDF 值，这些值代表了各个属性在影评中的重要性。

构建用户画像是为了更好地理解用户的兴趣、偏好和行为特征，从而提供更加个性化的服务。用户画像通常包括用户的基本信息、行为数据和偏好分析。基本信息包括年龄、性别、地理位置、职业、教育背景等，这些信息可以通过用户注册信息或社交媒体平台获取；行为数据是用户与系统交互的数据记录，如浏览历史、购买历史、点击记录、搜索记录等。

最后，计算物品特征与用户特征的相似度，可用的方法有余弦相似度、Jaccard 相似度等。根据相似度分数，系统可以为用户推荐与其偏好最匹配的项目。

4.5.3 基于协同过滤的召回层挖掘

基于协同过滤（Collaborative Filtering，CF）的召回算法是推荐系统中使用的一种经典方法，它通过分析用户之间或项之间的行为和偏好的相似性来推荐项。协同过滤的核心思想是“群体智慧”。如果一组用户对某些项有共同的评价偏好，那么他们对其他项的评价也可能是相似的。基于这种相似性，可以推荐一个用户可能感兴趣的、其他类似用户喜欢的项。例如，一个电影推荐系统中，小亮和小明都为《哈利波特》系列的电影打了高分，同时小明为《指环王》也打了高分，系统注意到小亮和小明在多部电影上的评分相似，而小亮并没有看过《指环王》，系统就根据小亮和小明的相似喜好推断出小亮可能也会喜欢《指环王》，因此将这部电影推荐给小亮。

这种方法与基于内容的召回算法有明显区别：基于内容的召回算法侧重于分析项的固有属性，而基于协同过滤的召回算法侧重于用户行为之间的相互关系，不直接依赖项的内容。协同过滤能够在不了解项具体内容的情况下，基于用户群体的行为模式推荐项。这可能带来更大的惊喜和发现新内容的机会。相比之下，基于内容的推荐往往局限于用户已显示出兴趣的项目类型。

基于协同过滤的召回算法分为用户-用户协同过滤（User-User CF）、项-项协同过滤（Item-Item CF）、模型驱动的协同过滤。接下来主要介绍用户-用户协同过滤与项-项协同过滤。

1. 用户-用户协同过滤

该方法根据目标用户对项的偏好找到兴趣相近的用户作为相邻用户，将相邻用户的偏好推荐给目标用户。用户-用户协同过滤算法的步骤：首先，使用相似度度量的方法找出与目标用户兴趣相似的用户；然后，计算目标用户对相似用户偏好项的喜好程度，进而进行推荐。将为用户推荐项的过程转化为用户对项进行评分的过程，若评分比较高，则把项推荐给用户，否则不推荐。接下来通过一个例子展示用户-用户协同过滤算法的具体应用。

假设有一个小型电影评分系统，其中包括四位用户对四部电影的评分，见表 4-5，目标是预测用户对其未看过的电影的评分。

表 4-5　用户电影评分表

用户/电影	电影 A	电影 B	电影 C	电影 D
Alice	4	?	5	3
Bob	5	3	4	2
Dave	3	4	3	5
Carol	?	4	4	5

（1）计算每位用户的平均评分

Alice：(4+5+3)/3=4

Bob：(5+3+4+2)/4=3.5

Dave：(3+4+3+5)/4=3.75

Carol：(4+4+5)/3=4.33

（2）计算用户间的相似度

这里，使用了皮尔逊相关系数计算用户间的相似度。这一度量将帮助找到与目标用户兴趣最相似的用户。

皮尔逊相关系数的计算公式为

$$s(u,v)=\frac{\sum_{i\in I_u\cap I_v}(r_{u,i}-\bar{r}_u)(r_{v,i}-\bar{r}_v)}{\sqrt{\sum_{i\in I_u\cap I_v}(r_{u,i}-\bar{r}_u)^2}\sqrt{\sum_{i\in I_u\cap I_v}(r_{v,i}-\bar{r}_v)^2}} \tag{4-11}$$

其中，u、v 为用户；i 表示项；I_u、I_v 分别表示用户 u、v 的评价项集；$r_{u,i}$ 表示用户 u 对项 i 的评分；$\bar{r}_u$ 表示用户 u 的平均评分。

1）Alice 与 Bob 的相似度计算。

共同评分的电影为 A、C、D，Alice 的平均评分为 4，Bob 的平均评分为 3.5，皮尔逊相关系数为

$$\frac{(4-4)(5-3.5)+(5-4)(4-3.5)+(3-4)(2-3.5)}{\sqrt{(4-4)^2+(5-4)^2+(3-4)^2}\sqrt{(5-3.5)^2+(4-3.5)^2+(2-3.5)^2}}=0.649 \tag{4-12}$$

2）Alice 与 Dave 的相似度计算。

共同评分的电影为 A、C、D，Dave 的平均评分为 3.75，皮尔逊相关系数为

$$\frac{(4-4)(3-3.75)+(5-4)(3-3.75)+(3-4)(5-3.75)}{\sqrt{(4-4)^2+(5-4)^2+(3-4)^2}\sqrt{(3-3.75)^2+(3-3.75)^2+(5-3.75)^2}}=-0.862 \tag{4-13}$$

3）Alice 与 Carol 的相似度计算。

共同评分的电影为 C、D，Carol 的平均评分为 4.33，皮尔逊相关系数为

$$\frac{(5-4)(4-4.33)+(3-4)(5-4.33)}{\sqrt{(5-4)^2+(3-4)^2}\sqrt{(4-4.33)^2+(5-4.33)^2}}=-0.947 \tag{4-14}$$

（3）计算 Alice 对未评分电影的预测值

根据其他用户对目标项的评分、Alice 与其他用户的相似度对目标项进行预测，考虑到用户的评分标准不一致，有些用户偏好打低分而有些用户偏好打高分，因此将其他用户对目标项的评分与其所有评分均值作差，使用相对值进行预测：

$$P_{u,i}=\bar{r}_u+\frac{\sum_{u'\in N}s(u,u')(r_{u',i}-\bar{r}_{u'})}{\sum_{u'\in N}|s(u,u')|} \tag{4-15}$$

其中，$P_{u,i}$表示预测的用户 u 对项 i 的评分；$s(u,u')$ 表示用户 u 和其他用户 u'的相似度；$\bar{r}_u$、$\bar{r}_{u'}$分别表示用户 u、其他用户 u'的平均评分；$r_{u',i}$表示其他用户 u'对项 i 的评分。

聚合 Bob、Dave、Carol 对电影 B 的相对评分获得 Alice 对电影 B 的评分。

$$\begin{aligned}P_{\text{Alice},\text{电影B}}=\bar{r}_{\text{Alice}}&+\frac{s(\text{Alice},\text{Bob})(r_{\text{Bob},\text{电影B}}-\bar{r}_{\text{Bob}})}{s(\text{Alice},\text{Bob})+s(\text{Alice},\text{Dave})+s(\text{Alice},\text{Carol})}+\\&\frac{s(\text{Alice},\text{Dave})(r_{\text{Dave},\text{电影B}}-\bar{r}_{\text{Dave}})}{s(\text{Alice},\text{Bob})+s(\text{Alice},\text{Dave})+s(\text{Alice},\text{Carol})}+\\&\frac{s(\text{Alice},\text{Carol})(r_{\text{Carol},\text{电影B}}-\bar{r}_{\text{Carol}})}{s(\text{Alice},\text{Bob})+s(\text{Alice},\text{Dave})+s(\text{Alice},\text{Carol})}\\&=4+\frac{0.649\times(3-3.5)+(-0.862)\times(4-3.75)+(-0.947)\times(4-4.33)}{|0.649|+|-0.862|+|-0.947|}=3.907\end{aligned} \tag{4-16}$$

由于预测值小于 Alice 对电影的平均得分，因此不为 Alice 推荐电影 B。读者也可以尝试计算 Carol 对电影 A 的预测评分。这里给出计算 Alice 对电影 B 和 Carol 对电影 A 预测评分的 Python 实现代码。

示例代码 4-1

```
import numpy as np

#重新定义所需的函数和数据
ratings={
    "Alice": {"Movie A": 4,"Movie C": 5,"Movie D": 3},
    "Bob": {"Movie A": 5,"Movie B": 3,"Movie C": 4,"Movie D": 2},
    "Carol": {"Movie B": 4,"Movie C": 4,"Movie D": 5},
    "Dave": {"Movie A": 3,"Movie B": 4,"Movie C": 3,"Movie D": 5}
}

average_ratings={
```

```
    "Alice": 4,
    "Bob": 3.5,
    "Carol": 4.33,
    "Dave": 3.75
}

def pearson_correlation(user1,user2,ratings):
    common_movies=set(ratings[user1])& set(ratings[user2])
    if not common_movies:
        return 0  #如果没有共同的电影,相关度为 0
    x=np.array([ratings[user1][movie]for movie in common_movies])
    y=np.array([ratings[user2][movie]for movie in common_movies])
    x_mean=average_ratings[user1]
    y_mean=average_ratings[user2]
    numerator=np.sum((x-x_mean) * (y-y_mean))
    denominator=np.sqrt(np.sum((x-x_mean) ** 2) * np.sum((y-y_mean) **
2))
    return numerator/denominator if denominator !=0 else 0

#计算相似度
similarity_alice={
    "Bob": pearson_correlation("Alice","Bob",ratings),
    "Carol": pearson_correlation("Alice","Carol",ratings),
    "Dave": pearson_correlation("Alice","Dave",ratings)
}
similarity_carol={
    "Alice": pearson_correlation("Carol","Alice",ratings),
    "Bob": pearson_correlation("Carol","Bob",ratings),
    "Dave": pearson_correlation("Carol","Dave",ratings)
}

#预测评分函数
def predict_rating(target_user,target_movie,ratings,average_ratings,
similarities):
    numerator=0
    denominator=0
    for user,similarity in similarities.items():
        if target_movie in ratings[user]:  #确保其他用户评过目标电影
```

```
            user_rating=ratings[user][target_movie]
            user_average=average_ratings[user]
            numerator+=similarity * (user_rating-user_average)
            denominator+=abs(similarity)
    target_user_mean=average_ratings[target_user]
    return target_user_mean+(numerator/denominator) if denominator !=0
else target_user_mean

#计算 Alice 和 Carol 的预测评分
predicted_rating_alice_b=predict_rating("Alice","Movie B",ratings,
average_ratings,similarity_alice)
predicted_rating_carol_a=predict_rating("Carol","Movie A",ratings,
average_ratings,similarity_carol)

print(predicted_rating_alice_b,predicted_rating_carol_a)
```


2. 项-项协同过滤

在推荐系统的诸多算法中，基于项-项的协同过滤算法以其简洁高效著称，其核心思想是项间的相似度可以通过它们被共同喜欢的用户数量来确定。换句话说，如果两项经常被同一组用户喜欢，那么这两项在某种程度上是相似的。这一算法的优势在于，项的数量通常比用户的数量要少，因此在项数量不大时，该算法可以高效运行。

假设有以下五位用户及其喜爱的项集合，见表 4-6。

表 4-6　五位用户及其喜爱的项集合

用户	喜爱的物品
A	$\{x,y,z\}$
B	$\{y,w\}$
C	$\{w,z\}$
D	$\{x,w,z\}$
E	$\{x,z\}$

（1）构建项与项的共现矩阵

构建一个新的共现矩阵，见表 4-7，它记录同时喜欢两个项的用户数。

表 4-7　项的共现矩阵

	x	y	w	z
x	0	1	1	3
y	1	0	1	1
w	1	1	0	2
z	3	1	2	0

（2）计算物品之间的相似度

项-项相似度采用余弦相似度进行计算：

$$w_{ij}=\frac{|N(i)\cap N(j)|}{\sqrt{|N(i)|\times|N(j)|}} \tag{4-17}$$

其中，$|N(i)|$表示偏好项 i 的用户数；$|N(i)\cap N(j)|$表示同时偏好项 i 和 j 的用户数。

项 x 与项 z 之间的相似度为

$$w(x,z)=\frac{3}{\sqrt{3\times4}}=\frac{3}{\sqrt{12}}=0.866 \tag{4-18}$$

项之间的余弦相似度矩阵见表 4-8。

表 4-8　项之间的余弦相似度矩阵

	x	y	w	z
x	-	0. 408	0. 333	0. 866
y	0. 408	—	0. 408	0. 354
w	0. 333	0. 408	—	0. 577
z	0. 866	0. 354	0. 577	—

（3）基于用户的历史记录推荐物品

用户的历史喜好可以用一个评分矩阵表示，“1”表示用户喜欢某项，而“0”表示没有记录（即用户可能未评分或未表达喜好）。基于表 4-6 中的数据用户项评分（喜好）矩阵见表 4-9。

表 4-9　用户项评分（喜好）矩阵

用户	x	y	w	z
A	1	1	0	1
B	0	1	1	0
C	0	0	1	1
D	1	0	1	1
E	1	0	0	1

根据用户的历史记录为用户推荐物品的思想是与用户历史上感兴趣的项相似度高的项更可能为用户偏好项。因此，可以通过如下公式计算用户 u 对项 j 是喜好度。

$$P_{uj}=\sum_{i\in N(u)\cap S(j,k)} w_{ji}r_{ui} \tag{4-19}$$

在评分矩阵中，用户 B 没有对项 x、z 表达喜好（即未评分），使用相似度矩阵中的相似度得分来计算 B 对项 x、z 的预期喜好度。基于用户 B 已经喜欢的项 y、w（他对这些项的喜好为 1），计算他对项 x 的预期喜好度为

$$p_{Bx}=0.408\times1+0.333\times1=0.741 \tag{4-20}$$

基于用户 B 已经喜欢的项 y、w（他对这些物品的喜好为 1），计算他对项 z 的预期喜好度为

$$P_{Bz}=1\times0.354+1\times0.577=0.931 \tag{4-21}$$

因此，为用户 B 推荐项 z 更合理。该例的 Python 实现代码如下。

示例代码 4-2

```
import numpy as np

# 以字典的形式存储用户及用户偏好项信息
preferences={
  'A':['x','y','z'],
    'B':['y','w'],
    'C':['w','z'],
    'D':['x','w','z'],
    'E':['x','z']
}

# 确定偏好项种类
items=sorted(set(sum(preferences.values(),[])))

# 创建共现矩阵
co_occurrence_matrix=np.zeros((len(items),len(items)))

# 填充共现矩阵
for item_combinations in preferences.values():
    indices=[items.index(item) for item in item_combinations]
    for i in indices:
        for j in indices:
            if i !=j:
                co_occurrence_matrix[i,j]+=1

# 使用余弦相似度计算相似度矩阵
similarity_matrix=np.zeros_like(co_occurrence_matrix)
for i in range(len(items)):
    for j in range(len(items)):
        if i !=j:

similarity_matrix[i,j]=co_occurrence_matrix[i,j]/np.sqrt(np.sum(co_
occurrence_matrix[i]) * np.sum(co_occurrence_matrix[j]))

# 计算用户 B 对于项 x 和项 z 的偏好程度
user_B_likes=['y','w']
```

```
item_x_index=items.index('x')
item_z_index=items.index('z')

predicted_preference_x=0
predicted_preference_z=0

for liked_item in user_B_likes:
    liked_item_index=items.index(liked_item)
    predicted_preference_x+=similarity_matrix[liked_item_index,item_
x_index]
    predicted_preference_z+=similarity_matrix[liked_item_index,item_
z_index]

# 输出结果
print(co_occurrence_matrix,similarity_matrix,predicted_preference_
x,predicted_preference_z)
```


4.5.4　排序层的作用和意义

排序是推荐系统的第二个阶段，其作用和意义体现在提升推荐的精准度及优化用户体验上，确保推荐内容的个性化和相关性达到最高。在推荐系统中，排序层主要负责在召回层筛选出的候选项集中进一步精确地评估和排序这些项，以便最终呈现给用户最合适的推荐。例如，在电影推荐系统中，召回层可能会从成千上万部电影中快速筛选出几百部与用户喜欢的电影相似的候选电影。在这之后，排序层则需要对这些电影进行精确评估，确定哪些电影最符合用户的喜好。它不仅需要处理来自召回阶段的数据，还需要运用更复杂的模型和更丰富的特征来实现高度个性化的推荐。与召回层使用相对简单的模型和较少的特征不同，排序层通常会应用深度学习模型、复杂的数据挖掘算法和上千种特征，这些都是为了提高推荐的精确性和相关性。

4.5.5　排序层的挖掘算法

在排序层面，利用数据挖掘算法来应对现实排序挑战的技术集合被称为学习排序（Learning to Rank，LTR）。在 LTR 出现之前，尽管基于内容的推荐算法和邻近协同过滤能够预测用户偏好并帮助召回大量项目，但需要呈现给用户的只有少数几个项目，推荐系统更关注这些项目中用户最喜欢的，也就是排序最靠前的，这便是所谓的 Top-N 推荐。

推荐系统的核心目标其实是排序。例如，结合用户最近点击的资讯信息召回相关结果和用户偏好类别的热门结果。然而，资讯类推荐需要考虑一些问题：资讯类信息流属于用户消费型场景，对项目的时效性要求很高。因此，可以在保证项目相关结果时效性的基础上，结合类别、标签热门结果，根据线上总体反馈对各种召回策略的结果进行排序，作为给用户的推荐结果。

这一融合过程相对复杂。一种简化方法是，哪种召回策略的总体收益高，就增加这种策略的权重。然而，这种方法在个性化方面可能不够精准，而且在调整规则参数时也相对困难。相比之下，LTR能够根据用户反馈，对多路召回的项目进行排序推荐。

LTR主要解决的是排序问题，这意味着LTR的核心不在于列表中每个项目的具体评分，而在于项目间的相对顺序。LTR旨在对列表中的项目进行排序，而非单独评估每项的分值。推荐系统中的排序算法设计分为三种：单点法（Pointwise）、配对法（Pairwise）和列表法（Listwise）。这些方法各有其特点和应用场景，下面来详细介绍这几种方法。

1. 单点法

单点法将排序问题视作回归或多分类问题来处理，独立预测每个项与用户的相关性得分。例如，逻辑回归、梯度提升决策树和支持向量机等常用的机器学习方法均可以应用于此。在实际应用中，电商平台可能会利用用户的历史浏览和购买数据来预测用户对商品的购买概率。这种方法的直接性和简便性使得它在处理大规模数据时非常有效，尤其是在标注数据自然生成的环境中，如用户的点击数据。单点法根据标注数据和损失函数的设计不同将排序问题转化为回归、分类及有序分类问题。

最常用的是二元分类的单点法。二元分类的单点法输入为用户与项的特征，输出为用户和项是否有相关关联，若存在相关关联则是正样例，反之为负样例。之所以二元分类的单点法的关注度高，是因为这种算法设计对应的模型复杂度通常比配对法和列表法低，通过用户的点击反馈自然地完成正负样例的标注，而配对法和列表法的标注就没有那么容易了。然而，单点法并不关注项间的相对关系，这可能导致它在某些情况下无法捕捉到更复杂的用户偏好。单点法忽略了项之间的相互作用和内部依赖性，这对于改善排序结果的质量是不利的。单点法进行的分类只是对项进行简单分类，同一类别里的项是无法区分的，即分类得到的项与用户的相似度是无法用于同一类别排序的。

2. 配对法

相较于单点法的独立预测模式，配对法通过将项-项对作为训练样本，专注于学习项之间的相对优先级。这种方法核心在于比较。例如，确定两个商品A、B中哪一个更可能受到用户的青睐，若A比B的排序更靠前，则A是正例，B为负例。配对法的输出空间应该包括所有项的两两项对的偏序关系，取值为$\{+1,-1\}$，+1表示前者更相关，-1表示后者更相关。需要注意的是，训练的模型可以学习两两关系，如$B>A$、$B>C$、$C>A$，但不代表$B>C>A$。因为这三个两两关系之间是独立的。在预测时，即使模型能够正确判断$B>C$和$C>A$也不能代表模型一定能得到$B>A$。

尽管配对法提高了模型处理文档相互关系的能力，但它也有其局限性。首先，在实施配对法时，训练数据的构建相对复杂，需要生成项-项对并标注哪一个更为相关或优先。其次，配对法仅考虑两个项的先后顺序而忽略了它们在整体列表中的位置，可能会影响最终的用户体验。此外，配对法可能会因为不同查询下的文档数量差异而导致训练不均衡。

3. 列表法

列表法尝试优化整个项目列表的排序质量，直接针对如排序指标进行优化。这种方法更全面地考虑了整个推荐列表的结构，尽力映射出用户可能的最佳体验，能够更好地理解和处理项目间相对位置和动态。例如，在处理一个大型的搜索结果页时，通过优化整体列表的性能而不仅是个别项的评分，能够更加有效地提升用户的满意度和交互质量。然而，这种方法在实际操作中可能会遇到算法复杂度和计算成本高的挑战，尤其是当需要对大量的项目进行排序时。此外，许多列表法的性能极大地依赖于能否准确地获取和标注数据，这在某些实际应用中可能是一个限制因素。

在推荐系统的应用场景中，由于参与模型计算的条目样本量庞大且频繁更新，训练样本通常不由人工直接构建，而是通过分析最终用户的行为反馈自动生成。这类样本构造方式非常适合采用单点法模型，例如，用户点击某项内容计为 1 分，未点击则为 0 分。相对而言，配对法和列表法在这种情境下难以生成精确的样本。

此外，在推荐系统中，用户往往没有明确的搜索意图，因此在排序的精确度上，相较于搜索场景，推荐系统并没有过高的要求。因此，单点法因其简便性和适用性，成为推荐系统中最常用的建模手段。

4.5.6　基于逻辑回归的排序层挖掘

本小节介绍采用单点法中的基于逻辑回归进行个性化电影排序推荐。电影推荐时长使用的数据集为 MovieLens-100k，该数据集包含了 943 位用户对 1682 部电影的评分信息，评分是 [1,5] 的整数，其中比较重要的文件包括 u. data、u. genre、u. info、u. item、u. occupation、u. user，见表 4-10。

表 4-10　电影评分信息数据集中的文件

u. data	由 943 个用户对 1682 个电影的 10000 条评分组成。每位用户至少评分 20 部电影。用户和电影从 1 号开始连续编号，数据是随机排序的 标签分隔列表：user id ｜item id ｜rating｜timestamp
u. genre	类型列表
u. info	u. data 数据集中的用户数、电影数及评分数
u. item	电影信息列表：movie id ｜movie title ｜release date ｜video release date ｜IMDb URL ｜unknown ｜Action ｜Adventure ｜Animation ｜Children's ｜Comedy ｜Crime ｜Documentary ｜Drama ｜Fantasy ｜Film-Noir ｜Horror ｜Musical ｜Mystery ｜Romance ｜Sci-Fi ｜Thriller ｜War ｜Western 最后 19 个字段是流派，1 表示电影是该类型，0 表示不是，电影可以同时使用几种流派
u. occupation	用户职业列表
u. user	用户的信息列表：user id ｜age ｜gender ｜occupation ｜zip code

创建 recommend 文件夹，该文件夹下存放 main. py 文件及数据集。在 main. py 文件中进行数据处理、模型构建、训练验证及数据可视化等工作。

首先对数据进行预处理：对于用户信息，将评分标签转换为二元标签，用户评分大于 3 的电影标签设置为 1，否则标签为 0；由于邮编不常用于推荐系统，将邮编删除；对于电影数据，提取 u. item 中的流派数据生成新列 genre，删除不必要的电影属性列，只保留 movie id、release data、genre 用于电影推荐。

然后，对清洗后的数据进行划分，对于每一个用户寻找其评分过的所有电影，其中 80%加入训练集、10%加入验证集、10%加入测试集。

示例代码 4-3

```
import numpy as np
import pandas as pd
from sklearn.preprocessing import LabelEncoder,MinMaxScaler
import os
import torch
from torch.utils.data import Dataset,DataLoader
from torch.nn import Module,Embedding,Parameter,BCELoss
from torch.optim import Adam
from sklearn.metrics import roc_auc_score
import matplotlib.pyplot as plt
root="./ml-100k"
def ml100k_prepocess(threshold=3):
    data_csv=os.path.join(root,'u.data')
    user_csv=os.path.join(root,'u.user')
    item_csv=os.path.join(root,'u.item')

    le=LabelEncoder()
    mms=MinMaxScaler()

    #u.data
    data_df=pd.read_csv(data_csv,sep='\t',header=None)
    data_df.columns=['user_id','item_id','label','timestamp']
    data_df['label']=(data_df['label']>threshold).astype(int)
    data_df['timestamp']=mms.fit_transform(data_df['timestamp']
.values.reshape(-1,1))

    #u.user
    user_df=pd.read_csv(user_csv,sep='|',header=None)
    user_df.columns=['user_id','age','gender','occupation','zip_code']
    user_df.drop(columns='zip_code',inplace=True)

    #u.item
    item_df=pd.read_csv(item_csv,sep='|',header=None,encoding='latin-
1')
    seq_len=item_df[range(5,24)].sum(axis=1).max()
    def convert_genre(x):
        genre=list(np.where(x.iloc[5:].values)[0])
```

```
        genre.extend([0] * (seq_len-len(genre)))
        return genre
    item_df['genre']=item_df.apply(convert_genre,axis=1)
    item_df.drop(columns=[1, * range(3,24)],inplace=True)
    item_df.columns=['item_id','release_year','genre']
    fill_na=item_df['release_year'].mode()[0][-4:]
    item_df['release_year']=item_df['release_year'].apply(lambda x: x
[-4:]if pd.notnull(x)else fill_na).astype(int)

    # merge
    df=data_df.merge(user_df,on='user_id',how='left').merge(item_df,
on='item_id',how='left')
    df=df.sort_values(by=['user_id','timestamp'],ascending=[1,1]).
reset_index(drop=True)

    token_col=['user_id','item_id','age','gender','occupation','release_
year']
    mappings={}  #存储编码后的数字到原始数据的映射
    for i in token_col:
        le.fit(df[i])  #使用编码前的数据进行拟合
        mappings[i]=dict(zip(le.transform(le.classes_),le.classes_))
  #创建映射字典
        df[i]=le.transform(df[i])  #对数据进行编码
    return df,mappings

def split_dataset(df,val_test_ratio=0.1):
    train_idx=[]
    val_idx=[]
    test_idx=[]
    for i in df['user_id'].unique():
        tmp=df[df['user_id']==i]
        num_rated_movies=tmp.shape[0]
        val_test_num=int(num_rated_movies * val_test_ratio)
        train_num=num_rated_movies-2 * val_test_num
        idx=tmp.index.tolist()
        train_idx.extend(idx[: train_num])
        val_idx.extend(idx[train_num : train_num+val_test_num])
        test_idx.extend(idx[train_num+val_test_num :])
```

```
    train_df=df.iloc[train_idx].reset_index(drop=True)
    val_df=df.iloc[val_idx].reset_index(drop=True)
    test_df=df.iloc[test_idx].reset_index(drop=True)
    return train_df,val_df,test_df
```

定义 MovieLens_100K 数据集类 MovieLens_100K_Dataset。

- __init__ 方法：初始化数据集对象。将 user_id、item_id、age、gender、occupation、release_year 作为特征列，并将其转换为 NumPy 数组保存在 self.df 中。同样，将标签列也保存在 self.labels 中。self.field_dims 保存了特征的唯一值的数量。
- __len__ 方法：返回数据集的大小，即标签的数量。
- __getitem__ 方法：获取单个数据点，返回特征和标签对。

定义回归模型类 LogisticRegressionModel。

- __init__ 方法：使用 field_dims 参数初始化一个 Embedding 层，输出维度默认为 1。这个 Embedding 层用于表示特征的线性部分。初始化一个偏置项 bias，维度与 Embedding 层输出维度相同。计算特征域的偏移量 offsets，用于将特征编码后的索引转换为在整个特征向量中的位置。

- forward 方法：接收输入张量 x，表示样本的特征。将输入张量 x 与偏移量 offsets 相加，并将结果作为索引传递给 Embedding 层，以获取特征的线性部分。对 Embedding 层的输出进行求和，并加上偏置项，得到线性部分的输出。使用 sigmoid 激活函数将线性部分的输出转换为概率值，并返回结果。

示例代码 4-4

```
class MovieLens_100K_Dataset(Dataset):
    def __init__(self,df):
        token_col=["user_id","item_id","age","gender","occupation",
"release_year"]
        self.df=df[token_col].values
        self.field_dims=df[token_col].nunique().values
        self.labels=df["label"].values

    def __len__(self):
        """返回数据集的大小"""
        return len(self.labels)

    def __getitem__(self,idx):
        """获取单个数据点"""
        return self.df[idx],self.labels[idx]
```

```
class LogisticRegressionModel(Module):
    def __init__(self,field_dims,output_dim=1):
        super().__init__()
        self.fc=Embedding(sum(field_dims),output_dim)
        self.bias=Parameter(torch.zeros((output_dim,)))
        self.offsets=np.array((0, * np.cumsum(field_dims)[:-1]),
dtype=np.compat.long)
        torch.nn.init.xavier_uniform_(self.fc.weight.data)

    def forward(self,x):
        """模型前向传播,使用 sigmoid 激活函数"""
        x=x+x.new_tensor(self.offsets).unsqueeze(0)
        linear_output=torch.sum(self.fc(x),dim=1)+self.bias
        return torch.sigmoid(linear_output).squeeze(1)
```

接下来，训练、验证和测试逻辑回归模型，并展示部分测试结果。创建逻辑回归模型实例 model，并定义损失函数 criterion 和优化器 optimizer。训练和验证循环：使用 train_epoch 函数对模型进行训练，并使用 validate_model 函数在验证集上评估模型的性能。循环迭代指定 num_epochs 次，输出每个 epoch 的训练损失、验证损失和验证 AUC 值。采用早停设置，若验证集上的 AUC 连续 kill_cnt 次不再提升则结束训练。最后，测试模型并展示部分样本的真实标签、预测结果及原始特征信息。

示例代码 4-5

```
#训练和验证模型的函数
def train_epoch(model,data_loader,criterion,optimizer):
    """训练模型一个 epoch"""
    model.train()
    total_loss=0
    for x,y in data_loader:
        y_pred=model(x)
        y=y.to(torch.float32)
        loss=criterion(y_pred,y)
        optimizer.zero_grad()
        loss.backward()
        optimizer.step()
        total_loss+=loss.item() * x.size(0)
    return total_loss / len(data_loader.dataset)
```

```
def validate_model(model,data_loader,criterion):
    """验证模型性能"""
    model.eval()
    total_loss=0
    targets,predictions=[],[]
    with torch.no_grad():
        for x,y in data_loader:
            y_pred=model(x)
            y=y.to(torch.float32)
            loss=criterion(y_pred,y)
            total_loss+=loss.item() * x.size(0)
            targets.extend(y.tolist())
            predictions.extend(y_pred.tolist())
    auc=roc_auc_score(targets,predictions)
    return total_loss / len(data_loader.dataset),auc

#测试模型并展示部分结果
def test_and_display_results(model,data_loader,criterion,num_samples=5):
    model.eval()
    total_loss=0
    samples_shown=0
    targets,predictions=[],[]
    print(f"User-Item pair: {'user_id','item_id','age','gender','occupation','release_year'}")
    with torch.no_grad():
        for x,y in data_loader:
            y_pred=model(x)
            y=y.to(torch.float32)
            loss=criterion(y_pred,y)
            total_loss+=loss.item() * x.size(0)
            predictions.extend(y_pred.tolist())
            targets.extend(y.tolist())
            auc=roc_auc_score(targets,predictions)
            if samples_shown <=num_samples:
                for i in range(min(num_samples,x.size(0))):
                    keys=x[i].numpy()
```

```
                print(f"User-Item pair: {mappings['user_id'][keys
[0]],mappings['item_id'][keys[1]],mappings['age'][keys[2]],mappings
['gender'][keys[3]],mappings['occupation'][keys[4]],mappings['release_
year'][keys[5]]} - Actual: {y[i].item()}, Predicted: {y_pred[i].
item():.4f}")
            samples_shown+=num_samples
    plt.hist(predictions,bins=30,alpha=0.75)
    plt.title('Distribution of Predictions')
    plt.xlabel('Predicted Probability')
    plt.ylabel('Frequency')
    plt.grid(True)
    plt.show()
    return total_loss / len(data_loader.dataset),auc

#数据预处理
df,mappings=ml100k_prepocess()
train_df,val_df,test_df=split_Dataset(df)
field_dims=MovieLens_100K_Dataset(df).field_dims

#数据加载
train_dataset=MovieLens_100K_Dataset(train_df)
val_dataset=MovieLens_100K_Dataset(val_df)
test_dataset=MovieLens_100K_Dataset(test_df)
train_loader = DataLoader(train_dataset, batch_size = 1024, shuffle =
True)
val_loader=DataLoader(val_dataset,batch_size=1024,shuffle=True)
test_loader=DataLoader(test_dataset,batch_size=1024,shuffle=True)

#模型初始化
model=LogisticRegressionModel(field_dims)
criterion=BCELoss()
optimizer=Adam(model.parameters(),lr=0.003)

#训练和验证循环
num_epochs=50
kill_cnt=0
best_valid_auc=0.0
for epoch in range(num_epochs):
```

```
    train_loss=train_epoch(model,train_loader,criterion,optimizer)
    val_loss,val_auc=validate_model(model,val_loader,criterion)
    if val_auc>best_valid_auc:
        best_valid_auc=val_auc
        kill_cnt=0
    else:
        kill_cnt+=1
        if kill_cnt>5:
            print("Early Stopping!!")
            break
    print(f"Epoch {epoch +1},Train Loss: {train_loss:.4f},Val Loss: 
{val_loss:.4f},Val AUC: {val_auc:.4f},Patience:{kill_cnt:d}")

#调用测试和展示函数
test_loss,test_auc=test_and_display_results(model,test_loader,crite-
rion)
print(f"Test Loss: {test_loss:.4f},Test AUC:{test_auc:.4f}")
```


4.6 本章小结

本章以“啤酒与尿布”这一著名案例为切入点，引入了关联规则挖掘的概念。按照关联规则挖掘的步骤，首先由浅入深地介绍了三种频繁项集挖掘算法：朴素法、先验算法及频繁模式增长算法；接着，引入了评估关联规则的关键度量——置信度，并鉴于置信度的局限性，从相关性分析的角度补充介绍了提升度、杠杆率和确信度等度量方法，以便更全面地判断关联规则的价值；随后，对高级关联规则挖掘的基础知识进行了概述；最后，从不同层次的挖掘角度出发，详细介绍了推荐系统中应用的关联规则挖掘算法，为读者提供了一个全面而深入的视角。

第5章　分类与回归预测

导读

分类与回归预测是数据挖掘领域的两项关键技术，本章将系统介绍分类与回归预测的基本概念、常用算法及其原理、性能评估指标和模型调优技巧。首先，深入探讨分类算法，包括决策树分类器、贝叶斯分类法、人工神经网络方法、支持向量机及文本分类算法等；然后，介绍回归预测算法，涵盖线性回归、非线性回归和逻辑回归三种算法；接着，详细讨论性能评估指标，包括分类模型和预测模型各自的评估指标，以有效评估训练模型的准确性；最后，介绍模型调优的两种技巧，包括组合方法及类不平衡优化技术，从而提升模型的整体性能。

本章知识点

- 分类算法所涉及的决策树、贝叶斯分类、人工神经网络、支持向量机等方法。
- 回归预测算法所涉及的线性回归、非线性回归、逻辑回归等方法。
- 性能评估指标。
- 模型调优常用的组合方法和类不平衡优化。

学习要点

- 掌握分类和回归的基本原理，能够准确描述分类和回归的概念及应用场景。
- 掌握主要的分类和回归算法，能够应用决策树、贝叶斯分类、人工神经网络、支持向量机、线性回归、非线性回归和逻辑回归等算法进行数据分析。
- 掌握性能评估指标，能够使用适当的指标评估分类和回归模型的性能。
- 熟悉模型调优技术，能够通过组合方法和类不平衡优化技术提高模型的预测性能。

工程能力目标

分析数据集中的模式和趋势，实现和优化分类与回归算法，以适应不同的数据集和业务需求；评估模型性能并进行调优，提高预测的准确性和可靠性。

5.1 分类算法

信用卡申请审批是商业银行的一项重要业务，通过有效的数据分析来确定哪些用户的信用可以通过审批，可以降低商业银行的财务风险。信用卡申请审批即是一个典型的分类任务，需要构建一个分类模型来分析历史申请者的多种属性，如年龄、债务、婚姻状况、教育水平、职业和收入等，预测每位候选申请者的信用审批结果，并将其归类为“通过”或“未通过”。分类任务的最大特点是使用离散的类标号来表示分类结果，这些类标号之间无固有的序列关系，这明显区别于回归预测任务中的连续值结果。

本节将详细介绍分类的基本概念和几种常用的分类器模型。

5.1.1 分类的基本概念

分类任务需要通过对训练样本的学习，构建一个能够将属性数据集映射到预定义类标号的分类器。这一过程主要包括两个阶段：分类器的构建（训练阶段）与模型评估（应用阶段）。以信用卡申请审批场景为例，分类过程如图 5-1 所示。

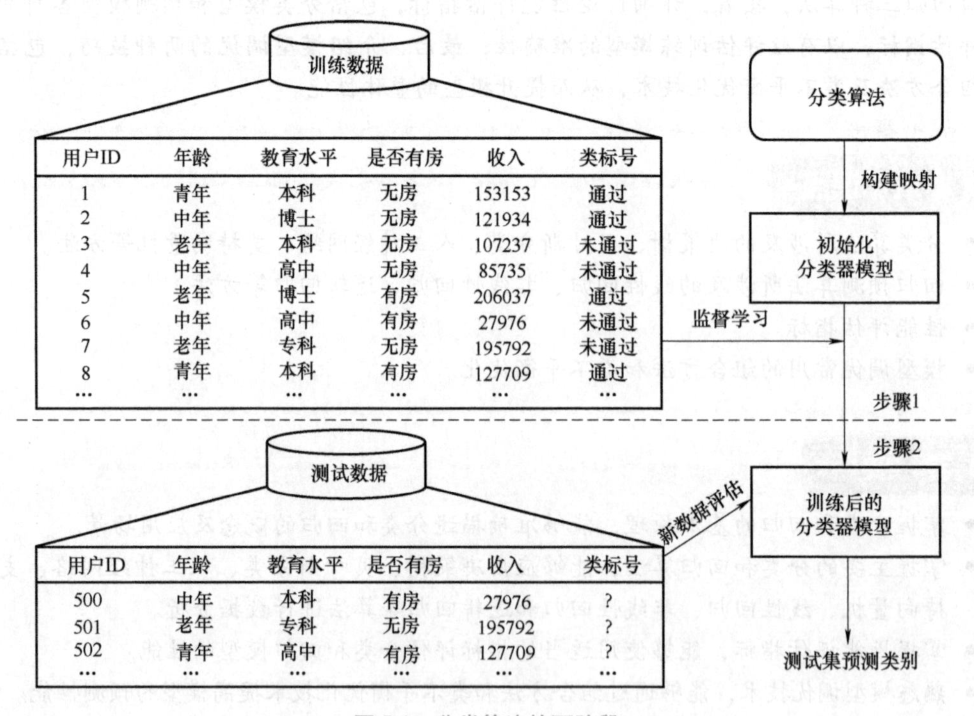

图 5-1 分类算法的两阶段

训练数据中的每一条记录由一个 D 维属性向量 $\boldsymbol{x}=[x_1,x_2,\cdots,x_D]$ 描述，并附有一个预定义类标号 y，如信用卡申请的“通过”或“未通过”，这些类标号是离散的、无序的值。在分类研究中，训练数据也被称为训练样本、训练实例、数据点或对象。

1）由于训练数据提供了每个数据点的属性集和预先设定的类别标号，分类的第一阶段也被称为有监督学习，即在明确指定每个样本属于哪个类别的“监督”下进行学习。这个阶段可以被视为学习一个映射 $y=f(x)$，其目标是通过分析属性集 $\boldsymbol{x}$ 来预测其类别标号 y。根据具体的应用场景，可能会选择不同的算法来构建这一关键映射，如决策树算法、贝叶斯分类器、人工神经网络等。

2）在分类器建立并训练完毕后，分类的第二阶段是使用独立的测试数据来评估分类器的准确率。这一步骤是必要的，仅使用训练集来评估分类器 $f(\cdot)$ 可能会导致过于乐观的结果。对训练数据存在过度拟合的倾向，分类器可能捕捉到训练数据中的特定异常分布，而不是未知数据中的一般规律。测试数据同样由 D 维属性向量及其关联的类标号组成，但未参与分类器的构建过程。本章将在 5.3 节详细讨论评估分类器准确率的方法。

5.1.2 决策树分类器

决策树是数据挖掘领域最直观的分类模型之一，通过模拟决策过程来对数据进行分类。决策树的构造无须领域专业知识或复杂的参数设置，因此成为探索性知识发现中的首选工具。本小节介绍决策树分类器的基本原理，探讨决策树的构建方法，分析不同决策树算法中的属性选择度量方案，并通过信用卡申请审批案例详述决策树的实际应用流程。

1. 基本原理

决策树算法以树状图的形式展现，其中每个内部节点表示在一个属性上进行测试，每个分支代表该测试的一种子集输出，而每个叶节点存放一个类标号的分类结果。决策树的最顶层是根节点，表示输入的数据集合。

决策树通常采用自顶向下的构建方式，从最顶层的根节点开始，选择一个“最优的”属性来对当前数据进行分割，将数据集分割成更小的子集。这些子集再作为下一层节点的输入，逐步向下构建树的结构，直到到达叶节点。

以信用卡申请审批案例为背景，图 5-2 展示了该案例的决策树，内部节点用椭圆表示，而叶节点用矩形表示。决策树首先了考虑“是否有房”属性，这是评估申请人生活水平的一个重要属性。然后，在“有房”和“无房”两种子集中，在下一层内部节点上，分别进一步考虑申请人的“收入”和“教育水平”属性，以此可以到达叶节点，并输出“通过”或“未通过”的分类结果。

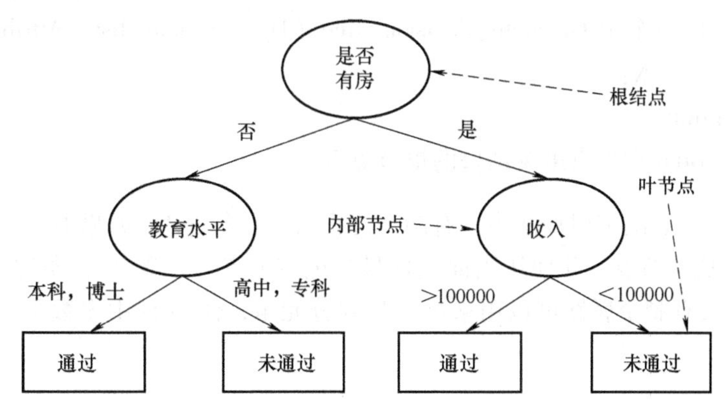

图 5-2 信用卡申请审批案例的决策树

2. 建立决策树的方法

在构建决策树时，潜在的树结构构造情形数量呈指数级增长，在其中寻找绝对最优的决策树通常在计算上是不可行的。因此，通常利用贪心算法来构建次优但效率较高的决策树，其核心思想是在每个内部节点做出局部最优的属性分割选择，从而在可接受的时间内构建出一个有效的决策模型。

贪心决策树算法采用自顶向下的构造方法，从根节点开始，在每一个内部节点选择能最大化分类效果的特征进行属性划分，然后递归地应用相同策略到每个子节点，直到根据停止条件到达叶节点。贪心决策树算法的一般流程如算法 5-1 所示。

算法 5-1　贪心决策树算法 Generate_decision_tree(D, attribute_list, Attribute_selection_method)

输入：

D：训练数据，包括属性集和预定义的类标号；

attribute_list：候选的属性分割列表；

Attribute_selection_method：指定属性选择度量，从 attribute_list 中选择可以按类“局部最优”进行子集分割的属性。

算法步骤：

步骤 1　建立根节点 N；

步骤 2　**if** D 中的元组都在同一类 C 中 **then**

　　返回 N 作为叶节点，以类标号 C 标记；

步骤 3　**if** attribute_list 为空 **then**

　　返回 N 作为叶节点，以 D 中多数类的类标号标记；

步骤 4　使用 Attribute_selection_method（D，attribute_list），选择“最好”的分割属性（split_attribute）；

步骤 5　用 split_attribute 标记节点 N，分割 D 得到个体类“最好”的分割子集（splitting subset）；

步骤 6　**if** split_attribute 是离散值 **then**

　　从 attribute_list 中删除 split_attribute；

步骤 7　**for** splitting subset 中每一个子集 D_j

步骤 8　生长一个由 Generate_decision_tree（D_j，attribute_list，Attribute_selection_method）返回得到的 N；

步骤 9　**endfor**

步骤 10　**return** 作为决策树结果的根节点 N；

在算法 5-1 的贪心决策树算法中，有两个终止条件：条件 1，如果 D 中的数据属于同一类，则节点 N 变成叶节点，并使用当前类标号标记该节点（步骤 2）；条件 2，如果候选的属性分割列表中没有剩余属性可以用来进一步划分元组，使用 D 中多数类的类标号标记该节点（步骤 3）。

3. 属性选择度量

在构建决策树的过程中，每个内部节点处的属性测试条件的选择至关重要，它直接影响到决策树的表现和效率。属性有离散值和连续值两种表示形式，这两种属性使用不同的度量标准来评估其作为分割标准的有效性。下面将详细介绍与这两种属性类型相关的三种常见度量指标：信息增益、增益率和基尼指数。这些度量指标以“最佳”方式将带有类标签的训练数据集 D 划分为尽可能纯净的更小分区。在理想情况下，“最佳”分区都应该是纯净的，即该分区内所有元组都属于同一个类别。

（1）离散值属性度量方法

离散值属性可进一步划分为二元属性、标称属性和序列属性，每种类型的属性都有其特定的表示和处理方式。在决策树中通常通过使用“是/否”问题或多路分支来处理离散值属性。

二元属性：是最基本的离散值属性类型，仅包含两个类别。例如，“是否有房”这一属性只包括“是”和“否”两个选项。在决策树中，二元属性的测试条件产生两个可能的输出。

标称属性：包含两个以上的类别，类别之间没有内在的顺序。例如，“职业”属性包括老师、外卖员、司机和学生等类别。标称属性可以通过“一对一”或“一对多”的方式分割。

序列属性：是一种特殊类型的标称属性，类别之间存在有意义的顺序。例如，“教育水平”可包括高中、专科、本科、硕士、博士等，这些类别具有明显的顺序关系。序列属性也可以产生二元或多路划分，只要不违背序列属性值的有序性，就可以对其进行分组。

离散值属性通常使用信息增益和增益率两种度量方法。

1）信息增益。信息增益是决策树 ID3 算法中用于选择“最优”分割属性的主要度量标准。这种度量方法用于评估在某个属性下减少分类时信息不确定性的程度。熵是衡量数据集随机性的一个统计量。信息增益通过计算整个训练数据集的熵和按某个属性分割后各子集的熵来确定最佳分割属性。信息增益的计算步骤如下：

首先，计算整个训练数据集 D 的熵，即总体熵 $\text{Info}(D)$。总体熵的计算公式为

$$\text{Info}(D) = -\sum_{i=1}^{C} p_i \log_2(p_i) \tag{5-1}$$

其中，p_i 是训练数据中属于第 i 类的概率，其物理含义是在没有任何额外信息的情况下，整个数据集的不纯度有多大。

其次，计算按某属性 A 分割数据后各子集的熵，并将其按子集大小加权求和，得到分割后的总熵 $\text{Info}(D_1, D_2, \cdots, D_v)$。如果属性 A 具有 v 个不同的值，则数据集 D 将被分割为 v 个子集 $D_1, D_2, D_3, \cdots, D_v$。这些子集对应于在节点 N 处生长出来的 v 个子节点分支。每个子集 D_j 仍可能是“不纯的”，即属于不同的类别，通过计算每个子集 D_j 的熵，并根据其在总数据集 D 中所占比例进行加权，以度量基于属性 A 划分后对数据集 D 的元组进行分类所需要的期望信息，公式为

$$\text{Info}_A(D) = \sum_{j=1}^{v} \frac{|D_j|}{|D|} \times \text{Info}(D_j) \tag{5-2}$$

其中，$\frac{|D_j|}{|D|}$ 为第 j 个分区在数据集 D 中的占比。基于按属性 A 对训练数据 D 进行分割所需要的期望信息 $\text{Info}_A(D)$ 越小，分割子集的纯度越高。

最后，计算原始数据集总体熵与分割后期望信息之差，从而获得信息增益指标，公式为

$$\text{Gain}(A) = \text{Info}(D) - \text{Info}_A(D) \tag{5-3}$$

信息增益衡量了基于属性 A 进行子集分割后减少的数据集不确定性程度。属性 A 的信息增益越大，说明它在分类过程中越有效，分割后的子集“纯度”也越高。

2）增益率。增益率是 C4.5 算法对 ID3 算法中信息增益指标的扩展，该指标通过规范化信息增益来解决信息增益对具有多个值的属性的偏好问题。具体而言，信息增益偏向于选择那些具有大量不同离散值的属性。如用户 ID，这种属性的分割虽然会产生很高的信息增益，但实际上它并不能够作为分类的有效信息，因为它导致了大量只包含单个数据的纯分区，对模型的泛化能力没有帮助。

增益率指标使用“分裂信息”来规范化信息增益。分裂信息通过考虑每个划分子集相对于原始数据集 D 的大小，以度量基于属性 A 的测试将训练数据集 D 划分成 v 个子集时产生的信息量，分裂信息的具体公式为

$$\text{SplitInfo}_A(D) = -\sum_{j=1}^{v} \frac{|D_j|}{|D|} \times \log_2\left(\frac{|D_j|}{|D|}\right) \tag{5-4}$$

增益率衡量了每单位分裂信息所获得的信息增益，其公式定义为信息增益与分裂信息的比值，即

$$\text{GrianRate}(A) = \frac{\text{Grain}(A)}{\text{SplitInfo}_A(D)} \tag{5-5}$$

（2）连续值属性度量方法

在决策树算法中，处理连续数值属性通常涉及选择一个或多个合适的阈值将数据集分割成两部分。这种分割方法有效地将连续数据值转换为可以应用于决策树的分类标准，从而简化了数据的结构并加快了决策过程。分割后，每个子集将包含所有小于或大于阈值的数据点。

连续值属性通常使用基尼（Gini）指数来衡量数据分割的纯度。基尼指数在 CART（Classification and Regression Trees）算法中使用，通过对每个属性进行二元划分，来度量数据集合的不纯度。基尼指数的计算公式为

$$\text{Gini}(D) = 1 - \sum_{i=1}^{m} p_i^2 \tag{5-6}$$

其中，p_i是数据集中属于第 i 类的概率，通过类别频率计算得到。Gini(D) 衡量在没有任何属性划分的情况下，数据集的不纯度有多大。

当需要对数据集进行连续值属性分割时，CART 算法采取一种细致的方法来确定最有效的分割点。首先考虑属性 A 的所有可能的分割点（split_point），这些分割点由数据集在属性 A 上的排序值确定。具体来说，如果属性 A 的排序值为 $x_1, x_2, x_3, \cdots, x_N$，则可能的分割点为每对连续值的中点，即$\frac{x_1+x_2}{2}, \frac{x_2+x_3}{2}, \cdots, \frac{x_{N-1}+x_N}{2}$。

对于每个潜在的分割点，数据集 D 被分割成两个子集 D_1和 D_2，其中 D_1包括所有满足条件 $A \leq$split_point 的数据点，而 D_2包括所有满足条件 $A>$split_point 的数据点。接下来，计算每个子集的基尼指数并按子集大小加权求和，得到该分割点下的总基尼指数：

$$\text{Gini}_A(D) = \frac{|D_1|}{|D|}\text{Gini}(D_1) + \frac{|D_2|}{|D|}\text{Gini}(D_2) \tag{5-7}$$

最后，通过计算初始数据集的基尼指数与分割后基尼指数的差来评估每个分割点的效果：

$$\Delta \text{Gini}(A)=\text{Gini}(D)-\text{Gini}_A(D) \tag{5-8}$$

可见，属性A的分割效果越好，基尼减少量$\Delta\text{Gini}(A)$越大，这表示属性A在减少数据集不确定性方面的贡献更大。CART算法最终选择基尼减少量最大的分割点作为连续值属性的最佳分割点，从而有效地将数据集划分为具有更高纯度的子集。

例5-1　通过5组数据来展示决策树的构建过程。使用机器学习库Scikit-learn中的DecisionTreeClassifier类来构建决策树，配合使用Matplotlib对构建好的决策树进行绘制。本例的Python示例代码如下。

示例代码5-1

```
import numpy as np
from sklearn.tree import DecisionTreeClassifier
from sklearn import tree
import matplotlib.pyplot as plt
#准备数据集
data=np.array([
    [1,3,30000,0],  #有房，高教育，高收入，通过
    [1,1,15000,0],  #有房，低教育，低收入，未通过
    [0,2,18000,1],  #无房，中教育，中收入，未通过
    [0,3,24000,0],  #无房，高教育，高收入，通过
    [0,1,12000,1],  #无房，低教育，低收入，未通过
])
#特征和标签
X=data[:,:3]  #特征：有房，教育，收入
y=data[:,3]   #标签：通过与否
#创建决策树模型
clf=DecisionTreeClassifier(max_depth=3)  #限制树的深度为3
clf.fit(X,y)
#使用Matplotlib绘制决策树
plt.figure(figsize=(12,8))
tree.plot_tree(clf,eature_names=["house","education","income"],
class_names=["not approved","approved"], filled=True, rounded=
True)
plt.show()
```

5.1.3　贝叶斯分类法

贝叶斯分类的理论基础源于18世纪英国数学家托马斯·贝叶斯提出的贝叶斯定理，该定理至今仍是概率论中一个极具影响力的理论。贝叶斯分类法是一种强大的统计工具，用于估计数据属于特定类别的概率。这种方法特别适合大数据环境，因为它能够快速地提供高准

确性的预测结果。

朴素贝叶斯分类器是贝叶斯分类法的一种简化版本，其结构简单且易于实施，因此在多种实际问题中得到了广泛应用。相较于决策树和某些神经网络模型，朴素贝叶斯分类器在多项性能评估中显示出其竞争力。本小节首先介绍贝叶斯定理的相关内容，然后探讨应用朴素贝叶斯分类器进行数据分类的方法。

1. 贝叶斯定理

贝叶斯定理指出一个假设的后验概率可以通过其先验概率和相关的似然概率来计算。这里以信用卡申请审批案例为背景，探讨贝叶斯定理涉及的概念，并说明这些概念在实际分类问题中的应用。

如图 5-1 所示的信用卡申请审批案例，已知客户的年龄、教育水平、收入等基本信息，其目标是通过贝叶斯定理计算后验概率 $P(Y|X)$。在贝叶斯定理中，将客户的所有基本信息看作已知证据 X，目标是估计审批结果 Y=“通过”和 Y=“未通过”事件的概率，最后找到使后验概率 $P(Y|X)$ 最大的类 Y 作为测试记录 X 的分类结果。贝叶斯定理公式的定义如下：

$$P(Y|X)=\frac{P(X|Y)P(Y)}{P(X)} \tag{5-9}$$

其中，先验概率 $P(Y)$ 是在未观测到证据 X 之前，任意客户信用卡申请审批结果为 Y 的概率，通过分析银行的历史审批数据来估计；似然概率 $P(X|Y)$ 是在已知申请结果为 Y 的情况下，观测到特定组合的属性 X 的概率；边缘概率 $P(X)$ 是在所有银行客户中，具有特定属性 X 的概率。由于对所有可能的结果 Y，$P(X)$ 的数值是相同的，因此在实际计算中，通常忽略 $P(X)$，选取 $P(X|Y)P(Y)$ 最大时的事件 Y 作为属性 X 的分类结果。

例 5-2 为了更好地展示这一计算过程，表 5-1 列出了信用卡申请审批案例的 8 条训练数据和 1 条测试数据。训练数据包括年龄、教育水平、是否有房、收入四种属性。类标号记录了申请审批的“通过”和“未通过”两种结果。当给定测试数据的属性集为 X=(年龄=中年,教育水平=本科,是否有房=有房,收入=27976)，贝叶斯分类器需要利用训练数据计算后验概率 P(“通过”$|X$) 和 P(“未通过”$|X$)，如果 P(“通过”$|X$)>P(“未通过”$|X$)，那么该测试数据应被分类为“通过”，反之，分类为“未通过”。

表 5-1 信用卡申请审批案例数据

用户 ID	年龄	教育水平	是否有房	收入	类标号
1	青年	本科	无房	153153	通过
2	中年	博士	无房	121934	通过
3	老年	本科	无房	107237	未通过
4	中年	高中	无房	85735	未通过
5	老年	博士	有房	206037	通过
6	中年	高中	有房	27976	未通过
7	老年	专科	无房	195792	未通过
8	青年	本科	有房	127709	通过
500	中年	本科	有房	27976	?

为了计算得到 P(“通过”$|X$) 和 P(“未通过”$|X$)，需要计算先验概率 $P(Y)$ 和似然概率 $P(X|Y)$。通过计算训练集中属于每个类的训练记录所占的比例可以得到 $P(Y)$，其中 P(“通过”)=P(“未通过”)=0.5。对于似然概率 $P(X|Y)$，鉴于属性 X 的相互独立性假设可能不总是成立的，因此提出了朴素贝叶斯分类器来解决这个问题。

2. 朴素贝叶斯分类器

在贝叶斯分类器中，似然概率 $P(X|Y)$ 是在已知类别 Y 的情况下，观测到特定属性集合 X 的概率。朴素贝叶斯分类器采用了一种简化的方法，即假设这些属性之间是相互独立的。这使得似然概率可以被转换为各个属性的条件概率的乘积。具体来说，对于某一特定类标号 $Y=y_j$，数据元组 X 的类条件概率可以表述为各个独立属性概率的乘积形式，即

$$P(X \mid Y=y_j)=\prod_{i=1}^{D} P(x_i \mid Y=y_j) \tag{5-10}$$

其中，D 表示 X 总的属性个数。

在实际应用中，朴素贝叶斯分类器需要有效处理两种主要类型的数据属性：离散型和数值型。

在处理离散型属性时，朴素贝叶斯分类器通过计算每个属性值在特定类别下的条件概率来进行分类。具体来说，对于某一类别y_j和离散属性集合 X 的特定值 x_i，条件概率的计算公式为

$$P(x_i \mid Y=y_j)=\frac{\text{类别 } y_j \text{ 中 } x_i \text{的实例数量}}{\text{类别 } y_j \text{ 的总实例数量}} \tag{5-11}$$

对于数值型属性，朴素贝叶斯分类器通常采用一种分布假设来估计条件概率，常见的假设是属性遵循高斯分布。基于这种假设，类别y_j下属性 x_i的条件概率的计算公式为

$$P(x_i \mid Y=y_j)=\frac{1}{\sqrt{2\pi}\sigma_{ij}} e^{\frac{(x_i-\mu_{ij})^2}{2\sigma_{ij}^2}} \tag{5-12}$$

其中，μ_{ij}和σ_{ij}分别是针对类y_j中所有 x_i属性值的训练样本计算得到的均值和方差。

在学习了两种类型属性在特定类别下的条件概率的计算方法后，就能够完成例 5-2 的后续计算。

1）计算先验概率 $P(Y)$。

P(“通过”)=4/8=0.5　　P(“未通过”)4/8==0.5

2）计算似然概率 $P(X|Y)$。

P(中年|“通过”)=1/4=0.25　　P(中年|“未通过”)=2/4=0.5

P(本科|“通过”)=2/4=0.5　　P(本科|“未通过”)=1/4=0.25

P(有房|“通过”)=2/4=0.5　　P(无房|“通过”)=2/4=0.5

$$Y=\text{“通过”时}, \mu=\frac{153153+121934+206037+127709}{4}=152208.250$$

$$Y=\text{“通过”时}, \sigma=\sqrt{\frac{(153153-\mu)^2+(121934-\mu)^2+(206037-\mu)^2+(127709-\mu)^2}{4}}=66446.748$$

根据式（5-12）计算得到

P(收入=27976|“通过”)=3.447×10^{-5}

同理计算得到，Y=“未通过” 时，$\mu=104185$，$\sigma=120620.775$

P(收入=27976|“未通过”)=4.038×10^{-6}

3）计算后验概率 $P(Y|X)$。

$$P(\text{“通过”}|\text{中年,本科,有房,27976})=0.25\times0.5\times0.5\times3.447\times10^{-5}=0.215\times10^{-6}$$

$$P(\text{“未通过”}|\text{中年,本科,有房,27976})=0.252\times10^{-7}$$

4）对测试数据进行分类。对比以上两种后验概率，选择其中最大值所在的 Y=“通过”作为测试数据的分类结果。

在该案例中，为了让运算过程更加简洁，这里仅选用了 8 组训练数据来计算所需的概率，因此存在了某些似然概率为 0 的情况，这会导致其所关联的后验概率也为 0。对于这种情况，有两种解决方案：一种是增加训练集的规模，另一种是使用拉普拉斯校准法。拉普拉斯校准法假定训练数据很大，以至于对每个计数加 1 造成的估计概率的变化可以忽略不计，从而避免概率值为 0 的情况。

5.1.4 人工神经网络方法

人工神经网络的设计灵感源自于对生物神经系统的模拟。人类大脑由称为神经元的细胞组成，这些神经元通过名为轴突的纤维状结构彼此连接。当神经元接收到外界的刺激时，会沿着轴突传导电信号，实现从一个神经元到另一个神经元的信号转移。神经元的细胞体通过树突与其他神经元的轴突相连，而这些连接点被称为神经突触。神经科学的研究揭示，通过持续的刺激，大脑能够调整这些神经突触的连接强度，从而促进学习和记忆过程。本小节将深入探讨两种人工神经网络模型，包括单层感知机和多层感知机模型，并详述这些模型的训练方法及如何解决分类问题。

1. 单层感知机

感知机是由 Frank Rosenblatt（弗兰克·罗森布拉特）在 1957 年提出的一种人工神经网络，它是最早的线性分类模型之一。一个典型的单层感知机模型如图 5-3 所示，由两种类型节点和带权重的链构成。

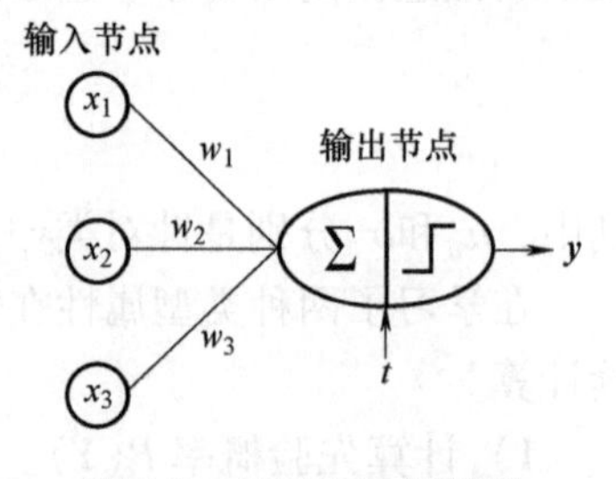

图 5-3 单层感知机模型

在单层感知机网络中，输入层负责接收原始数据的特征，即数个输入节点，这些节点本身不进行任何计算。每个输入节点通过加权链连接到输出节点。输出层包含单个输出节点，这个节点将加权输入求和，减去一个偏置项，最后通过一个激活函数输出最终的分类结果 $\hat{y}$。单层感知机的运算可以表示为

$$\hat{y}=\text{sign}(w_1x_1+w_2x_2+w_3x_3-b) \tag{5-13}$$

其中，$\boldsymbol{w}$ 是权重向量；$\boldsymbol{x}$ 是输入特征向量；b 是偏置项；sign(·) 是二分类任务中常用的激活函数，其输出+1 表示正类、-1 表示负类。

单层感知机的学习过程依赖于反向传播技术，通过迭代调整权重和偏置项以最小化分类错误。学习算法遍历所有训练样本，每当发现一个样本被错误分类时，则利用以下权重更新规则进行调整：

$$w_j^{(k+1)}=w_j^{(k)}+\lambda(y_i-\hat{y}_i^{(k)})x_{ij} \tag{5-14}$$

$$b^{(k+1)}=b^{(k)}+\lambda(y_i-\hat{y}_i^{(k)})x_{ij} \tag{5-15}$$

其中，λ 是学习率；k 是算法当前算法的迭代次数；y_i是第 i 个样本的真实类别标签；$\hat{y}_i^{(k)}$ 是

单层感知机网络基于当前权重和偏置预测的类别结果；（$y_i-\hat{y}^{(k)}$）表示第 i 个样本预测输出和真实类别之间的差值。单层感知机参数更新算法如算法 5-2 所示。

算法 5-2　单层感知机参数更新算法

输入：

$D=\{(x_i,y_i)\mid i=1,2,3,\cdots,N\}$:N 个训练样本，包括属性集 x 和预定义的类标号 y；

$w^{(0)}$，t：随机初始化的权重向量；

算法步骤：

步骤 1　**repeat**

步骤 2　　**for** 每一个训练样本（x_i,y_i）$\in$ D

步骤 3　　　通过式（5-13）计算预测结果$\hat{y}_i^{(k)}$；

步骤 4　　　**for** 每个权重$w_j^{(k)}\in w^{(k)}$

步骤 5　　　　通过式（5-14）得更新后的权重$w_j^{(k+1)}$；

步骤 6　　　通过式（5-15）获得更新后的偏执项$b^{(k+1)}$；

步骤 7　　　**end for**

步骤 8　　**end for**

步骤 9　**until** 满足终止条件

单层感知机参数更新算法的终止条件有几种常用的策略，以确保进行有效学习而不致过度迭代。例如：

1）设定一个迭代次数上限，即一旦算法执行到预定的迭代次数就会停止。

2）误差阈值也是一个常见的停止准则，如果在连续几轮迭代中误差变化极小或者达到一个非常低的特定值，则可终止迭代。

在单层感知机模型中，式（5-13）使用的参数 $\boldsymbol{w}$、b 和属性 $\boldsymbol{x}$ 都是线性的，因此单层感知机产生的决策边界是一个将数据集分割为-1 和+1 两个类别的线性超平面，这表明单层感知机网络仅适用于解决线性可分的问题。在面对复杂的非线性问题，如经典的 XOR 问题时，单层感知机模型将显示出局限性，对于这类问题不存在单一的线性决策边界能准确地对所有数据点进行分类。

2. 多层感知机

多层感知机，也被称为多层前馈网络，通过引入隐藏层及采用多样化的激活函数，克服传统单层感知机网络只能解决线性可分问题的局限性。隐藏层设置于输入层和输出层之间，接收前一层的输出并计算激活函数的值，然后将这些值传递至下一层。每个隐藏层都拥有激活函数，因为若不使用激活函数，隐藏层的输出将仅是输入的线性组合，这会导致多层结构无法处理非线性决策任务。

多层感知机模型在隐藏层中引入了更多种类的激活函数，这样模型可以逼近任何非线性函数。如图 5-4 所示，常用于隐藏层的激活函数包括 ReLU 和 tanh 函数。

激活函数需要具备以下几点性质。

1）连续并可导（允许少数点上不可导）的非线性函数，这使得网络参数可以通过数值优化方法进行学习。

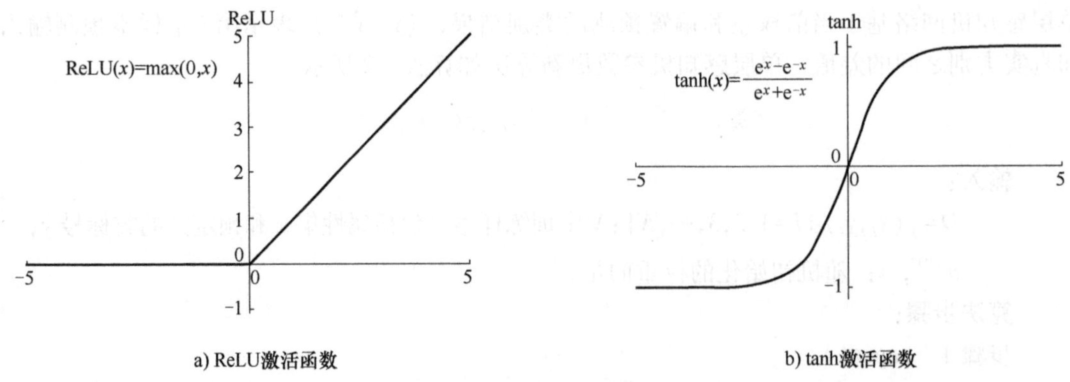

图 5-4　常用的激活函数曲线图

2）激活函数及其导数应尽可能简单，以提高网络的计算效率。

3）激活函数的导数值域应适中，避免过大或过小，以免影响训练的效率和稳定性。

在设计多层感知机时，首要的步骤是确定输入层节点数，这些节点数直接对应于问题中的特征数量。对于数值型或二元特征，一般为每个特征分配一个节点；对于类别型变量，则常通过独热编码方式为每个可能的类别值分配一个节点。在配置输出层时，节点数的设定则取决于任务的性质：二分类问题需要单一节点输出预测结果，而多分类问题则要求有与类别数量相等的节点数，每个节点输出对应类别的预测概率。

此外，网络的拓扑结构，包括隐藏层的层数及每层节点的数量，是决定模型性能的关键因素。一种常见的设计策略是从一个节点数较多、隐藏层层数较大的全连接网络开始，然后逐步精简节点数和层数，以优化网络结构。权值和偏置的初始化通常采用随机方法，以破坏网络的对称性并促进有效学习。

多层感知机的训练通常采用梯度下降法来调整网络中的权重参数。然而，不同于单层感知机直接通过最小化输出层的预测值与真实值之间的差异（$y_i-\hat{y}_i^{(k)}$）进行学习，多层感知机面临的挑战在于缺乏隐藏层输出的直接观测值，无法直接为隐藏层节点计算误差。为解决这一问题，多层感知机采用反向传播算法。该算法利用链式法则自输出层向输入层逐层计算误差值并更新权重。这一过程的详细描述如算法 5-3 所示。

算法 5-3　多层感知机训练算法

输入：

$D=\{(x_i,y_i)\mid i=1,2,3,\cdots,N\}$：$N$ 个训练样本，包括属性集 x 和预定义的类标号 y；

W，b：随机初始化 L 层感知机模型的参数；

其他超参数：最大迭代次数 K、训练批次的大小 batch_size、学习率 λ，激活函数 $\sigma(\cdot)$。

算法步骤：

步骤 1　**repeat**

步骤 2　　从训练数据集 D 中随机抽取一个批次的数据

步骤 3　　**for** 当前批次中的每个样本（x_i,y_i）

步骤 4　　　前向传播：将输入 x_i 送入网络输入端，得到各层输出值 z^l 和激活值 a^l

步骤 5　　计算损失：根据输出层的激活值a^L和实际类别y_i计算损失函数

$$C=\frac{1}{2}||a^L-y_i||_2^2$$

步骤 6　　反向传播：

计算损失函数对输出层的误差项：

$$\delta^L=\frac{\partial C}{\partial z^L}=\frac{\partial C}{\partial a^L}\frac{\partial a^L}{\partial z^L}=(a^L-y)\odot\sigma'(z^L)$$

使用求导的链式法则计算每一层的误差项：

$$\delta^l=(W^{l+1})^{\mathrm{T}}\delta^{l+1}\odot\sigma'(z^l)$$

利用每一层的误差项计算损失函数对该层参数的导数：

$$\frac{\partial C}{\partial W^l}=\frac{\partial C}{\partial z^l}\frac{\partial z^l}{\partial W^l}=\delta^l(a^{l-1})^{\mathrm{T}},\frac{\partial C}{\partial b^l}=\frac{\partial C}{\partial z^l}\frac{\partial z^l}{\partial b^l}=\delta^l$$

步骤 7　　累加梯度：将计算得到的导数加到该批次数据求得的导数之和上

步骤 8　　End For

步骤 9　　参数更新：使用该批次数据求得的导数之和，按照梯度下降法更新网络参数：

$$\mathrm{W}^{\mathrm{l(k+1)}}=\mathrm{W}^{\mathrm{l(k)}}-\frac{\lambda}{\mathrm{batch\_size}}\sum\frac{\partial\mathrm{C}}{\partial\mathrm{W}^{\mathrm{l(k)}}},\mathrm{b}^{\mathrm{l(k+1)}}=\mathrm{b}^{\mathrm{l(k)}}-\frac{\lambda}{\mathrm{batch\_size}}\sum\frac{\partial\mathrm{C}}{\partial\mathrm{b}^{\mathrm{l(k)}}}$$

步骤 10　　until 到达最大迭代次数 K，或满足其他终止条件

5.1.5　支持向量机

支持向量机是一种卓越的二分类监督学习模型，其主要目标是在特征空间中寻找一个最优超平面，以此超平面最大化不同类别数据之间的间隔，从而实现优越的分类效果和泛化能力。本小节将详细探讨线性支持向量机和非线性支持向量机两种主要的分类方法。

1. 线性支持向量机

线性支持向量机作为线性分类器的一种形式，主要适用于线性可分数据样本的二分类任务。假设在二维空间中有一组线性可分的数据样本，这些样本属于两个不同的类别，分别用三角形和方块符号标记，如图 5-5 所示。这些样本的线性可分特性意味着可以在二维空间中绘制多条直线，每条直线都能将两类样本完美地分隔到直线的两侧。在高维空间中，这种决策边界表现为更复杂的形式：在三维空间中是平面，在更多维空间中则是超平面。

理论上，能够为线性可分数据构造无限条直线作为决策边界，而线性支持向量机算法的目标就是找到这些直线中的“最优”决策边界。为了实现这个目标，首先介绍几何间隔、间隔和支持向量这几个概念。几何间隔定义为一个样本点到决策边界的距离，支持向量定义为几何间隔最小时的两个异类样本。间隔则是这些支持向量到超平面的距离之和。图 5-5 中展示了决策边界 L_1 的间隔和支持向量。决策边界的微小扰动都可能显著影响边界附近的未来样本点的分类。因此，拥有较小间隔的决策边界对训练样本的拟合更为敏感，从而泛化能力相对较弱。

假设有一组线性可分数据 $T=\{(x_1,y_1),(x_2,y_2),\cdots,(x_N,y_N)\}$，$y_i=\{+1,-1\}$，如图 5-6 所示。以线性分类器一般表达式 $\boldsymbol{wx}+b=0$ 来表示任一可能的分离超平面 H。通过修改表达式，可以定义分离超平面“侧面”的超平面为

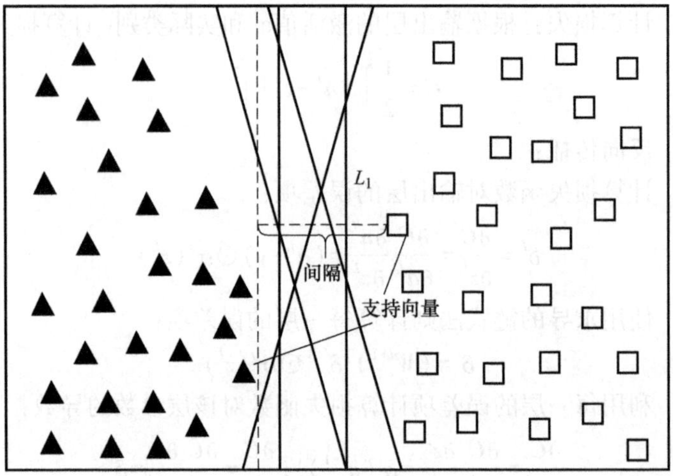

图 5-5　二维空间中的线性可分数据

$$H_1: \boldsymbol{w}x_i+b \geqslant 1, y_i=+1 \tag{5-16}$$

$$H_2: \boldsymbol{w}x_i+b \leqslant -1, y_i=-1 \tag{5-17}$$

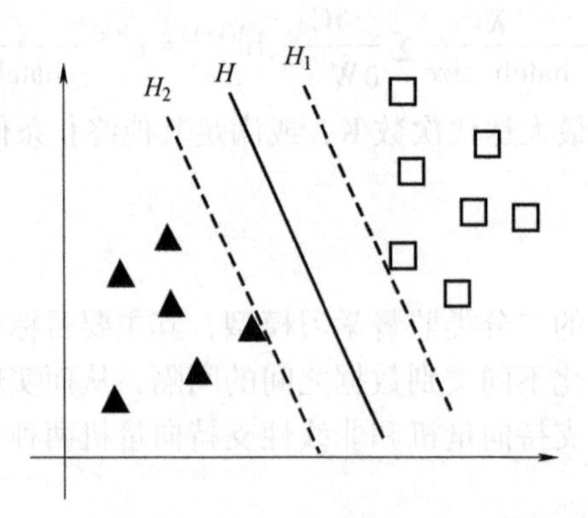

图 5-6　通过“侧面”超平面寻找拥有最大间隔的最优超平面

这意味着存在超平面 H_1，使得落在 H_1 上或上方的样本都属于+1 类，而超平面 H_2 则确保位于其上或下方的样本属于−1 类。联立不等式（5-16）和式（5-17）可以得到

$$y_i(\boldsymbol{w}x_i+b) \geqslant 1 \tag{5-18}$$

落在 H_1 或 H_2 上的训练样本都能使式（5-18）的等号成立。且这些样本点到 H 的几何间隔最短，是分离超平面 H 的支持向量。因此，可以计算得到分离超平面 H 的间隔为$\dfrac{2}{\|w\|}$，其中$\|w\|=\sqrt{ww}$。

线性支持向量机的核心是解决一个优化问题，即最大化决策边界的间隔。该优化问题可以转换为最小化以下目标函数实现，变换为一个含不等式约束的凸二次规划问题：

$$\min_{w,b} \frac{1}{2}\|w\|^2, \text{s. t. } y_i(wx_i+b) \geqslant 1, i=1,2,\cdots,N \tag{5-19}$$

式（5-19）是一个含有不等式约束的凸二次规划问题，可以对其使用拉格朗日乘子法对

齐进行求解。新目标函数为

$$L_P = \frac{1}{2}\|w\|^2 - \sum_{i=1}^{N} \lambda_i(y_i(wx_i + b) - 1) \tag{5-20}$$

为了最小化拉格朗日函数，必须对L_P关于 w 和 b 求偏导，并令它们等于零：

$$\frac{\partial L_p}{\partial w} = 0 \Rightarrow w = \sum_{i=1}^{N} \lambda_i y_i x_i \tag{5-21}$$

$$\frac{\partial L_p}{\partial b} = 0 \Rightarrow \sum_{i=1}^{N} \lambda_i y_i = 0 \tag{5-22}$$

因为拉格朗日乘子λ_i是未知的，因此仍然不能得到 w 和 b 的解。接下来，通过 KKT（Karuch-Kuhn-Tucher）条件将拉格朗日乘子法中的不等式约束变换成一组等式约束：

$$\begin{cases}\lambda_i[y_i(wx_i+b)-1]=0\\ \lambda_i \geqslant 0\end{cases} \tag{5-23}$$

通过应用式（5-23）给出的约束条件，除非训练样本满足$y_i(wx_i+b)=1$，否则拉格朗日乘子λ_i都必须为 0。也就是，那些$\lambda_i>0$ 的训练实例都位于超平面 H_1 或 H_2 上，即支持向量，而不在这些超平面上的训练实例肯定满足$\lambda_i=0$。

最后，找出符合要求的支持向量（x_i, y_i）和（x_j, y_j），并将式（5-21）和式（5-22）联立到式（5-20）中，能将该优化问题转换为如下对偶公式：

$$L_D = \sum_{i=1}^{N} \lambda_i - \frac{1}{2}\sum_{i,j}^{N} \lambda_i \lambda_j y_i y_j x_i x_j \tag{5-24}$$

对于大型数据集，对偶优化问题可以使用数值计算技术来求解，如使用二次规划（已经超出本教材的知识范围）。一旦找到一组λ_i，即可求得 w 和 b 的可行解。

2. 非线性支持向量机

在实际应用中，经常遇到数据集特征关系复杂的情况，这远超过简单线性关系所能描述的范围。例如，数据点可能围绕一个中心点聚集或形成同心圆等复杂形状。对于这类数据集，使用传统的线性支持向量机方法往往难以有效分隔。为了处理这类非线性数据集，可以将线性支持向量机扩展为非线性支持向量机，主要通过以下两个步骤实现。

首先，通过非线性映射将原始数据转换到一个更高维的特征空间。在这个新的空间中，原本在原始空间无法用线性方法分割的数据可能变得线性可分。

其次，一旦数据被映射到高维空间，任务转变为在这个新的空间中寻找一个最大化边缘的超平面。这个在高维空间中找到的线性超平面，在原始的输入空间中可能对应于一个复杂的非线性分割曲面。

下面通过一个具体的例子来说明。

例 5-3　假设有一个三维输入向量 $\boldsymbol{X}=(x_1, x_2, x_3)$，为了处理这个向量中的非线性关系，采用以下非线性映射，将其转换为一个六维空间 $\boldsymbol{Z}$：

$$\phi(\boldsymbol{X}) = (x_1^2, x_2^2, x_3^2, x_1x_2, x_1x_3, x_2x_3)$$

在新的六维空间中，可以使用传统的线性 SVM 来寻找一个决策超平面，该超平面将根据向量 **Z** 中的特征来分类数据点。假设，线性 SVM 求解后，六维空间中决策超平面可以表示为

$$d(\boldsymbol{Z}) = \boldsymbol{WZ}+b$$

其中，$\boldsymbol{W}$，$\boldsymbol{Z}$ 都是六维向量；b 是偏置项。如果将 $\boldsymbol{W}$，$\boldsymbol{Z}$ 的各分量详细写出，这个方程可以重写为

$$d(\boldsymbol{Z}) = w_1x_1^2+w_2x_2^2+w_3x_3^2+w_4x_1x_2+w_5x_1x_3+w_6x_2x_3+b$$

这个方程在新的六维空间 $\boldsymbol{Z}$ 中是线性的，但是将其映射回原始的三维空间 $\boldsymbol{X}$，它对应于一个非线性的二次多项式决策边界。

然而，这种从线性到非线性的拓展引入了额外的计算负担，特别是当涉及高维特征空间时。在训练和测试阶段，每次进行分类时都需要计算输入向量与每个支持向量之间的点积，这可能导致巨大的计算量。为了有效地处理这种复杂性，非线性支持向量机引入了核技巧。

核技巧允许在原始输入空间中间接地计算高维特征空间中的点积，而无须显式地进行维度扩展，这极大地简化了计算过程。具体来说，运算过程中出现形如 $\phi(x_i)$ $\phi(x_j)$ 的点积运算时，不需要计算样本 x_i 和 x_j 在高维空间中的具体向量后再进行点积，而是可以完全等价将核函数 $K(x_i, x_j)$ 应用于原始空间的数据，其数学表达式为

$$K(x_i, x_j) = \phi(x_i)\phi(x_j) \tag{5-25}$$

下面是几种常见的核函数。

1）线性核是最基本的核函数类型，其公式为 $K(x_i, x_j) = x_ix_j$。线性核主要适用于线性可分的数据集，其数据可以通过一个直线或超平面完美地分隔。

2）多项式核，其公式为 $K(x_i, x_j) = (\gamma x_ix_j+r)^d$。其中，$\gamma$ 为缩放每个输入向量的系数；r 用于调整特征空间中超平面位置；d 决定映射空间的维度。这种核函数能够通过高阶特征的组合来增加模型的复杂度，适合处理非线性可分的数据。

3）径向基函数核，或称为高斯核，其公式为 $K(x_i, x_j) = e^{-\gamma |x_i - x_j|^2}$。径向基函数核利用指数函数衡量样本点之间的距离，以此来处理数据中的非线性模式。这种核函数非常适合处理具有复杂非线性关系的数据集，因为它可以无限扩展到高维空间，从而捕捉到复杂的数据结构。

5.1.6 文本分类算法

文本分类是数据挖掘领域的一项基本任务，它涉及将文本分类到一个或多个预定义的类别中。这一过程通常需要处理和分析大量非结构化文本数据，识别其中的潜在语义模式。本小节将详细探讨文本分类任务中的文本表示方法和基于深度学习的分类模型，并以一个情感分析的例子具体说明文本分类算法的实际应用。

1. 文本表示方法

在自然语言处理中，文本表示是将文本数据转换为能够被计算机处理的格式的关键步骤。这里介绍三种常用的文本表示方法：独热（One-Hot）编码、TF-IDF 方法和词嵌入方法。

（1）独热编码

独热编码是将文本转换成一个向量，这个向量反映了词汇表中各词语的出现情况。例如，假设词汇表为{"cat","dog","bird","fish"}，则每个词可以表示为一个四维向量："cat"为[1,0,0,0],"dog"为[0,1,0,0]。这种表示方法的特点是简单且直观，但它忽略了词

语的出现频率和顺序，只关注词语是否出现。

（2）TF-IDF 方法

TF-IDF 方法通过结合词频（TF）和逆文档频率（IDF）来加权词汇的重要性。词频衡量一个词在单个文档中的出现频率；而逆文档频率则反映一个词在整个文档集中的独特性，用来降低常见词的权重并提升罕见词的影响力。

例如，在搜索引擎的关键词提取中，TF-IDF 可以帮助识别出用户查询中最具信息性的词汇。当用户搜索“历史最佳科幻小说”时，尽管“最佳”和“历史”在很多文档中都可能出现，但“科幻小说”通常会有更高的 IDF 值，因此在相关性排序中会更加突出。TF 和 IDF 的计算公式分别为

$$\mathrm{TF}(t,d)=\frac{n_{t,d}}{\sum_{k} n_{k,d}} \tag{5-26}$$

$$\mathrm{IDF}(t,D)=\log\left(\frac{|D|}{|\{d\in D:t\in d\}|}\right) \tag{5-27}$$

其中，$n_{t,d}$是词语 t 在文档 d 中出现的次数；$\sum_{k} n_{k,d}$ 则是文档 d 中所有词语的出现次数总和；$|D|$是文档总数，$|\{d\in D:t\in d\}|$是包含词语 t 的文档总数。

最终，TF-IDF 通过 TF 与 IDF 相乘得到：

$$\mathrm{TF\text{-}IDF}(t,d,D)=\mathrm{TF}(t,d)\times\mathrm{IDF}(t,D) \tag{5-28}$$

（3）词嵌入方法

词嵌入方法是指将每个词映射到一个连续的向量空间中，以捕捉词语间的语义和语法关系。Word2Vec 是常见的词嵌入方法之一，它通过训练浅层神经网络来学习词向量。

Skip-gram 模型通过给定一个词来预测其周围的上下文词，其核心思想是：在自然语言中，一个词的语义通常可以通过它周围的词来表达。Skip-gram 模型通常包括输入层、嵌入层和输出层。其中，输入层接收中心词的独热编码；嵌入层将独热编码映射为一个固定长度的词向量，这些词向量是模型要学习的参数；而输出层是一个全连接层，它通过 softmax 函数将结果映射到词汇表中的每个单词，并计算每个单词作为上下文词的概率。

在训练过程中，首先，进行前向传播计算模型的输出和损失计算；然后，通过反向传播算法调整模型参数，使得损失函数最小化；最后，使用梯度下降等优化算法更新模型的参数，以提高模型性能。Skip-gram 模型的损失函数可以表示为

$$J_{\text{Skip-gram}}=-\frac{1}{N}\sum_{i=1}^{N}\Big(\sum_{-C\leqslant j\leqslant C,j\neq 0}\log p(w_i\mid w_{i+j})\Big) \tag{5-29}$$

其中，N 是训练集中的样本数；w_i表示中心词；C 是上下文窗口的大小；$p(w_i\mid w_{i+j})$ 是给定上下文词w_{i+j}时，预测中心词w_i的概率。

2. 基于深度学习的分类模型

尽管传统的数据挖掘方法如支持向量机、决策树和感知机模型在处理较小数据集和简单问题时表现良好，但它们在处理需要解析长矩阵语义依赖和复杂句子结构的高级文本任务时可能会遇到性能瓶颈。这里介绍基于深度学习的分类模型，这些模型特别适用于捕获文本中的长距离依赖关系和复杂的语义信息。

（1）循环神经网络

循环神经网络（Recurrent Neural Network，RNN）是一类用于处理序列数据的神经网络，它能够通过序列中先前的单词来预测序列中接下来的单词。这使得它在语言模型和文本生成中非常有效。如图 5-7a 所示，RNN 通过内部状态的循环传递来处理输入序列中的时间动态特征。RNN 的计算公式为

$$\boldsymbol{s}_t=\tanh(U\boldsymbol{x}_t+W\boldsymbol{s}_{t-1}) \tag{5-30}$$

$$\boldsymbol{o}_t=\mathrm{softmax}(V\boldsymbol{s}_t) \tag{5-31}$$

其中，下标 t 表示当前时间步数，$\boldsymbol{x}_t$是 t 时刻的输入，$\boldsymbol{s}_t$是 t 时刻的隐藏状态，$\boldsymbol{o}_t$是 t 时刻的输出。例如，任务目标是预测句子中的下一个词，$\boldsymbol{o}_t$是包含词表中所有词的一个概率向量。U,V,W 是所有时刻共享的权重参数。然而，传统的 RNN 在处理长序列时常面临梯度消失或梯度爆炸的问题，这限制了其在某些应用场景中的效能。

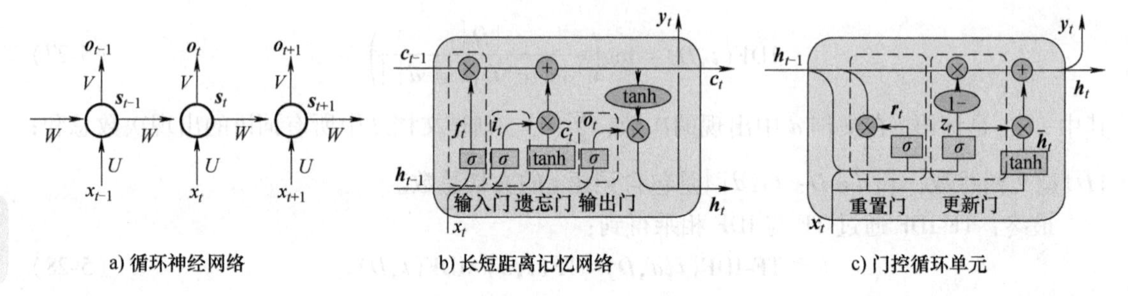

图 5-7 基于深度学习的分类模型

（2）长短距离记忆网络

长短距离记忆（Long Short-Term Memory，LSTM）网络通过设计独特的门控机制有效地解决了长距离记忆的挑战。该机制涉及三个核心组件，即输入门、遗忘门和输出门，如图 5-7b所示。具体来说，输入门决定新输入的信息中哪些需要更新到单元状态；遗忘门判断当前单元状态中的哪些信息应当被舍弃，以避免信息过载或模型过拟合；输出门控制从单元状态到输出状态的信息流，决定哪些信息是重要的，应当被用于预测或影响下一个隐藏状态。这些精细的门控机制使得 LSTM 网络在处理包含复杂和长距离依赖的序列数据时，能够保持异常高的性能。LSTM 的计算公式为

$$\boldsymbol{i}_t=\sigma(W_i[\boldsymbol{h}_{t-1},\boldsymbol{x}_t]), \tag{5-32}$$

$$\boldsymbol{f}_t=\sigma(W_f[\boldsymbol{h}_{t-1},\boldsymbol{x}_t]), \tag{5-33}$$

$$\boldsymbol{c}_t=\boldsymbol{f}_t\boldsymbol{c}_{t-1}+\boldsymbol{i}_t\tanh(W_c[\boldsymbol{h}_{t-1},\boldsymbol{x}_t]), \tag{5-34}$$

$$\boldsymbol{o}_t=\sigma(W_o[\boldsymbol{x}_t,\boldsymbol{h}_{t-1}]), \tag{5-35}$$

$$\boldsymbol{h}_t=\boldsymbol{o}_t\tanh(\boldsymbol{c}_t). \tag{5-36}$$

其中，$\boldsymbol{i}_t,\boldsymbol{f}_t,\boldsymbol{c}_t,\boldsymbol{o}_t,\boldsymbol{h}_t$分别表示当前时刻的遗忘门、输入门、单元状态、输出门、隐藏状态向量。

（3）门控循环单元

门控循环单元（Gated Recurrent Unit，GRU）是高效的 RNN 变体，在简化 LSTM 结构的同时保持了类似的性能水平。如图 5-7c 所示，GRU 通过合并 LSTM 中的输入门和遗忘门

为一个统一的更新门，并添加了一个重置门来简化模型结构。更新门在 GRU 中的功能是决定在每个时间步骤中，应该保留多少之前的状态信息，以此帮助模型抓取长期依赖关系。重置门的作用则是在计算当前的候选状态时，决定应该忽略多少过去的状态信息，从而使模型能够根据新的输入灵活调整响应。GRU 的计算公式为

$$z_t=\sigma(W_z[\boldsymbol{h}_{t-1},\boldsymbol{x}_t]),\tag{5-37}$$

$$\boldsymbol{r}_t=\sigma(W_r[\boldsymbol{h}_{t-1},\boldsymbol{x}_t]),\tag{5-38}$$

$$\overline{\boldsymbol{h}}_t=\tanh(W_h[\boldsymbol{r}_t\odot\boldsymbol{h}_{t-1},\boldsymbol{x}_t]),\tag{5-39}$$

$$\boldsymbol{h}_t=(1-z_t)\odot\boldsymbol{h}_{t-1}+z_t\odot\overline{\boldsymbol{h}}_t.\tag{5-40}$$

其中，z_t，$\boldsymbol{r}_t$，$\overline{\boldsymbol{h}}_t$，$\boldsymbol{h}_t$分别表示更新门、重置门、基于重置门计算的隐藏状态向量和基于更新门计算的隐藏状态向量；运算符$\odot$表示两个向量的同一位置的元素相乘。

3. 基于 LSMT 的情感分析案例

通过情感分析的实际应用案例，具体说明如何使用 LSTM 网络来解决文本分类问题。情感分析通常用于判断文本的情感倾向，比如将电影评论分为正面或负面，这是一个二分类任务，使用二元交叉熵损失作为该任务的目标损失：

$$L(y,\hat{y})=-\frac{1}{N}\sum_{i=1}^{N}[y_i\log(\hat{y}_i)+(1-y_i)\log(1-\hat{y}_i)]\tag{5-41}$$

其中，y 是真实的标签（-1 或 1）；$\hat{y}$ 是模型的预测输出，表示样本属于正类的概率。

例 5-4　使用 PyTorch 框架构建并训练一个基于 LSTM 的情感分析模型。详细步骤和实现代码如下。

（1）数据集的选择和导入

首先，构建训练集和测试集样本数据。本案例使用 IMDb 电影评论数据集作为案例数据集，这个数据集包含来自互联网电影数据库（IMDb）的大量电影评论，每条评论都被标记为正面或负面。通过 torchtext 库下载该数据集，并对数据进行预处理得到训练集和测试集数据。

示例代码 5-2

```
from torchtext.datasets import IMDB
from torchtext.data.utils import get_tokenizer
from torchtext.vocab import build_vocab_from_iterator
from torch.utils.data import DataLoader
from torchtext.data.functional import to_map_style_dataset

train_iter,test_iter=IMDB()#加载 IMDB 数据集
tokenizer=get_tokenizer('basic_english')#创建分词器
def yield_tokens(data_iter):#构建词汇表
    for _,text in data_iter:
        yield tokenizer(text)
```

```
vocab=build_vocab_from_iterator(yield_tokens(train_iter),specials=
["<unk>"])
vocab.set_default_index(vocab["<unk>"])
#文本处理函数
def text_pipeline(x):
return torch.tensor([vocab[token] for token in tokenizer(x)],dtype=
torch.long)
#转换为 DataLoader 数据,便于批量处理
def collate_batch(batch):
    label_list,text_list=[],[]
    for(_label,_text)in batch:
        label_list.append(int(_label=='pos'))
        processed_text=text_pipeline(_text)
        text_list.append(processed_text)
    return torch.tensor(label_list,dtype=torch.int64).to(device),
nn.utils.rnn.pad_sequence(text_list,padding_value=vocab['<unk>'],
batch_first=True)
train_dataset=to_map_style_dataset(train_iter)
train_dataloader=DataLoader(train_dataset,batch_size=8,collate_fn=
collate_batch,shuffle=True)
test_dataset=to_map_style_dataset(test_iter)
test_dataloader=DataLoader(test_dataset,batch_size=8,collate_fn=
collate_bat)
```

(2) LSTM 模型定义

定义一个情感分析的 LSTM 模型类 SentimentAnalysisLSTM，该类继承自 nn.Module，包含嵌入层、一个或多个 LSTM 层、一个全连接层以及一个 sigmoid 激活函数。LSTM 模型的前向传播方法（forward 函数）使用构建好的模型对输入进行处理，以生成最终的分类概率。

示例代码 5-3

```
class SentimentAnalysisLSTM(nn.Module):
    def __init__(self,vocab_size,embedding_dim,hidden_dim,output_dim,num_
layers=1):
        super(SentimentAnalysisLSTM,self).__init__()
        self.embedding=nn.Embedding(vocab_size,embedding_dim)#嵌入层
        self.lstm=nn.LSTM(embedding_dim,hidden_dim,num_layers=num_
layers,batch_first=True)#LSTM 层
        self.fc=nn.Linear(hidden_dim,output_dim)#全连接层
```

```
        self.sigmoid=nn.sigmoid()#激活层

    def forward(self,x):
        embedded=self.embedding(x)
        lstm_out,_=self.lstm(embedded)
        lstm_out=lstm_out[:,-1,:] #取出最后一个时间步的输出
        out=self.fc(lstm_out)
        return self.sigmoid(out)
```

（3）模型实例化和损失函数的定义

设置好 LSTM 模型参数后创建模型实例（model），并定义二元交叉熵损失函数（nn.BCELoss）和 Adam 优化器。

示例代码 5-4

```
model = SentimentAnalysisLSTM(len(vocab),100,256,1,num_layers=1).
to(device)
criterion=nn.BCELoss()
optimizer=optim.Adam(model.parameters(),lr=0.001)
```


（4）模型训练

通过 10 个训练周期迭代训练数据。在每个周期内，模型对每个样本进行预测，计算损失并通过反向传播更新权重，优化器在每次迭代后重置梯度。

示例代码 5-5

```
epochs=10
for epoch in range(epochs):
    model.train()
    for labels,texts in train_dataloader:
        optimizer.zero_grad()
        outputs=model(texts)
        loss=criterion(outputs.squeeze(),labels.float())
        loss.backward()
        optimizer.step()
```

（5）模型评估

在测试集上评估模型性能，计算模型的准确率。通过比较模型的预测和真实标签来统计正确预测的数量并最终计算出整体的准确率。

示例代码 5-6

```
model.eval()
```

```
total_correct=0
total_samples=0
with torch.no_grad():
    for labels,texts in test_dataloader:
        outputs=model(texts)
        predicted=torch.round(outputs)
        total_correct+=(predicted.squeeze()==labels).sum().item()
        total_samples+=labels.size(0)
accuracy=total_correct/total_samples
print(f'Test Accuracy:{accuracy:.4f}')
```

5.2 回归预测算法

二手房价格预测任务通过对历史成交房数据的有效分析来确定待出售房的市场价值，从而优化买卖双方的决策过程。这是一个典型的回归预测任务，通过构建一个回归模型来分析房子的多种属性，如房子的房龄、面积、卧室数量、楼层数及其维护历史等，进而预测每套房的市场价格。回归预测任务使用连续的数值来表示结果，这与使用离散类标号来表示结果的分类任务不同。

本节首先介绍回归分析的基本概念；然后，详细讨论线性回归模型，这是最基础且应用最广泛的回归预测工具，其核心假设是自变量与因变量之间存在线性关系；接下来，介绍非线性回归模型，该类模型能够捕捉变量之间更为复杂的非线性依赖性；最后，对回归预测算法中最特殊的逻辑回归方法进行介绍。

5.2.1 回归分析的基本概念

回归分析是一种强大的统计方法，它通过深入分析数据，揭示了看似随机现象背后的统计规律。这种分析技术的核心目的在于量化变量之间的依赖关系，并预测变量的未来表现。通过构建精确的统计模型，回归分析不只阐明了变量之间的联系强度，还预测了一个或多个自变量发生变动时，因变量如何响应。

在回归模型中，通常将需要预测或解释的变量称为因变量（表示为 y），而影响因变量的各个因素（如 $x_1,x_2,\cdots,x_D$）则被称为自变量。一个基本的回归模型可表示为以下形式：

$$y=f(x_1,x_2,\cdots,x_D)+\varepsilon \tag{5-42}$$

其中，ε 为随机误差项，该项反映了因变量与自变量之间关系的不确定性和随机波动。这些波动可能由模型的设计局限性、数据收集过程中的误差或是模型未能考虑到的其他随机因素导致。

根据具体的数据分析需求，可以选择线性回归或非线性回归方法。线性回归假设变量间的关系可以通过一条直线来描述，这种方法因其简明性和易于计算而被广泛使用。非线性回归适用于描述更为复杂的关系，例如曲线或多项式形式，能够更灵活地适应数据的特定模式。

5.2.2　线性回归

线性回归是统计学中最基础且被广泛使用的预测方法之一，通过最佳拟合直线（也称为回归线）来描述自变量和因变量之间的线性关系。在简单的线性回归模型中，假设单个自变量 x 和因变量 y 之间存在线性依赖关系，该模型可以表示为

$$y=\beta_0+\beta_1 x+b \tag{5-43}$$

其中，β_0，β_1 分别是截距和斜率，又称为回归系数；b 是误差项，通常假设其是一个均值为 0、方差为 σ^2 的正态分布随机变量。

由于 β_0，β_1，x 都是定值，仅 ε 为随机变量，因此因变量 y 的均值和方差可以分别表示为

$$E(y \mid x)=\beta_0+\beta_1 x \tag{5-44}$$

$$\mathrm{Var}(y \mid x)=\mathrm{Var}(\beta_0+\beta_1 x+\varepsilon)=\sigma^2 \tag{5-45}$$

这表明，y 的期望值是 x 的线性函数，y 的方差仅依赖于误差项。$\beta_0+\beta_1 x$ 又称为截距为 β_0、斜率为 β_1 的回归直线。

在应用线性回归模型前，首先需要对数据进行初步分析，以确认数据是否满足模型的基本假设，即线性关系和独立性。接下来，通过二手车价格预测案例具体描述如何验证这两个条件。

（1）线性关系

假定二手房的价格主要由房龄决定，并预设这种影响呈现线性关系。这意味着随着房龄的增长，房子的价格会以一定比例逐年下降。为了验证这一假设，最直接的方法是绘制一个散点图，将房龄作为自变量（x 轴）、房子价格作为因变量（y 轴）。通过观察散点图上的数据点分布，可以初步判断两者之间是否存在线性关系。此外，使用 NumPy 库中的相关系数函数 np. corrcoef（）作为衡量两个变量线性关系强度的统计指标。相关系数的值介于-1 和 1 之间，值趋近于+1 或-1 表明有强烈的线性关系，而趋近 0 则表明几乎无线性关系。

（2）独立性

独立性假设要求数据中每一项（如每套房的价格和车龄）必须是彼此独立的，这意味着任何一套房的价格都不应受到其他房的影响。这通常在数据收集阶段通过确保每个数据点的生成不受其他数据点的影响来实现。例如，如果数据来自不同地区的多个中介，这些数据点很可能是独立的。如果数据来源是同一中介的同一促销活动，则可能存在数据依赖。

（3）同方差性假设

此外，在构建线性模型并根据观察数据完成拟合后，还需要验证同方差性假设，即模型中误差的方差不随自变量的变化而变化。以二手房价格预测案例为例，该假设表示不同房龄房子的预测误差（即实际售价与预测售价之间的差异）应保持一致。通常，可以通过绘制残差图，即以预测值和目标值之差为纵坐标、以任一自变量 x 作为横坐标的散点图，来观察误差是否具有一致的分布。

当初步验证目标数据满足线性回归的假设条件后，采用最小二乘法（Ordinary Least Squares，OLS）方法来估计 β_0 和 β_1，完成线性模型对观察数据的拟合。最小二乘法的核心思

想是最小化实际观测值与回归直线之间差的平方和（Sum of Squares Error，SSE），其计算公式为

$$\mathrm{SSE}(\beta_0,\beta_1)=\sum_{i=1}^{N}(y_i-\beta_0+\beta_1 x_i)^2 \tag{5-46}$$

其中，y_i和x_i分别表示第 i 个样本的因变量和自变量。将 SSE（β_0,β_1）当作多元函数来处理，采用多元函数求偏导的方法来计算函数的极小值。

首先，SSE（β_0，β_1）分别对β_0，β_1求偏导，并令偏导等于 0 得到：

$$\frac{\partial \mathrm{SSE}(\beta_0,\beta_1)}{\partial \beta_0}=-2\sum_{i=1}^{N}(y^{(i)}-\beta_0-\beta_1 x^{(i)})=0 \tag{5-47}$$

$$\frac{\partial \mathrm{SSE}(\beta_0,\beta_1)}{\partial \beta_1}=-2\sum_{i=1}^{N}(y^{(i)}-\beta_0-\beta_1 x^{(i)})\,x^{(i)}=0 \tag{5-48}$$

化解这两个方差得到：

$$N\beta_0+\beta_1\sum_{i=1}^{N}x_i=\sum_{i=1}^{N}y_i \tag{5-49}$$

$$\beta_0\sum_{i=1}^{N}x_i+\beta_1\sum_{i=1}^{N}x_i^2=\sum_{i=1}^{N}y_i x_i \tag{5-50}$$

式（5-42）、式（5-43）称为最小二次正规方差，联立两方程得到最小二乘法关于β_0和β_1的解：

$$\beta_0=\frac{1}{N}\left(\sum_{i=1}^{N}y_i-\beta_1\sum_{i=1}^{N}x_i\right) \tag{5-51}$$

$$\beta_1=\frac{\sum_{i=1}^{N}y_i x_i-\frac{\left(\sum_{i=1}^{N}y_i\right)\left(\sum_{i=1}^{N}x_i\right)}{N}}{\sum_{i=1}^{N}x_i^2-\frac{\left(\sum_{i=1}^{N}x_i\right)^2}{N}} \tag{5-52}$$

包含 M 个自变量（$x_1,x_2,\cdots,x_M$）的线性回归模型被称为多元线性回归模型，允许考察多个自变量对一个因变量的共同影响。采用矩阵形式对观测样本数据进行表示，并得到多元线性回归模型的表达式：

$$\boldsymbol{y}=\begin{pmatrix}y_1\\y_2\\\vdots\\y_N\end{pmatrix},\boldsymbol{X}=\begin{pmatrix}1 & x_{11} & x_{12} & \cdots & x_{1M}\\1 & x_{21} & x_{22} & \cdots & x_{2M}\\\vdots & \vdots & \vdots & & \vdots\\1 & x_{N1} & x_{N2} & \cdots & x_{NM}\end{pmatrix},\boldsymbol{\beta}=\begin{pmatrix}\beta_0\\\beta_1\\\vdots\\\beta_M\end{pmatrix},\boldsymbol{b}=\begin{pmatrix}b_1\\b_2\\\vdots\\b_N\end{pmatrix} \tag{5-53}$$

$$\boldsymbol{y}=\boldsymbol{X\beta}+\boldsymbol{b} \tag{5-54}$$

然后，使用最小二乘法估计回归系数$\boldsymbol{\beta}$，同样采用多元函数求偏导的方法来计算函数的

极小值，具体计算过程省略，最终回归系数β的解为

$$\boldsymbol{\beta}=(\boldsymbol{X}^{\mathrm{T}}\boldsymbol{X})^{-1}\boldsymbol{X}^{\mathrm{T}}\boldsymbol{y} \tag{5-55}$$

其中，$\boldsymbol{X}^{\mathrm{T}}$表示$\boldsymbol{X}$的转置矩阵，$(\boldsymbol{X}^{\mathrm{T}}\boldsymbol{X})^{-1}$表示$\boldsymbol{X}^{\mathrm{T}}\boldsymbol{X}$的逆矩阵。

在实际应用中，通常不会对回归系数β进行手动运算，而是直接使用集成了最小二乘法的现有工具来直接求解β。以下是使用 sklearn 库求解二手房价格的实现代码。

示例代码 5-7

```
# 简单二手房价格预测案例。假设二手房的价格主要由房龄(自变量)决定
from sklearn.linear_model import LinearRegression
X=np.array([
    [2104,5,1,45], #面积,卧室数量,楼层数,房龄
    [1416,3,2,40],
    [1534,3,2,30],
    [852,2,1,36]
])
Y=np.array([460,232,315,178])  # 价格
model=LinearRegression()#创建线性回归模型
model.fit(X,Y)#使用观测样本拟合模型
# 输出训练得到的截距
print('截距:',model.intercept_)
```

5.2.3　非线性回归

线性回归模型在多种分析场景中提供了一个有效且灵活的框架，但其并非适用于所有情形。特别是在工程和自然科学领域，许多情况下自变量与因变量之间的关系可能遵循一些已知的非线性函数。这种情形需要通过非线性回归模型来模拟它们之间的关系。

非线性回归模型的定义：回归系数β对于模型方程来说不是线性的。例如，以下是一个典型的非线性回归模型：

$$\boldsymbol{y}=\beta_1 \mathrm{e}^{\beta_2 x}+b \tag{5-56}$$

非线性回归模型的一般表达式为

$$\boldsymbol{y}=f(\boldsymbol{x},\boldsymbol{\beta})+b \tag{5-57}$$

其中，其中自变量$\boldsymbol{x}=(x_1,x_2,\cdots,x_m)$，回归系数$\boldsymbol{\beta}=(\beta_1,\beta_2,\cdots,\beta_k)$。不同于线性回归模型，$\boldsymbol{x}$和$\boldsymbol{\beta}$的数量没有关联，即$m=k$不一定成立。和线性回归模型类似，误差项$\varepsilon$通常假设其符合均值为0、方差为$\sigma^2$的正态分布的随机变量。

非线性回归模型因变量$\boldsymbol{y}$的期望函数表达为

$$E(\boldsymbol{y}\mid\boldsymbol{x})=E(f(\boldsymbol{x},\boldsymbol{\beta})+b)=f(\boldsymbol{x},\boldsymbol{\beta}) \tag{5-58}$$

非线性回归模型的另一个显著特点是，期望函数关于回归系数$\boldsymbol{\beta}$的导数至少会有一个导数要取决于至少一个回归系数。例如，对于式（5-43）的线性回归模型，其期望函数关于β_0和β_1的偏导为

$$\frac{\partial E(\boldsymbol{y} \mid \boldsymbol{x})}{\partial \beta_0}=1, \frac{\partial E(\boldsymbol{y} \mid \boldsymbol{x})}{\partial \beta_1}=x_1 \tag{5-59}$$

而对于式（5-56）的非线性模型，其期望函数关于β_1和β_2的偏导为

$$\frac{\partial E(\boldsymbol{y} \mid \boldsymbol{x})}{\partial \beta_1}=\mathrm{e}^{\beta_2 \boldsymbol{x}}, \frac{\partial E(\boldsymbol{y} \mid \boldsymbol{x})}{\partial \beta_2}=\boldsymbol{x}\, \beta_1 \mathrm{e}^{\beta_2 \boldsymbol{x}} \tag{5-60}$$

其中，期望函数关于β_1和β_2的偏导都是关于β_1和β_2的函数，该模型是非线性的。

当拥有观测样本并构建好非线性回归模型后，接下来的任务就是求解该模型的回归系数$\boldsymbol{\beta}$。非线性回归模型最常用的求解方法是通过一定的变换将非线性模型变换为线性模型。例如，式（5-56）中，考虑通过对数变换进行线性化处理：

$$\ln \boldsymbol{y}=\ln \beta_1+\beta_2 \boldsymbol{x}+\ln b=\beta'_1+\beta'_2 \boldsymbol{x}+b' \tag{5-61}$$

然后，使用最小二乘法来估计变换后线性回归模型中的β'_1和β'_2。然而，需要注意的是，对线性化后的式（5-61）进行最小二乘估计并不等价于在式（5-56）中直接使用最小二乘法。其原因在于，线性化后的模型［即式（5-61）］通过最小化变量 $\ln \boldsymbol{y}$ 的预测误差平方和，而直接在原始非线性模型（即式（5-56））上应用最小二乘法，则是最小化原始变量 $\boldsymbol{y}$ 的预测误差平方。

此外，一些常见的非线性函数到线性函数的转换见表 5-2。无法使用转换方法解决的非线性回归模型超出本书的范围，读者可自行探索。

表 5-2　常见的非线性函数到线性函数的转换

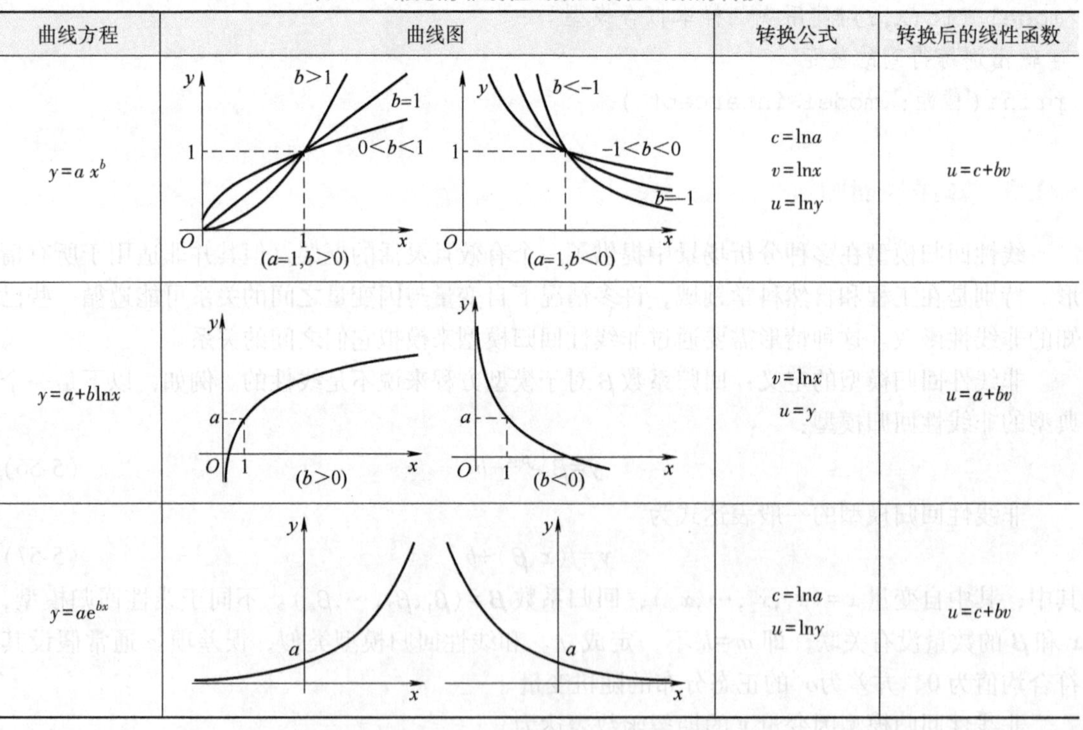

曲线方程	曲线图	转换公式	转换后的线性函数
$y=a\,x^b$	$(a=1,b>0)$：$b>1$，$b=1$，$0<b<1$；$(a=1,b<0)$：$b<-1$，$-1<b<0$，$b=-1$	$c=\ln a$ $v=\ln x$ $u=\ln y$	$u=c+bv$
$y=a+b\ln x$	$(b>0)$；$(b<0)$	$v=\ln x$ $u=y$	$u=a+bv$
$y=a\mathrm{e}^{bx}$		$c=\ln a$ $u=\ln y$	$u=c+bv$

5.2.4　逻辑回归

逻辑回归模型可以被认为就是一个被 sigmoid 函数归一化后的线性回归模型，两者最大的不同在于，线性回归模型的因变量是连续变量，而逻辑回归模型的因变量则是二元分类变

量，即事件发生与否。例如，预测一个二手房是否能够按当前的价格成功售卖。因此，尽管它的名称含有“回归”，逻辑回归实际上是一种分类技术，它的核心在于使用回归分析的框架来估计发生某个事件的概率。

sigmoid 函数是一个形状类似 S 的曲线，能将线性回归模型的输出值转换为介于 0 和 1 之间的概率值。图 5-8 所示为 sigmoid 函数的曲线图像和数学表达式，该激活函数在 $y=0$ 附近非常敏感，在 $y \gg 0$ 或 $y \ll 0$ 处不敏感。

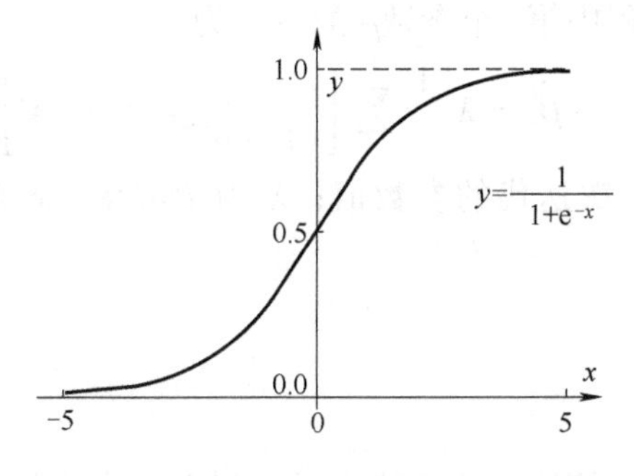

图 5-8　sigmoid 函数曲线

为了更清晰地描述如何构建二分类任务的逻辑回归模型，这里把二分类任务的因变量标记为 0 和 1，逻辑回归模型的条件概率分布表达式为

$$P(y=1 \mid \boldsymbol{x})=\frac{1}{1+e^{-\boldsymbol{\beta}^{\mathrm{T}} x}} \tag{5-62}$$

$$P(y=0 \mid \boldsymbol{x})=1-P(y=1 \mid \boldsymbol{x})=\frac{e^{-\boldsymbol{\beta}^{\mathrm{T}} x}}{1+e^{-\boldsymbol{\beta}^{\mathrm{T}} x}} \tag{5-63}$$

其中，$P(y=1 \mid \boldsymbol{x})$ 表示在给定自变量 $\boldsymbol{x}$ 的条件下，因变量 y 等于 1 的概率。$\boldsymbol{\beta}^{\mathrm{T}}\boldsymbol{x}$ 是线性回归模型的输出结果，向量 $\boldsymbol{\beta}$ 和 $\boldsymbol{x}$ 包含所有的回归系数和自变量。逻辑回归模型根据两个类别概率值大小将样本 $\boldsymbol{x}$ 归为概率值较大的那一类。

当给定一组观测样本 $T=\{(x_1,y_1),(x_2,y_2),\cdots,(x_N,y_N)\}$，其中每个 y_i 的值为 0 或 1，通常采用最大似然估计法来求解模型中的参数 $\boldsymbol{\beta}$。由于观测样本是独立的，所以其似然函数为

$$\begin{aligned} L(y_1,y_2,\cdots,y_N,\boldsymbol{\beta}) &= \prod_{i=1}^{N} P(y=1 \mid x_i)^{y_i} P(y=0 \mid x_i)^{1-y_i} \\ &= \prod_{i=1}^{N}\left(\frac{1}{1+e^{-\boldsymbol{\beta}^{\mathrm{T}} x_i}}\right)^{y_i}\left(\frac{e^{-\boldsymbol{\beta}^{\mathrm{T}} x_i}}{1+e^{-\boldsymbol{\beta}^{\mathrm{T}} x_i}}\right)^{1-y_i} \end{aligned} \tag{5-64}$$

对似然函数取对数，把连乘变成加法，得到对数似然函数：

$$\begin{aligned} \log L(y_1,y_2,\cdots,y_N,\boldsymbol{\beta}) &= \sum_{i=1}^{N}\left[y_i \log\left(\frac{1}{1+e^{-\boldsymbol{\beta}^{\mathrm{T}} x_i}}\right)+(1-y_i)\log\left(\frac{e^{-\boldsymbol{\beta}^{\mathrm{T}} x_i}}{1+e^{-\boldsymbol{\beta}^{\mathrm{T}} x_i}}\right)\right] \\ &= \sum_{i=1}^{N}\left[y_i(\boldsymbol{\beta}^{\mathrm{T}} x_i)-\log(1+e^{\boldsymbol{\beta}^{\mathrm{T}} x_i})\right] \end{aligned} \tag{5-65}$$

接下来把最大化似然函数的目标转换为最小化交叉熵损失函数，并使用梯度下降法来迭代学习目标 $\hat{\boldsymbol{\beta}}$。首先，将对数似然函数取平均，加负号得到交叉熵损失函数：

$$J(\boldsymbol{\beta}) = -\frac{1}{N}\sum_{i=1}^{N}\left[y_i(\boldsymbol{\beta}^{\mathrm{T}}x_i) - \log(1 + \mathrm{e}^{\boldsymbol{\beta}^{\mathrm{T}}x_i})\right] \tag{5-66}$$

然后，通过求损失函数 $J(\boldsymbol{\beta})$ 关于每个参数β_i的偏导数，以找到每个参数梯度下降的方向：

$$\frac{\partial J(\boldsymbol{\beta})}{\partial \beta_j} = \sum_{i=1}^{N}\frac{\partial\left[y_i(\boldsymbol{\beta}^{\mathrm{T}}x_i) - \log(1 + \mathrm{e}^{\boldsymbol{\beta}^{\mathrm{T}}x_i})\right]}{\partial \beta_j} = \frac{1}{N}\sum_{i=1}^{N}\left[\left(\frac{1}{1 + \mathrm{e}^{-\boldsymbol{\beta}^{\mathrm{T}}x_i}} - y_i\right)x_i^j\right] \tag{5-67}$$

因此，梯度下降迭代过程中第 j 个参数β_j的更新为

$$\hat{\beta}_j^{k+1} = \hat{\beta}_j^k - \lambda\frac{1}{N}\sum_{i=1}^{N}\left[\left(\frac{1}{1 + \mathrm{e}^{-\boldsymbol{\beta}^{\mathrm{T}}x_i}} - y_i\right)x_i^j\right] \tag{5-68}$$

其中$\hat{\beta}_j^k$,$\hat{\beta}_j^{k+1}$分别为第 k，$k+1$ 次迭代的参数值；λ 为学习率；x_i^j为与第 j 个参数β_j关联的自变量。

5.3 性能评估指标

前面讨论了各种监督学习算法，这些算法通过利用训练数据集对模型进行训练，从而在这些数据上实现了良好的拟合。然而，这些模型在未知数据上的表现仍是一个未知数。为了评估模型在新数据上的效果，通常会从训练集中分离出一部分未被使用的数据构建验证集（或称测试集）。模型的性能将在这个验证集上进行评估。

值得注意的是，单一的评估指标往往只能反映模型性能的一部分。如果选用了不恰当的评估指标，可能会产生误导性的结论。因此，选择合适的评估指标对于评估特定数据和模型至关重要。本节将详细介绍分类模型和预测模型的主要评估指标。

5.3.1 分类模型评估

在分类任务中，常用的评估指标包括：混淆矩阵、准确率、精确率、召回率、F1 分数、ROC 曲线及 AUC 值。在详细解释这些指标之前，首先介绍几个基本术语。

正元组：当前感兴趣的类别样本。

负元组：除感兴趣类外，其他所有类的样本。

真正例（TP）：被分类器正确预测的正元组。

真负例（TN）：被分类器正确预测的负元组。

假正例（FP）：被分类器错误预测为正元组的负元组。

假负例（FN）：被分类器错误预测为负元组的正元组。

混淆矩阵提供了一种评估分类模型全面性能的方法，并能深入了解模型在各个类别上的具体表现，为模型的优化提供指导。假设一个二分类模型拥有两个类别，其类标号分别为 1 和 0。假设以类标号为 1 的样本为正元组，混淆矩阵见表 5-3。

表 5-3　二分类模型混淆矩阵

实际的类	预测的类	
	1	0
1	TP	FN
0	FP	TN

接下来，基于表 5-2 的混淆矩阵介绍几种常用的评估指标。

准确率（Accuracy）是最直观的全局性能指标，它衡量分类器在给定验证集上所有分类正确的样本占总样本的比例。其计算公式为

$$\text{accuracy}=\frac{\text{TP}+\text{TN}}{\text{TP}+\text{TN}+\text{FP}+\text{FN}} \tag{5-69}$$

精准率（Precision）是针对预测结果的评估指标，它衡量被模型预测为正类中真正为正类的样本比例。其计算公式为

$$\text{precision}=\frac{\text{TP}}{\text{TP}+\text{FP}} \tag{5-70}$$

召回率（Recall）是用于考虑类不平衡问题的局部性能指标，它衡量分类器正确预测的样本占正元组样本总数的比例。其计算公式为

$$\text{recall}=\frac{\text{TP}}{\text{TP}+\text{FN}} \tag{5-71}$$

F1 分数是准确率和召回率的调和平均值。其计算公式为

$$\text{F1}=2\times\frac{\text{accuracy}\times\text{recall}}{\text{accuracy}+\text{recall}}=\frac{2\text{TP}}{2\text{TP}+\text{FP}+\text{FN}} \tag{5-72}$$

ROC 曲线又称接收者操作特征曲线，是一种通过描绘不同阈值下的真正例率（TPR）与假正例率（FPR）之间关系的图形工具。其中，TPR = recall，表示分类器正确分类的正元组占所有正元组的比例；FPR = 1 − TPR，表示分类器正确分类的负元组占所有负元组的比例。为了绘制给定分类模型 $f(x)$ 的 ROC 曲线，模型必须能够返回每个验证集元组的类预测概率。对于二分类问题，选择阈值 t，$f(x)>t$ 的元组为正类，而其他元组为负类。然后通过修改阈值 t 的值，就能够得到 ROC 曲线。

AUC 值是 ROC 曲线下的面积，用以度量分类模型区分正负样本能力的统计指标。AUC 值的范围通常在 0.5（模型随机猜测）到 1.0（模型完美预测）之间。AUC 值越高，表明模型的整体性能越佳，模型能更有效地区分正负样本。

下面通过一个具体的例子讲述 ROC 曲线的绘制过程和 AUC 值的计算方法。

例 5-6　假设有一个数据集，包括患者是否患有某种疾病的实际情况及模型预测的概率。具体数据见表 5-4。

表 5-4　患者实际患病率与预测患病率数据集

患者 ID	实际类别	预测概率	患者 ID	实际类别	预测概率
1	有疾病	0.9	6	无疾病	0.55
2	无疾病	0.85	7	有疾病	0.52
3	无疾病	0.78	8	无疾病	0.4
4	有疾病	0.65	9	有疾病	0.38
5	有疾病	0.6	10	无疾病	0.3

以有疾病类为感兴趣正元组，计算在不同阈值下的真正类率（TPR）和假正类率（FPR）的值。通过连接每个阈值下（FPR,TPR）的点来绘制 ROC 曲线，通过计算 ROC 曲

线与 FPR 坐标轴之间的面积得到 AUC 的值。

使用 sklearn 库中的 roc_ curve 和 roc_ auc_ score 函数和 Matplotlib 库绘制 ROC 曲线和计算 AUC 的值。Python 实现代码如下。

示例代码 5-8

```
import numpy as np
from sklearn.metrics import roc_curve,roc_auc_score
import matplotlib.pyplot as plt
y_true=np.array([1,0,0,1,1,0,1,0,1,0])# 数据准备
y_scores = np.array ([0.90, 0.85, 0.78, 0.65, 0.60, 0.55, 0.52, 0.40, 0.38,
0.30])# 模型预测概率
# 使用 roc_curve 函数计算 ROC 曲线的各个点
fpr,tpr,thresholds=roc_curve(y_true,y_scores)
auc=roc_auc_score(y_true,y_scores)# 计算 AUC 值
# 使用 Matplotlib 绘制 ROC 曲线
plt.figure()
plt.plot(fpr,tpr,color='darkorange',lw=2,label='ROC 曲线(AUC=% 0.2f)'
% auc)
plt.plot([0,1],[0,1],color='navy',lw=2,linestyle='--')
plt.xlim([0.0,1.0])
plt.ylim([0.0,1.05])
plt.xlabel('假正类率')
plt.ylabel('真正类率')
plt.legend(loc="lower right")
plt.show()
```

绘制结果如图 5-9 所示。

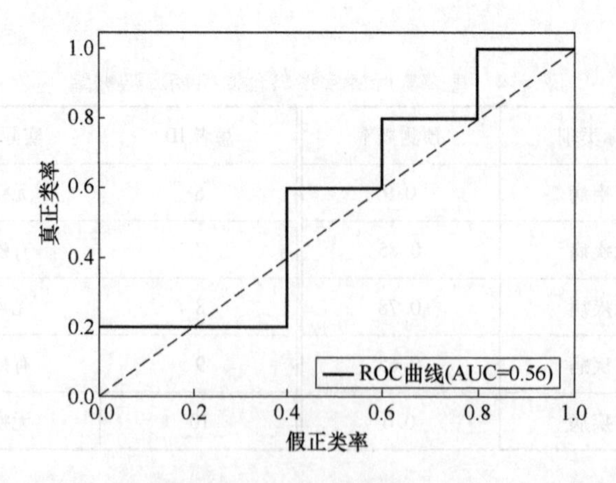

图 5-9　绘制的 ROC 曲线

5.3.2　预测模型评估

在评估回归预测模型时，重点在于量化模型预测值与实际观测值之间的差异。常用的评估指标包括：平均绝对误差、均方误差、均方根误差，以及决定系数和调整后的决定系数。

平均绝对误差（Mean Absolute Error，MAE）是预测误差绝对值的平均值。它给出了模型预测结果偏离真实数据的平均程度，是一个直观的性能指标。MAE 的计算公式为

$$\text{MAE}=\frac{1}{N}\sum_{i=1}^{N}|\hat{y}_i-y_i| \tag{5-73}$$

其中，N 是总验证集样本数量；$\hat{y}_i$是模型对第 i 个样本的预测值，y_i是对应的真实值。

均方误差（Mean Square Error，MSE）衡量预测值与实际值差异的平方的平均值。它是评估模型预测精度的常用指标，尤其关注大的误差。其计算公式为

$$\text{MSE}=\frac{1}{N}\sum_{i=1}^{N}(\hat{y}_i-y_i)^2 \tag{5-74}$$

均方根误差（Root Mean Square Error，RMSE）是 MSE 的平方根，将误差的度量标准化回预测值的原始单位，使得其更容易解释。

这些评估指标各有优势：MSE 的计算简便，但对大误差更为敏感，因此在数据集中如果存在异常点或较大的误差时，MSE 会放大这些误差的影响；相比之下，MAE 对异常点具有更好的鲁棒性，然而，MAE 的一个潜在问题是其更新梯度始终相同，这可能不利于某些优化算法的收敛，特别是在使用神经网络时。

决定系数（R^2）反映了模型预测值与实际值的相关程度。它描述了模型可解释的方差比例。其计算公式为

$$R^2=1-\frac{\sum_{i=1}^{N}(\hat{y}_i-y_i)^2}{\sum_{i=1}^{N}(y_i-\bar{y})^2} \tag{5-75}$$

其中，$\bar{y}$表示 N 个验证集样本统计得到的真实值 y 的均值。分子是模型的残差平方和，反映了模型预测值与实际观察值之间的误差；分母是总平方和，表示所有观察值与其平均值之间的方差。

调整后的决定系数（调整 R^2）考虑了模型中自变量 x 的数量对性能的影响。具体来说，当在回归模型中添加更多的解释变量时，由于模型可以解释更多的方差，因此 R^2 也相应增加。但这并不总意味着模型的预测性能实际提高，因为增加的变量可能是无关紧要的。其计算公式为

$$\text{调整 } R^2=1-\left(\frac{(1-R^2)(N-1)}{N-K-1}\right) \tag{5-76}$$

其中，K 是模型中解释变量的数量。调整后的 R^2 减去了因增加解释变量而无效增加的值，从而提供了一个更公正的模型性能度量标准。

5.4　模型调优

在现代数据挖掘实践中，模型调优扮演着不可或缺的角色。此过程涉及应用一系列精细

化的技术和方法，旨在提升模型在各方面的性能。本节将探讨两种核心的模型调优策略：组合方法，以及针对类别不平衡的优化措施。

5.4.1 组合方法

组合方法，也称为集成学习，通过结合多个模型提高预测的准确性和整体模型的稳定性。这些方法基于一个核心理念：多个协作模型的集成通常能够超越任何单一模型的表现。组合方法主要分为两类：Bagging 和 Boosting。它们各自采用不同的策略来构建和组合模型。

Bagging 的工作原理是并行创建多个模型，每个模型独立地从原始数据集中进行有放回的抽样来进行训练。预测时，所有模型的预测结果通过算术平均（对于回归问题）或多数投票（对于分类问题）的方式结合起来。这种方法通过增加模型的多样性，能够提升模型的稳定性，并减少过拟合的风险。一个典型的例子是随机森林，它使用多棵决策树来达到较强的预测性能和较低的过拟合倾向。

与 Bagging 的并行训练不同，Boosting 采取的是顺序训练策略，其中每个后续模型都致力于纠正前一个模型的预测错误。在 Boosting 中，被前一轮模型误分类的样本会得到更高的权重，这促使算法集中关注难以正确分类的案例。此方法在连续的学习过程中逐步提高整体模型的准确性。梯度提升机是 Boosting 方法中的一种流行技术，它通过优化预测误差的梯度来持续改进模型。

这些集成方法展示了如何从多样化的基模型中汲取优势，以及如何智能地组合这些模型来达到更佳的泛化能力。在实际应用中，选择合适的集成策略可以根据具体问题的需求和数据的特性来决定。

5.4.2 类不平衡优化

在数据挖掘分类任务应用中，研究者经常面临类不平衡问题，即某一类的样本数量可能远多于其他类。这种不平衡现象可能严重影响模型的学习过程，导致模型偏向多数类，从而降低模型的泛化能力，影响实际应用中的公平性。因此，采取有效的类不平衡优化策略是至关重要的。本小节将介绍三种主要的类不平衡处理策略：重采样技术、成本敏感学习和阈值调整。这些策略有助于提高模型在处理不平衡数据时的性能和公平性。

重采样技术是解决类不平衡的基本方法之一，它主要包括过采样和欠采样两种方式。过采样通过复制少数类样本来增加其在数据集中的比例，而欠采样则采用减少多数类样本的数量的方法。这两种方法可以有效地调整类别分布，使得各类别在模型训练过程中更加均衡。然而，这些方法也有其局限性：过采样可能导致模型过拟合，而欠采样可能导致丢失关键信息。因此，在实施重采样时，精确控制样本的选择和处理至关重要。

成本敏感学习提供了一种更为精细化的解决策略。这种方法通过为不同类别的分类错误赋予不同的代价，调整模型对类别的偏好。具体来说，通过提高少数类分类错误的代价，可以使模型在训练过程中更加关注这些类别。这种方法特别适用于那些分类错误代价极高的应用场景，例如医疗诊断领域。

阈值调整也是解决类不平衡的有效策略。在某些情况下，默认的决策阈值（如 0.5）可能不适合所有类别。通过适当调整决策阈值，可以提高模型对少数类的敏感性，从而提升少数类的识别率。这种调整需要根据模型的具体性能指标进行细致优化，确保在提高少数类识别率的同时，不过度牺牲模型的整体精度。

5.5 本章小结

本章详细探讨了数据挖掘中的两项关键技术：分类和回归预测。首先，从分类算法的基本概念出发，依次介绍了决策树分类器、贝叶斯分类法、人工神经网络、支持向量机及文本分类算法。每种方法不仅阐述了其基本原理，还通过具体示例说明了在实际应用中的操作过程；接着，介绍了回归预测算法，从回归分析的基本概念出发，系统地介绍了线性回归、非线性回归和逻辑回归的基本原理及其应用方法。为了全面评估这些分类与回归预测模型的效能，详细介绍了一系列性能评估指标；对于分类任务，涵盖了混淆矩阵、准确率、精确率、召回率、F1 分数、ROC 曲线及 AUC 值；对于回归任务，则包括平均绝对误差、均方误差、均方根误差，以及决定系数和调整后的决定系数。最后，为了进一步优化这些模型，讲述了包括组合方法及针对类不平衡的特定优化策略。这些评估与调优技巧对提升模型的性能至关重要，并且还能显著提高模型在实际数据集中的表现效果。通过本章内容的学习，读者能够更有效地应用这些高级数据挖掘技术，处理复杂的实际问题。

第 6 章　聚类分析

导读

聚类分析是一种探索性数据分析技术，用于发现数据集中的自然分组，而无须预先标注的数据。这种无监督学习技术能够揭示数据的内在规律，为进一步的数据分析和决策提供支持。随着大数据时代的到来，聚类分析在处理和理解大规模数据集方面发挥着越来越重要的作用。聚类分析在数据挖掘中作用是多方面的：在市场营销中，聚类分析用于识别不同的客户群体，实现更精准的市场定位和产品推荐；在社交网络分析中，聚类帮助识别社区结构，理解网络中的信息传播和影响力分布；在生物信息学中，聚类分析用于基因表达数据的分析，以发现具有相似表达模式的基因；在图像处理领域，聚类分析用于图像分割，将像素分组成具有相似颜色或纹理的区域。本章将深入探讨聚类分析的基本原理、算法、性能度量及其在大数据挖掘中的应用。

本章知识点

- 聚类算法的性能指标，包括外部指标和内部指标。
- 基于相似度的距离计算。
- 经典聚类算法，如划分聚类、层次聚类、密度聚类、谱聚类等方法。
- 大数据环境下的聚类算法，包括分布式聚类、在线聚类、高维数据聚类、混合聚类方法、深度聚类、张量聚类。

学习要点

- 理解聚类分析的基本原理，能够描述聚类分析的目的和其在数据挖掘中的作用。
- 掌握聚类性能评估方法，能够使用外部和内部指标评估聚类结果的有效性。
- 掌握不同的聚类算法，能够应用不同的聚类算法解决特定的数据挖掘问题。
- 掌握距离度量和相似度计算，能够选择合适的距离度量方法计算数据点间的相似度。
- 熟悉不同聚类算法的优缺点和局限性。

工程能力目标

实现和优化各种聚类算法，能够评估聚类算法的性能，并调优聚类结果，以适应不同的数据集和业务需求；能够处理大规模数据集的聚类分析。

6.1 大数据聚类分析

在无监督学习中，样本的标记信息（类标号）是未知的，对无标记样本进行学习，以揭示数据内在的模式及规律，为进一步的数据分析提供支撑。在这类无监督学习任务中，最为广泛研究和应用的就是聚类。在大数据时代，数据量、数据类型和数据维度的爆炸式增长对传统聚类算法提出了新的挑战，大数据聚类分析旨在从海量规模、多种形式且高速变化的数据中提取有价值的语义信息。为应对这些挑战，聚类分析在大数据领域需要考虑以下几个方面。

1）可扩展性：算法能够处理大规模数据集，同时保证效率和精度。

2）高维数据处理：算法处理高维数据时需要考虑维数灾难问题，如采取降维或特征选择等方法降低数据维度。

3）数据类型多样性：大数据集通常包含结构化、非结构化和半结构化数据，需要灵活的聚类方法。

4）实时性：在许多应用中，聚类算法需要能够实时处理和分析数据。

“物以类聚”，聚类试图将数据集中的样本划分为不相交的若干个子集，每个子集称为一个簇（Cluster）。通过这样的划分，每个簇可能对应于一些潜在的概念或类别。这些概念对聚类算法而言是未知的，聚类过程仅能自动形成簇结构，簇所对应的概念语义需要由数据分析人员来总结和提炼。

具体来说，假定样本集 $X=\{\boldsymbol{x}_1,\boldsymbol{x}_2,\cdots,\boldsymbol{x}_N\}$ 包含 N 个无标记样本，每个样本 $\boldsymbol{x}_i=[x_{i1},x_{i2},\cdots,x_{iD}]$ 都是一个 $\boldsymbol{D}$ 维特征向量。聚类算法将样本集 X 划分为 K 个不相交的簇 $\{C_l \mid l=1,2,\cdots,K\}$，其中 $C_{l'}\overset{l'\neq l}{\cap}C_l=\varnothing$ 且 $D=\bigcup_{l=1}^{K}C_l$。相应地，用 $\lambda_j\in\{1,2,\cdots,K\}$ 表示样本 $\boldsymbol{x}_j$ 的簇标记，即 $\boldsymbol{x}_j\in C_{\lambda_j}$。聚类的结果可用包含 N 个元素的簇标记向量 $\boldsymbol{\lambda}=[\lambda_1,\lambda_2,\cdots,\lambda_N]$ 表示。

聚类既能作为一个独立过程以找寻数据内在的分布结构，也可作为其他学习任务的前驱过程。在数据挖掘中，大数据聚类分析旨在处理海量数据并从中发现隐藏的模式和结构。大数据聚类分析能够帮助企业和研究机构有效地理解数据集的组织结构，发现数据之间的关联性和相似性，为业务决策提供支持。

基于不同的学习策略，研究人员设计出多种类型的聚类算法。本章后面将对各种典型算法进行介绍。但在此之前，先介绍聚类算法设计的性能度量和距离计算两个基本概念。

6.2 性能度量

聚类算法的性能度量，也被称为聚类算法的“有效性指标”。类似于监督学习中的性能度量，对于聚类结果，需要通过某种性能度量来评估其优劣。如果确定了最终要使用的性能度量方法，那么可以直接将其作为聚类过程的优化目标，从而使聚类算法获得符合要求的聚类结果。

聚类的本质结果表现为样本集 X 被划分为若干互不相交的子集，即样本簇。同一簇的样本彼此相似度较高，不同簇的样本相似度较低。换句话说，好的聚类结果应该具有高的簇内相似度和低的簇间相似度。聚类性能度量通常分为两类：一类是将聚类结果与某个“参考模型”（Reference Model）进行比较，称为“外部指标”（External Index）；另一类是直接评估聚类结果而不依赖于任何参考模型，称为“内部指标”（Internal Index）。

6.2.1 外部指标

对于数据集 $X=\{\boldsymbol{x}_1,\boldsymbol{x}_2,\cdots,\boldsymbol{x}_N\}$，聚类算法给出的簇划分为 $C=\{C_1,C_2,\cdots,C_K\}$，参考模型给出的簇划分为 $C^*=\{C_1^*,C_2^*,\cdots,C_S^*\}$。相应的，令 $\boldsymbol{\lambda}$ 与 $\boldsymbol{\lambda}^*$ 分别表示与 C 和 C^* 对应的簇标记向量。考虑将样本两两配有如下定义：

$$\mathrm{SS}=|\{(\boldsymbol{x}_i,\boldsymbol{x}_j)\mid\lambda_i=\lambda_j,\lambda_i^*=\lambda_j^*,i<j\}| \tag{6-1}$$

$$\mathrm{SD}=|\{(\boldsymbol{x}_i,\boldsymbol{x}_j)\mid\lambda_i=\lambda_j,\lambda_i^*\neq\lambda_j^*,i<j\}| \tag{6-2}$$

$$\mathrm{DS}=|\{(\boldsymbol{x}_i,\boldsymbol{x}_j)\mid\lambda_i\neq\lambda_j,\lambda_i^*=\lambda_j^*,i<j\}| \tag{6-3}$$

$$\mathrm{DD}=|\{(\boldsymbol{x}_i,\boldsymbol{x}_j)\mid\lambda_i\neq\lambda_j,\lambda_i^*\neq\lambda_j^*,i<j\}| \tag{6-4}$$

其中，集合 SS 表示在 C 中隶属于相同簇且在 C^* 中也隶属于相同簇的样本对，集合 SD 表示在 C 中隶属于相同簇但在 C^* 中隶属于不同簇的样本。且每个样本对（$\boldsymbol{x}_i$，$\boldsymbol{x}_j$），$i<j$ 仅能出现在一个集合中，因此有 $\mathrm{SS}+\mathrm{SD}+\mathrm{DS}+\mathrm{DD}=N(N-1)/2$ 成立。

根据式（6-1）和式（6-2）可推导出下面三种常用的聚类性能度量外部指标。

1. Jaccard 系数（Jaccard Coefficient，JC），计算公式为

$$\mathrm{JC}=\frac{\mathrm{SS}}{\mathrm{SS}+\mathrm{SD}+\mathrm{DS}} \tag{6-5}$$

2. FM 指数（Fowlkes and Mallows Index，FMI），计算公式为

$$\mathrm{FMI}=\sqrt{\frac{\mathrm{SS}}{\mathrm{SS}+\mathrm{SD}}\times\frac{\mathrm{SS}}{\mathrm{SS}+\mathrm{DS}}} \tag{6-6}$$

3. Rand 指数（Rand Index，RI），计算公式为

$$\mathrm{RI}=\frac{2(\mathrm{SS}+\mathrm{DD})}{N(N-1)} \tag{6-7}$$

显而易见，上述性能度量的外部指标的结果均值在[0,1] 区间，且结果越趋近于 1 表示性能越好。

6.2.2 内部指标

考虑聚类结果的簇划分 $C=\{C_1,C_2,\cdots,C_K\}$，有如下定义：

$$\mathrm{avg}(C)=\frac{2}{|C|(|C|-1)}\sum_{1\leqslant i<j\leqslant|C|}d(\boldsymbol{x}_i,\boldsymbol{x}_j) \tag{6-8}$$

$$\mathrm{diam}(C)=\max_{1\leqslant i<j\leqslant|C|}d(\boldsymbol{x}_i,\boldsymbol{x}_j) \tag{6-9}$$

$$d_{\min}(C_i,C_j)=\min_{1\leqslant i<j\leqslant |C|} d(\boldsymbol{x}_i,\boldsymbol{x}_j) \tag{6-10}$$

$$d_{\text{cen}}(C_i,C_j)=d(\boldsymbol{\mu}_i,\boldsymbol{\mu}_j) \tag{6-11}$$

其中，$d(\cdot,\cdot)$ 表示样本 $\boldsymbol{x}_i$ 和样本 $\boldsymbol{x}_j$ 的距离；$\boldsymbol{\mu}$ 表示簇 C 的中心点 $\boldsymbol{\mu}=\frac{1}{|C|}\sum_{1\leqslant i\leqslant |C|}\boldsymbol{x}_i$；$\text{avg}(C)$ 表示簇 C 内样本的平均距离；$\text{diam}(C)$ 为簇 C 内样本间的最远距离；$d_{\min}(C_i,C_j)$ 为簇 C_i 和簇 C_j 最近样本间的距离；$d_{\text{cen}}(C_i,C_j)$ 为簇 C_i 和簇 C_j 中心点间的距离。

根据式（6-8）和式（6-11）可推导出下面两种常用的聚类性能度量内部指标。

1. DB 指数（Davies-Bouldin Index，DBI），计算公式为

$$\text{DBI}=\frac{1}{K}\sum_{i=1}^{K}\max_{j\neq i}\left(\frac{\text{avg}(C_i)+\text{avg}(C_j)}{d_{\text{cen}}(\boldsymbol{\mu}_i,\boldsymbol{\mu}_j)}\right) \tag{6-12}$$

2. Dunn 指数（Dunn Index，DI），计算公式为

$$\text{DI}=\min_{1\leqslant i\leqslant K}\left\{\min_{j\neq i}\left(\frac{d_{\min}(C_i,C_j)}{\max_{1\leqslant l\leqslant K}\text{diam}(C_l)}\right)\right\} \tag{6-13}$$

显而易见，DBI 的值越小越好，而 DI 的值越大越好。

6.3 距离计算

给定样本 $\boldsymbol{x}_i=(x_{i1},x_{i2},\cdots,x_{iD})$ 与 $x_j=(x_{j1},x_{j2},\cdots,x_{jD})$，常用的闵可夫斯基距离（Minkowski Distance）计算公式为

$$d_{\text{mk}}(\boldsymbol{x}_i,\boldsymbol{x}_j)=\left(\sum_{u=1}^{N}|x_{iu}-x_{ju}|^p\right)^{\frac{1}{p}} \tag{6-14}$$

当 $p=2$ 时，闵可夫斯基距离即为欧氏距离（Euclidean Distance）：

$$d_{\text{ed}}(\boldsymbol{x}_i,\boldsymbol{x}_j)=\|\boldsymbol{x}_i-\boldsymbol{x}_j\|_2=\sqrt{\sum_{u=1}^{N}|x_{iu}-x_{ju}|^2} \tag{6-15}$$

当 $p=1$ 时，闵可夫斯基距离即为曼哈顿距离（Manhattan Distance）：

$$d_{\text{man}}(\boldsymbol{x}_i,\boldsymbol{x}_j)=\|\boldsymbol{x}_i-\boldsymbol{x}_j\|_1=\sum_{u=1}^{N}|x_{iu}-x_{ju}| \tag{6-16}$$

需要注意的是，通常基于某种形式的距离来定义“相似度度量”（Similarity Measure），距离越大，相似度越小。然而，用于相似度度量的距离未必一定要满足距离度量的可传递性，即不满足三角不等式（$d(\boldsymbol{x}_i,\boldsymbol{x}_K)\leqslant d(\boldsymbol{x}_i,\boldsymbol{x}_j)+d(\boldsymbol{x}_j,\boldsymbol{x}_K)$）。

6.4 聚类算法

6.4.1 划分聚类算法

划分聚类也称“原型聚类”，在现实聚类任务中极为常用。划分聚类通常需要事先指定聚类的数量，然后对其进行迭代求解。不同的划分聚类算法采用不同的原型表示、不同的求解方式。下面介绍划分聚类算法中经典的 k 均值聚类（k-means）算法。

k 均值聚类算法的优点是简单易实现、速度较快，适用于大规模数据集。给定样本集

$X=\{\boldsymbol{x}_1,\boldsymbol{x}_2,\cdots,\boldsymbol{x}_N\}$，k 均值聚类算法通过最小化平方误差来对聚类所得的簇划分结果 $C=\{C_1,C_2,\cdots,C_k\}$ 进行优化。

$$E=\sum_{i=1}^{k}\sum_{\boldsymbol{x}_i\in C_i}\|\boldsymbol{x}_i-\boldsymbol{u}\|_2^2 \tag{6-17}$$

其中，$\boldsymbol{u}_i=\frac{1}{|C_i|}\sum_{\boldsymbol{x}_i\in C_i}\boldsymbol{x}_i$ 是簇C_i的均值向量。直观来看，式（6-17）在一定程度上刻画了簇内样本围绕簇均值向量的紧密程度。E 的值越小，簇内样本的相似度越高。

最小化式（6-17）并不容易，要找到它的最优解，需要考察样本集 D 的所有可能的簇划分，这是一个 NP 困难问题。因此，k 均值聚类算法采用了贪心策略，通过迭代优化来近似求解式（6-17）。算法流程如算法 6-1 所示，其中第 1 行对均值向量进行了初始化，在第 4~8 行和第 9~16 行依次对当前簇划分及均值向量进行迭代更新，若迭代更新后聚类结果保持不变，则在返回当前簇划分结果。

算法 6-1　k 均值聚类算法

输入：样本集 $D=\{x_1,x_2,\cdots,x_N\}$；聚类簇数 k

过程：

1　从 D 中随机选择 k 个样本作为初始均值向量 $\{u_1,u_2,\cdots,u_K\}$
2　Repeat
3　令 $C_i=\varnothing(1\leqslant i\leqslant K)$
4　**for** $j=1,2,\cdots,N$ **do**
5　计算样本 x_j 与各均值向量 $u_i(1\leqslant i\leqslant K)$ 的距离：$d_{ji}=\|x_j-u_i\|_2$
6　根据距离最近的均值向量确定 x_j 的簇标记：$\lambda_j=\arg\min_{i\in\{1,2,\cdots,K\}}d_{ji}$
7　将样本 x_j 划入相应的簇：$C_{\lambda_j}=C_{\lambda_j}\cup\{x_j\}$
8　**end for**
9　**for** $i=1,2,\cdots,k$ **do**
10　　计算新均值向量：$u_i'=\frac{1}{|C_i|}\sum_{x_j\in C_i}x_i$
11　　**if** $u_i'\neq u_i$ **then**
12　　　　将当前均值向量 u_i 更新为 u_i'
13　　**else**
14　　　　保持当前均值向量不变
15　　**end if**
16　**end for**
17　**until** 当前均值向量均为更新

输出：簇划分 $C=\{C_1,C_2,\cdots,C_k\}$

下面通过一个例子展示 k 均值聚类算法在图像分割任务上的简单应用如图 6-1a 所

示，一张100×100像素的JPEG图片展示了一只遥望大海的小狗，每个像素可以表示为一个三维向量，分别对应JPEG图像中的红色、绿色和蓝色通道。采用k均值聚类算法迭代20次对图像进行分割，可以有效地区分出图像中的前景区域（小狗）和三个背景区域，从而实现图像区域的自动分割。

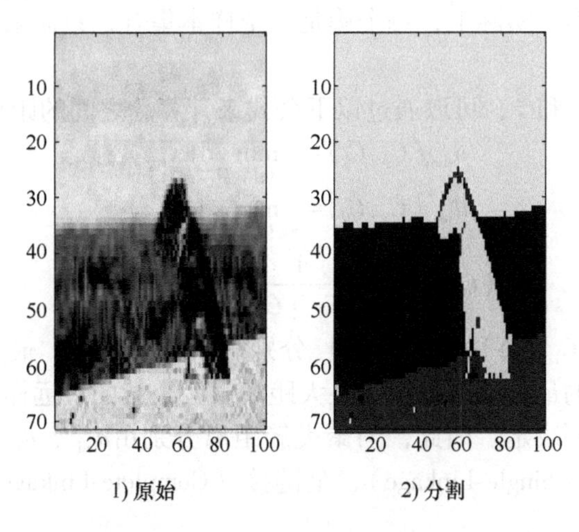

图6-1 采用k均值聚类算法对图像进行分割

k均值聚类算法的示例实现代码如下。

示例代码6-1

```
def k_means(X,k,max_iters=100,tol=1e-4):
    centroids=X[np.random.choice(X.shape[0],k,replace=False)
    for_in range(max_iters):
        distances=np.zeros((X.shape[0],k))
        for i in range(k):
            distances[:,i]=np.linalg.norm(X-centroids[i],axis=1)
        labels=np.argmin(distances,axis=1)
        new_centroids=np.zeros((k,X.shape[1]))
        for i in range(k):
            new_centroids[i]=np.mean(X[labels==i],axis=0)
        if np.all(np.abs(new_centroids-centroids)<tol):
            break
        centroids=new_centroids
    return labels,centroids
```

6.4.2 层次聚类算法

层次聚类（Hierarchical Clustering）试图在不同层次上对数据集进行划分，从而形成树状的聚类结构。采用层次聚类算法的数据集的划分可以采用“自底向上”的聚合策略，也可以采用“自顶向下”的分拆策略。

AGNES（Agglomerative Nesting）是一种采用自底向上聚合策略的经典层次聚类算法。它首先将数据集中的每个样本视为一个初始聚类簇，然后在算法运行的每一步中找出距离最近的两个聚类簇进行合并。这个过程不断重复，直到达到预设的聚类簇个数。这里的关键是如何计算聚类簇之间的距离。实际上，每个簇是一个样本集合，只需采用关于集合的某种距离即可。

例如，给定聚类簇C_i和C_j，可以通过以下公式来计算簇之间的距离。

$$d_{\min}(C_i,C_j)=\min_{x\in C_i,z\in C_j}\mathrm{d}(x,z) \tag{6-18}$$

$$d_{\max}(C_i,C_j)=\max_{x\in C_i,z\in C_j}\mathrm{d}(x,z) \tag{6-19}$$

$$d_{\mathrm{avg}}(C_i,C_j)=\frac{1}{|C_i||C_j|}\sum_{x\in C_i}\sum_{z\in C_j}d(x,z) \tag{6-20}$$

其中，$d_{\min}(C_i、C_j)$、$d_{\max}(C_i,C_j)$和$d_{\mathrm{avg}}(C_i,C_j)$分别表示最小距离、最大距离和平均距离。显然，最小距离由两个簇的最近样本决定，最大距离由两个簇的最远样本决定，而平均距离则由两个簇的所有样本共同决定。因此，当聚类簇距离分别由$d_{\min}$、$d_{\max}$或d_{avg}计算时，AGNES算法被分别称为单链接（Single-Linkage）、全链接（Complete-Linkage）和均链接（Average-Linkage）算法。

AGNES算法的描述如算法6-2所示。在第1~9行，首先初始化仅包含一个样本的初始聚类簇和相应的距离矩阵；在第11~23行，AGNES不断合并距离最近的聚类簇，并更新合并后得到的聚类簇的距离矩阵。上述过程不断重复，直至达到预设的聚类簇数。

算法6-2　AGNES算法

输入： 样本集 $X=\{x_1,x_2,\cdots,x_N\}$；聚类簇距离度量函数 d；聚类簇数 k

过程：

1　**for** j=1,2,⋯,N **do**
2　　$C_j=\{x_j\}$
3　**endfor**
4　**for** i=1,2,⋯,N **do**
5　　　**for** j=1,2,⋯,N **do**
6　　　　$M(i,j)=d(C_i,C_j)$
7　　　　$M(j,i)=M(i,j)$
8　　　**end for**
9　**end for**
10　设置当前聚类个数：q=N
11　**while** q>k **do**
12　　　找出距离最近的两个聚类簇C_{i^*}和C_{j^*}
13　　　合并C_{i^*}和C_{j^*}：$C_{i^*}=C_{i^*}\cup C_{j^*}$
14　　　**for** $j=j^*+1,j^*+2,\cdots,q$ **do**
15　　　　　将聚类簇C_j重新编号为C_{j-1}

16	**endfor**
17	删除距离矩阵 M 的第j^*行和第j^*列
18	**for** $j=1,2,\cdots,q-1$ **do**
19	$M(i^*,j)=d(C_{i^*},C_j)$
20	$M(j,i^*)=M(i^*,j)$
21	**endfor**
22	$q=q-1$
23	**endwhile**
	输出：簇划分 $C=\{C_1,C_2,\cdots,C_k\}$

鸢尾花数据集是机器学习和统计学中最经典的数据集之一，包含了来自三个不同种类的鸢尾花（变色鸢尾、山鸢尾和维吉尼亚鸢尾）的样本数据。数据集的特征包括鸢尾花的萼片长度、萼片宽度、花瓣长度和花瓣宽度。每个样本都有这四个数值特征，总计 150 个样本。采用 AGNES 算法在鸢尾花数据集上实现简单聚类应用，聚类结果如图 6-2 所示。

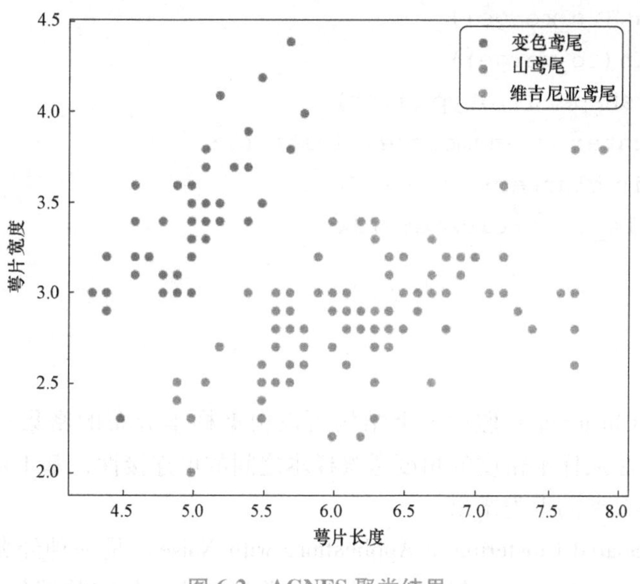

图 6-2　AGNES 聚类结果

图 6-2 彩图

AGNES 算法的示例实现代码如下。

示例代码 6-2

```
def agnes(X,k):
    clusters=[[i] for i in range(X.shape[0])]
    distances=np.zeros((X.shape[0],X.shape[0]))
    for i in range(X.shape[0]):
        for j in range(i+1,X.shape[0]):
```

```
        distances[i,j]=np.linalg.norm(X[i]-X[j])
        distances[j,i]=distances[i,j]
    while len(clusters)>k:
        min_dist=float('inf')
        to_merge=(0,0)
        for i in range(len(clusters)):
            for j in range(i+1,len(clusters)):
                dist=np.min([distances[p1,p2] for p1 in clusters[i] for
p2 in clusters[j]])
                if dist<min_dist:
                    min_dist=dist
                    to_merge=(i,j)
        new_cluster=clusters[to_merge[0]]+clusters[to_merge[1]]
        clusters.append(new_cluster)
        clusters.pop(max(to_merge))
        clusters.pop(min(to_merge))
    labels=np.zeros(X.shape[0],dtype=int)
    for cluster_idx,cluster in enumerate(clusters):
        for sample_idx in cluster:
            labels[sample_idx]=cluster_idx
    return labels
```


6.4.3 密度聚类算法

密度聚类（Density-based Clustering）假设聚类结构可以根据样本分布的密集程度来确定。通常情况下，密度聚类算法从样本密度的角度考察样本之间的可连接性，基于可连接样本不断扩展聚类簇，从而获得最终的聚类结果。

DBSCAN（Density-Based Spatial Clustering of Applications with Noise）是一种经典的密度聚类算法，利用一组邻域参数（ε,MinPts）刻画样本分布的紧密程度。给定数据集 $X=\{\boldsymbol{x}_1,\boldsymbol{x}_2,\cdots,\boldsymbol{x}_N\}$，定义以下几个概念。

1. ε-邻域：对于 $\boldsymbol{x}_j\in X$，其 ε-邻域包含样本集 X 中与 $\boldsymbol{x}_j$ 的距离不大于 ε 的样本，即 $N_\varepsilon(\boldsymbol{x}_j)=\{\boldsymbol{x}_i\in X\mid d(\boldsymbol{x}_i,\ \boldsymbol{x}_j)\leqslant\varepsilon\}$。

2. 核心对象（Core Object）：若 $\boldsymbol{x}_j$ 的 ε-邻域至少包含 MinPts 个样本，即 $|N_\varepsilon(\boldsymbol{x}_j)|\geqslant$ MinPts，则 $\boldsymbol{x}_j$ 是一个核心对象。

3. 密度直达（Directly Density-reachable）：若 $\boldsymbol{x}_j$ 位于 $\boldsymbol{x}_i$ 的 ε-邻域中，且 $\boldsymbol{x}_i$ 是核心对象，则称 $\boldsymbol{x}_j$ 由 $\boldsymbol{x}_i$ 密度直达。

4. 密度可达（Density-reachable）：对于样本 $\boldsymbol{x}_i$ 和 $\boldsymbol{x}_j$，若存在样本序列 $\boldsymbol{p}_1,\boldsymbol{p}_2,\cdots,\boldsymbol{p}_n$，其中 $\boldsymbol{p}_1=\boldsymbol{x}_i$，$\boldsymbol{p}_n=\boldsymbol{x}_j$，且 $\boldsymbol{p}_{i+1}$ 由 $\boldsymbol{p}_i$ 密度直达，则称 $\boldsymbol{x}_j$ 由 $\boldsymbol{x}_i$ 密度可达。

5. 密度相连（Density-connected）：对于样本 $\boldsymbol{x}_i$ 和 $\boldsymbol{x}_j$，若存在样本 $\boldsymbol{x}_k$，使得 $\boldsymbol{x}_i$ 和 $\boldsymbol{x}_j$ 均由 $\boldsymbol{x}_k$ 密度可达，则称 $\boldsymbol{x}_i$ 和 $\boldsymbol{x}_j$ 密度相连。

图 6-3 展示出了上述几个概念。虚线显示的是 ε-邻域，$\boldsymbol{x}_1$ 是核心对象，$\boldsymbol{x}_2$ 由 $\boldsymbol{x}_1$ 密度直达，$\boldsymbol{x}_3$ 由 $\boldsymbol{x}_1$ 密度可达，$\boldsymbol{x}_3$ 和 $\boldsymbol{x}_4$ 密度相连。

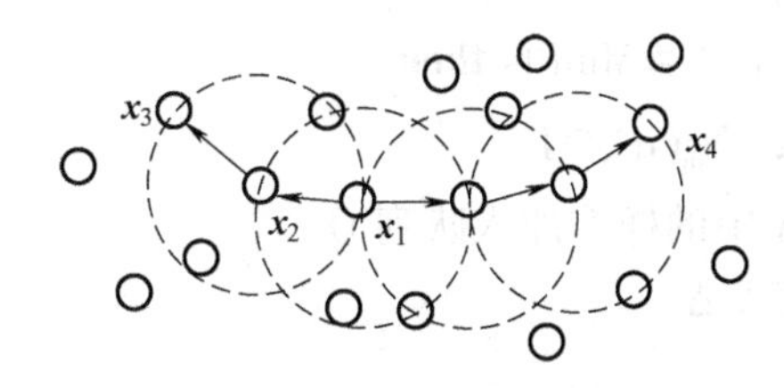

图 6-3　DBSCAN 的基本概念（MinPts = 3）

根据上述概念，DBSCAN 将“簇”定义为：由密度可达关系形成的最大的密度相连样本集合。从形式上来说，给定邻域参数（ε, MinPts），簇 $C \subseteq D$ 是满足以下性质的非空样本子集：

连接性(Connectivity)：$\boldsymbol{x}_i \in C, \boldsymbol{x}_j \in C, \Rightarrow \boldsymbol{x}_i$ 与 $\boldsymbol{x}_j$ 密度相连。

最大性(Maximality)：$\boldsymbol{x}_i \in C, \boldsymbol{x}_j$ 由 $\boldsymbol{x}_i$ 密度可达 $\Rightarrow \boldsymbol{x}_j \in C$。

实际上，若 $\boldsymbol{x}$ 为核心对象，由其密度可达的所有样本组成的集合记为 $X = \{\boldsymbol{x}' \in D \mid \boldsymbol{x}'$ 由 $\boldsymbol{x}$ 密度可达$\}$。不难证明，集合 X 满足连接性与最大性，因此构成一个簇。

DBSCAN 算法的实现如算法 6-3 所示。首先从数据集中任选一个核心对象作为“种子”（Seed），然后从该核心对象出发确定相应的聚类簇。在第 1～第 7 行，根据给定的邻域参数（ε, MinPts）找出所有核心对象；在第 10～第 24 行，以任意一个核心对象为起点，找出所有由其密度可达的样本，生成聚类簇；重复上述步骤直到所有核心对象都被访问过为止。

算法 6-3　DBSCAN 算法

输入：样本集 $X = \{x_1, x_2, \cdots, x_N\}$；邻域参数（ε, MinPts）

过程：

1　初始化核心对象集合：$\Omega = \varnothing$

2　**for** $j = 1, 2, \cdots, N$ **do**

3　　确定样本 x_j 的 ε-邻域 $N_\varepsilon(x_j)$

4　　**if** $|N_\varepsilon(x_j)| \geqslant MinPts$ **then**

5　　　将样本 x_j 加入核心对象集合 $\Omega = \Omega \cup \{x_j\}$

6　　**endif**

7　**endfor**

8　初始化聚类簇数：$k = 0$

9　初始化为访问样本集合：$\Gamma = D$

10　**while** $\Omega = \varnothing$ **do**

11　　记录当前未访问样本集合：$\Gamma_{old} = \Gamma$

12　　随机选取一个核心对象 $o \in \Omega$，初始化队列 $Q=<o>$
13　　$\Gamma=\Gamma \setminus \{o\}$
14　　**while** $Q \neq \varnothing$ **do**
15　　　　取出队列 Q 中的收个样本 q
16　　　　**if** $|N_\varepsilon(q)| \geqslant MinPts$ **then**
17　　　　　　令 $\Delta=N_\varepsilon(q) \cap \Gamma$
18　　　　　　将 Δ 中的样本加入队列 Q
19　　　　　　$\Gamma=\Gamma \setminus \Delta$
20　　　　**endif**
21　　**endwhile**
22　　$k=k+1$，生成聚类簇数 $C_k=\Gamma_{old} \setminus \Gamma$
23　　$\Omega=\Omega \setminus C_k$
24 **endwhile**
输出：簇划分 $C=\{C_1, C_2, \cdots, C_k\}$

下面采用 DBSCAN 算法实现在鸢尾花数据集上的简单聚类应用，聚类结果如图 6-4 所示，实现代码如下。

示例代码 6-3

```
def dbscan(X,epsilon,MinPts):
    labels=np.full(X.shape[0],-1)
    cluster_id=0
    def region_query(point_idx):
        neighbors=[]
        for i in range(X.shape[0]):
            if np.linalg.norm(X[point_idx]-X[i])<=epsilon:
                neighbors.append(i)
        return neighbors
    def expand_cluster(point_idx,neighbors):
        nonlocal cluster_id
        labels[point_idx]=cluster_id
        i=0
        while i<len(neighbors):
            neighbor_idx=neighbors[i]
            if labels[neighbor_idx]==-1:
                labels[neighbor_idx]=cluster_id
            elif labels[neighbor_idx]==0:
                labels[neighbor_idx]=cluster_id
```

```
            new_neighbors=region_query(neighbor_idx)
            if len(new_neighbors)>=MinPts:
                neighbors+=new_neighbors
        i+=1
for point_idx in range(X.shape[0]):
    if labels[point_idx] ! =-1:
        continue
    neighbors=region_query(point_idx)
    if len(neighbors)<MinPts:
        labels[point_idx]=-1
    else:
        cluster_id+=1
        expand_cluster(point_idx,neighbors)
return labels
```

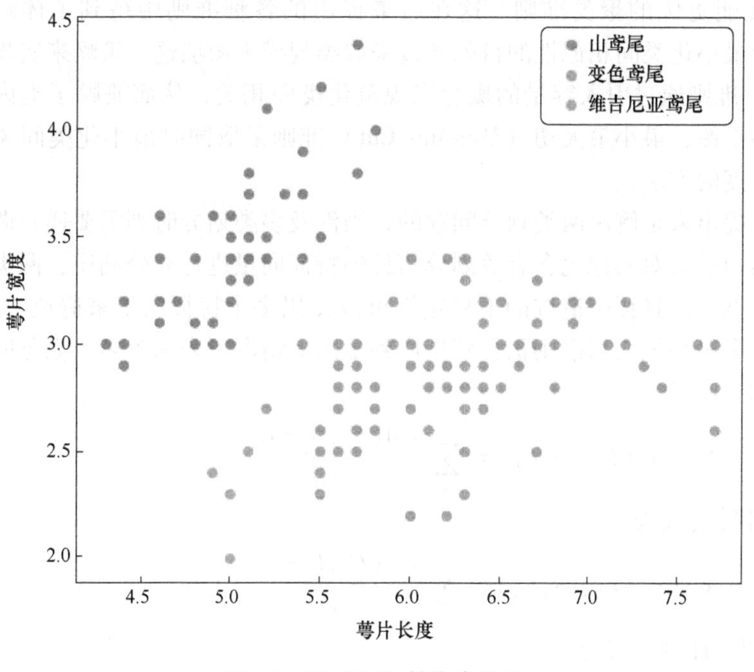

图 6-4 DBSCAN 的聚类结果

图 6-4 彩图

6.4.4 谱聚类算法

谱聚类（Spectral Clustering）是源于谱图划分理论的高性能聚类算法，它通过对无向图的多路划分来解决数据聚类问题。给定无向图 $G(V,E)$，顶点 V 看作数据点，边权重集合 $E=\{W_{ij}\}$ 是基于某种相似性度量准则获得的两点间的相似性，邻接矩阵 $\boldsymbol{W}$ 表示待聚类数据点间的相似性，其包含了聚类所需的所有信息。通过优化划分准则来达到类内相似性最大且类间相似性最小的目的。

最小切（Min-Cut）准则是最早被提出用于谱图划分的，其目的就是将邻接图划分成两个子图（A,B）并使得子图间的连接权值之和最小，这就是所谓的最小切：$\min \text{cut}(A,B)$。可以用如下指示变量来表示图的两划分（A,B）：

$$p_i=\begin{cases}+1 & \text{if} \quad x_i \in A \\ -1 & \text{if} \quad x_i \in B\end{cases} \tag{6-21}$$

$\boldsymbol{p}$ 为学习向量，最小化 $f(\boldsymbol{p})=\sum_{i,j\in V} w_{ij}(p_i-p_j)^2$ 等价于寻找最优的最小切。把整数规划问题转化成求解二次规划 $f(\boldsymbol{p})=\boldsymbol{p}^{\mathrm{T}}\boldsymbol{L}\boldsymbol{p}$，可通过将 p 放松到连续值来实现，其中 $\boldsymbol{D}$ 表示对角矩阵，$\boldsymbol{D}-\boldsymbol{P}$ 表示拉普拉斯矩阵 $\boldsymbol{L}$，$D_i=\sum_{j\in V} W_{ij}$ 表示对角元素。从而 $\boldsymbol{L}$ 的第二个最小特征值 λ_2 对应的特征向量成为此问题的最优解 Fiedler 向量 $\boldsymbol{p}$。通过选择合适的值对 $\boldsymbol{p}$ 进行两类划分来得到图的最终划分。

简单的最小切准则由于没有考虑每个聚类内部的密度而仅关注聚类的外部关联，从而没有对类规模进行限制，最终容易产生歪斜划分的情况。为了避免发生歪斜划分，引入不同的平衡条件，从而获得性能更优的聚类准则。这在后来提出的各种准则中得到了体现：率切（Ratio-Cut）准则中最小化类间相似性的目的通过采取类规模平衡项这一策略来实现；规范切（Normalized-Cut）准则通过引入容量的概念来规范化类间相关，从而兼顾了类内关联强度和类间关联强度的平衡；最小最大切（Min-Max-Cut）准则采取同时最小化类间关联强度和最大化类内关联强度的方法。

谱聚类方法最早被提出来是解决两类划分问题的，当涉及多类划分时则需要递归调用两类划分方法来实现。然而没有对其他包含有效划分信息的特征向量进行充分利用，两类划分方法不稳定且计算效率低。信息损失造成的不稳定性可以使用多个特征向量来避免。所以，率切准则、规范切准则和最小最大切准则被分别推广到多路的情况下来求解多类划分问题。

1. 多路率切，计算公式为

$$\text{MRCut}(C_1,\cdots,C_K)=\sum_k \frac{\text{cut}(C_k,G-C_k)}{|C_k|} \tag{6-22}$$

2. 多路规范切，计算公式为

$$\text{MNCut}(C_1,\cdots,C_K)=\sum_k \frac{\text{cut}(C_k,G-C_k)}{d_k} \tag{6-23}$$

3. 多路最小最大切，计算公式为

$$\text{MMMCut}(C_1,\cdots,C_K)=\sum_k \frac{\text{cut}(C_k,G-C_k)}{\text{cut}(C_k,C_k)} \tag{6-24}$$

最小化多路切划分准则是一个 NP 困难问题，其近似解只能在放松后的实数域内求得。多路最小最大切准则和规范切准则具有谱放松解。相关文献中已经证明，由前 k 个特征向量组成的子空间构成了划分准则的谱放松逼近解。为了从特征向量中获得离散解，通常需要在这个 k 维子空间中将特征向量看作一个点集的几何坐标，然后利用如 k 均值聚类、穷举搜索法或动态规划等各种启发式聚类方法在这个新的坐标点集上找到原始数据样本集最终的划分结果。

通过对经典谱算法原理的深入了解，它们都包含预处理、谱映射和后处理三个部分。而它们彼此之间的差异之处在于，如何构造相似性矩阵、选择什么样的谱放松方法、使用哪些矩阵特征向量和怎样利用特征向量求得聚类的最终划分。

谱聚类算法流程如算法 6-4 所示。在第 6 行，在归一化后的特征矩阵上应用 k-means 聚类算法，反复调整直到聚类结果收敛。最终，输出 k 个聚类簇的结果。

算法 6-4 谱聚类算法

输入： 样本集 $D=\{x_1,x_2,\cdots,x_N\}$；聚类簇数 k

算法步骤：

步骤 1 计算数据样本集 D 的相似度矩阵 $\boldsymbol{W}$

$$W_{ij}=\exp\left(\frac{-\|x_i-x_j\|^2}{2\sigma^2}\right),i\neq j,W_{ii}=0;i,j=1,2,\cdots,N;$$

步骤 2 计算拉普拉斯矩阵 $\boldsymbol{L}$

$$\boldsymbol{L}=\boldsymbol{S}-\boldsymbol{W}(\boldsymbol{S}\text{ 为度矩阵})$$

步骤 3 求解拉普拉斯矩阵 $\boldsymbol{L}$ 的特征值和特征向量

步骤 4 选择前 k 个特征向量形成矩阵 $\boldsymbol{U}$

步骤 5 对 $\boldsymbol{U}$ 的行进行归一化得到 $\boldsymbol{U}'$

步骤 6 对归一化的 $\boldsymbol{U}'$ 进行 k-means 聚类

输出： 簇划分 $C=\{C_1,C_2,\cdots,C_K\}$

下面通过使用谱聚类算法实现在鸢尾花数据集上的简单聚类应用，聚类结果如图 6-5 所示，示例实现代码如下。

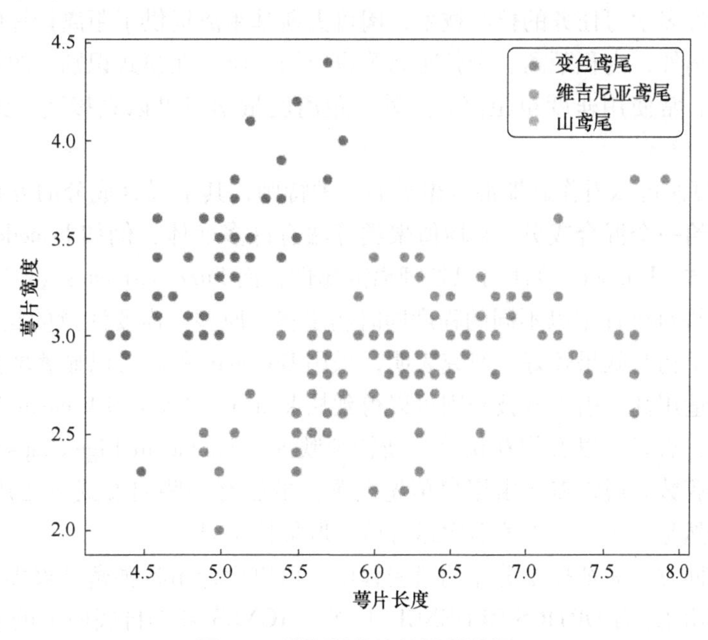

图 6-5 谱聚类算法的聚类结果

示例代码 6-4

```
def spectral_clustering(X,k,gamma=1.0):
    S=pairwise_kernels(X,metric='rbf',gamma=gamma)
    D=numpy.diag(S.sum(axis=1))
    L=D-S
    eigvals,eigvecs=eigh(L)
    U=eigvecs[:,:k]
    U_normalized=U/numpy.linalg.norm(U,axis=1,keepdims=True)
    kmeans=KMeans(n_clusters=k,random_state=42)
    labels=kmeans.fit_predict(U_normalized)
    return labels
```

6.5 大数据挖掘中的聚类拓展学习

聚类是机器学习中“新算法”出现最多、发展最快的领域之一，这主要是因为聚类没有统一的客观标准：对于给定的数据集，总可以从某个角度出发找到现有算法未覆盖的新标准，从而设计出新的算法。相比机器学习的其他分支，关于聚类技术的知识还不够系统化，但聚类技术在现实任务中非常重要。因此，本节采取了列举式的叙述方式，提供了更多算法的描述以弥补这一不足。关于聚类的更多内容，可参阅相关文献。

除了6.2节介绍的性能度量指标外，聚类性能度量的常见指标还包括F值、互信息（Mutual Information）、平均廓宽（Average Silhouette Width）等。

距离计算是许多学习任务的核心技术，闵可夫斯基距离提供了距离计算的一般形式。除了闵可夫斯基距离外，内积距离、余弦距离等也应用广泛。在模式识别、图像检索等涉及复杂语义的应用中，常使用非度量距离。此外，距离度量学习可以直接嵌入到聚类学习的过程中。

k均值聚类算法可以看作高斯混合聚类的一种特例，其中混合成分的方差相等，并且每个样本仅被分配给一个混合成分。k均值聚类算法有许多变体，例如k-medoids算法强制原型向量必须是样本，k-modes算法可以处理离散属性，而Fuzzy C-means（FCM）是一种“软聚类”算法，允许每个样本以不同的程度同时属于多个原型。需要注意的是，k均值聚类算法在处理凸形簇结构时效果较好。研究表明，采用Bregman距离可以显著增强此类算法对更多类型簇结构的适用性。引入核技巧则可以得到核k-means（Kernel k-means）算法，这与谱聚类有密切联系，后者可以看作在拉普拉斯特征映射（Laplacian Eigenmaps）降维后执行k均值聚类。聚类簇数k通常需要由用户预先设置，虽然有一些启发式方法用于自动确定k，但常用的方法仍然是基于不同k值多次运行后选取最佳结果。

通过采用不同方式表征样本分布的紧密程度，可以设计出各种密度聚类算法。除了DBSCAN外，较常用的还有OPTICS和DENCLUE等。AGNES采用自底向上的聚合策略来生成层次聚类结构，相反，DIANA则采用自顶向下的分拆策略。然而，AGNES和DIANA都不能对已合并或已分拆的聚类进行回溯调整。一些常用的层次聚类算法，如 BIRCH 和 ROCK 等，针对这一问题进行了改进。

大数据环境下的聚类算法需要扩展和优化，以处理大规模、高维度、多样性和实时性的挑战。以下是一些常见的扩展学习方向。

1）分布式聚类：通过分布式计算框架（如 Hadoop、Spark）实现聚类算法的并行化，提升处理大规模数据的能力。分布式聚类能够有效处理超大规模的数据集，避免单节点计算资源的瓶颈。例如，分布式 k-means 算法可以在 Hadoop 或 Spark 上实现，数据被划分成多个节点，每个节点分别计算局部中心，最后汇总得到全局中心。

2）在线聚类：应对数据流的动态变化，开发能够实时更新和处理的聚类算法。在线聚类适用于需要实时分析和响应的场景，如网络流量监控和金融交易分析。例如，在线 k-means 算法使用递增更新的方式处理新数据点，动态调整聚类中心，适用于实时数据流。

3）高维数据聚类：采用降维技术（如 PCA、t-SNE）和特征选择方法，处理高维数据中的聚类问题。这些方法可以减少数据的维度，降低计算复杂度，提高聚类效果。例如，先使用 PCA 降低数据维度，再用 k-means 进行聚类，可以减少噪声影响并提高计算效率。

4）混合聚类方法：结合多种聚类算法的优点，如结合密度和划分方法，提高聚类效果和稳定性。这种方法能够综合不同算法的优点，适应更复杂的数据结构。例如，先用 DBSCAN 识别密度聚类的核心样本，再用 k-means 对剩余样本进行划分，结合了密度和划分聚类的优点。

5）深度聚类：利用深度学习方法，如自编码器、卷积神经网络，进行特征提取和聚类分析。这类方法能够自动学习数据的特征表示，适用于复杂和非结构化数据的聚类任务。例如，深度嵌入聚类算法使用自编码器进行特征表示学习，然后在潜在空间上执行 k-means，适用于复杂的非结构化数据。

6）张量聚类：在处理大数据时具有显著优势，特别是在多维数据（如视频、社交网络数据等）场景中。张量聚类利用张量分解技术进行数据降维和特征提取，实现高效的聚类分析。例如，CANDECOMP 算法先对多维数据进行张量分解，从而提取特征并降低维度，再进行聚类分析，适用于视频和多维社交网络数据。

6.6 本章小结

本章介绍了聚类在大数据挖掘中的重要性及其主要应用，详细讨论了基于划分、基于层次、基于密度和谱聚类的聚类算法，并探讨了在大数据环境下聚类算法的扩展与优化。通过学习这些内容，可以更好地理解聚类分析的基本原理和在实际应用中的实现方法。

在聚类算法的性能度量方面，外部指标和内部指标是评估聚类效果的关键。外部指标如 Jaccard 系数、FM 指数和 Rand 指数，可以在已知分类的情况下评估聚类效果。而内部指标，如 DB 指数和 Dunn 指数，则在没有已知分类时提供了有效的度量手段。

距离计算是聚类分析的重要基础。本章讨论了多种距离计算方法，尤其是闵可夫斯基距离及其特例，如欧氏距离和曼哈顿距离。这些距离计算方法在不同的聚类算法中有着广泛的应用，影响聚类结果的准确性和效率。

在聚类算法的具体讲解中，详细探讨了几种主要的算法。划分聚类中，k 均值聚类算法因其简单性和高效率受到广泛应用。层次聚类则介绍了 AGNES 算法，它通过逐步合并数据点形成层次结构。在密度聚类中，DBSCAN 算法强调数据点密度的概念，能够有效识别噪声和发现任意形状的聚类。谱聚类是一种基于图论的方法，通过利用数据的谱信息（如拉普拉斯矩阵的特征向量）来进行聚类。谱聚类通过将数据点映射到低维空间，使得原本难以区分的群体更加清晰易辨，从而实现更准确的聚类效果。

此外，本章还提到了聚类分析的扩展学习方向，包括分布式聚类和基于核的聚类算法。分布式聚类技术在处理海量数据时提供了必要的扩展能力，而基于核的聚类算法则在处理非线性数据时展现出了独特的优势。

通过对这些技术和方法的学习，读者可以更好地理解和应用大数据环境下的聚类分析，为处理复杂的数据集提供有效的解决方案。

第7章 高级数据挖掘

导读

在数字化时代的浪潮下，各类新型数据大量涌现，如图数据、时序数据等。图数据通过构建节点与边的拓扑结构，能够有效描述现实世界中复杂的实体关系网络；时序数据则以其时间序列属性为核心，能够捕捉和记录事物随时间变化的规律。因此，图数据和时序数据是对传统属性数据的扩展，以其独特的结构、丰富的信息量和广泛的应用范围得到了大量的关注与研究。本章围绕这两种数据类型展开，深入探讨它们的特征、应用场景及挖掘方法。此外，针对大数据海量规模的特点，介绍了基于大数据的分布式数据挖掘方法。

本章知识点

- 图数据及其凝聚子图挖掘、图模式挖掘任务。
- 时间序列数据及其异常检测、分类与聚类任务。
- 分布式数据挖掘涉及的分布式文件系统、MapReduce 大数据处理框架、Spark 大数据处理框架。

学习要点

- 掌握图数据挖掘的基本概念和方法，能够描述图数据的结构，并应用凝聚子图挖掘和图模式挖掘技术。
- 掌握时间序列数据挖掘技术，能够进行时间序列异常检测、分类和聚类分析。
- 熟悉大数据环境下分布式数据挖掘技术，能够理解分布式文件系统的作用，并掌握 MapReduce 和 Spark 等大数据处理框架的使用。

工程能力目标

设计和实现图数据挖掘算法，发现图中的模式和结构；处理和分析时间序列数据，有效实现异常检测和模式识别；使用分布式计算框架处理大规模数据集，实现高效的数据挖掘。

7.1 图数据挖掘

图数据是一种通过节点和边来表示实体及其相互关系的数据模型，能够直观地展现数据间的复杂联系，有助于深入挖掘数据的内在规律和关联信息。本节将介绍不同应用场景下的图数据，并重点阐述凝聚子图挖掘和图模式挖掘这两种图数据挖掘方法。

7.1.1 图数据

图是由顶点和边构成的抽象数据结构，图数据通过图结构表示实体及其相互之间的复杂关联关系。图数据广泛存在于各类应用中。

1）在化学信息学中，原子可被视为图中的节点，节点可附带原子的种类、电荷状态等关键信息；边则代表了原子之间的化学键，用于表示原子之间的连接方式和相互作用，是理解分子结构和性质的基础。用图数据表示化学结构不仅有利于实现对分子构造与性质的直观诠释，而且便于运用到各类化学计算与分析过程中，进而揭示化学数据背后的关键规律与信息特征。

2）在生物信息学中，图数据被广泛用于复杂生物结构的表示与建模。例如，在蛋白质相互作用网络或基因调控网络中，单个氨基酸或基因可被视作图的一个节点，包含了特定的生物特性信息。而大量这样的节点通过边相互交织，构成了庞大的生物信息传递网络。这种大规模的生物数据图不仅提供了深入研究生物系统结构和功能的机会，同时也带来了处理和分析上的挑战。

3）在计算机网络中，图数据被用来准确刻画网络拓扑结构。将网络中的设备（如路由器、交换机、服务器等）映射为图中的节点，设备之间的连接关系映射为边，从而构建出一个能够反映计算机网络实际连接情况的网络图。图数据不仅直观地展示了网络中的层次结构和连接关系，还能够帮助网络管理员更全面地掌握网络的整体架构和运行情况。

由于图数据的结构复杂，蕴含丰富的信息，因此如何挖掘其潜在的规律、得到有价值的信息变得至关重要。图数据挖掘作为发现图数据中的模式和关联、分析提取图数据有价值信息的重要手段，已成为数据挖掘领域的研究热点。下面将介绍图数据挖掘领域中两类重要问题：凝聚子图挖掘及图模式挖掘。

7.1.2 凝聚子图挖掘

通过对大量真实场景中的图数据进行分析，研究人员发现真实图数据往往呈现局部密集而全局稀疏的结构特征。图中的大部分顶点的邻居数目很少，只有少部分的顶点存在超大规模邻居，而有价值的信息往往蕴含在密集的局部结构内。因此，在图数据上进行凝聚子图挖掘成为一个重要的研究领域。

凝聚子图挖掘旨在发现具有高度内部连接性和紧密结构的子图，这些子图通常代表着图数据中重要的社区结构、功能模块或者其他潜在的有意义的子结构，有着广泛的应用场景。例如，用户与朋友之间往往有着密切的联系，在社交网络图数据上表示为他们之间的边很密集，所以对社交网络图数据进行凝聚子图挖掘可以将他们检测为一个社区。除此以外，凝聚子图挖掘还可以应用于蛋白质网络中的复杂蛋白质检测，以及购物网络中的商品推送等。为了适应不同的场景，研究人员提出了各种凝聚子图挖掘模型，这里介绍极大团、K-Core 及 K-Truss 这三种主流的凝聚子图挖掘模型。

团作为最早的凝聚子图模型之一，在所有模型中可以表示最内聚的子图。由于团模型的过度限制，产生了一些团松弛模型，如 K-Core、K-Truss、K-ECC 等。在所有这些内聚子图模型中，K-Core 和 K-Truss 模型被广泛研究。K-Core 要求子图中每个顶点至少与 K 个其他顶点相连。相比团模型，K-Core 在衡量网络紧密性时更为灵活，不要求所有顶点间都直接相连，而是强调顶点与一定数量其他顶点的连接，适用于分析大型网络的核心结构和参与度；k-Truss 强调节点间通过共同邻居形成的三角形连接，与团和 K-Core 相比可以更好地反映网络中的局部凝聚力和稳定性。

1. 团模型

团（Clique）被定义为一个子图，其每两个顶点之间都有一条边，即在子图中的每个顶点都与其他任何顶点相邻。团可以被视为网络中最紧密的子结构。这种特性使得团在社交网络分析、生物信息学、推荐系统等多个领域都有着广泛的应用。

给定图 $G=(V,E)$，其中 V 表示图的点集、E 表示边集，团是图 G 的一个导出子图 H，即任意两个顶点之间都有一条边相连。

考虑到一个图可以包含多个团，而这些团之间可能存在包含与被包含的关系，为了更精确地描述图的结构特性，引入极大团（Maximal Clique）的概念。通过识别和分析极大团，可以深入了解网络的内部结构，发现其中的关键节点和潜在关系，从而为各种实际应用提供有力的支持。

极大团：给定图 $G=(V,E)$，团 H 不包含于图 G 的任何其他团，即不是任何其他团的真子集，则称团 H 是一个极大团。

团的定义确保了以下两点。

1）团中的顶点之间完全熟悉并可相互到达。

2）团中任何顶点的离开都不会削弱团内部的内聚性，即缩减后的团仍然是一个团。

找到一个图中所有的极大团是图算法领域的一个基本问题。针对这一问题的最经典算法是由 Coenraad Bron 等人提出的 Bron-Kerbosch 算法，通常简称为 BK 算法。BK 算法是一种基于递归和回溯的算法，其通过构造三个互不相交的集合 R、P、X 来记录极大团的搜索过程，每个集合的作用如下。

1）R 集合：记录当前计算的极大团中已经包含的点。

2）P 集合：记录与 R 集合中所有点存在边的点。团要求每个点之间都有边相连，因此只有这些点才满足构成团的条件。

3）X 集合：记录已经包含于某个极大团中的点，用于避免计算重复的极大团。

BK 算法的实现过程如算法 7-1 所示。输入是图 $G=(V,E)$，以及 R、P、X 三个集合，其中 R、X 集合初始化为空，P 为所有顶点组成的集合。首先，如果 P 和 X 集合均为空，则没有顶点可以加入到 R 集合中，说明 R 集合中的顶点已经构成了一个极大团，将其输出（第 1 行）；否则，遍历 P 集合中的每一个顶点 v（第 2 行），将其加入集合 R。然后，对集合 P 和 X，取它们和 v 邻居节点集合 $N(v)$ 的交集作为新的值，因为只有保证 P 中的点与集合 R 中所有的点都是连接的，才能确保集合 R 始终是一个团（第 3 行）。然后使用更新后的三个集合对函数进行递归调用（第 4 行）。最后，对 P 和 X 集合进行回溯，把 v 从 P 集合中移出，加入 X 集合，代表当前状态下对包含点 v 的极大团已经计算完毕了（第 5 行）。

算法 7-1　Bron-Kerbosch 算法

输入： $G=(V,E)$，集合 R,P,X
算法步骤：
步骤 1　如果集合 P 及 X 为空，则返回 R 作为 G 的一个极大团
步骤 2　循环遍历 P 中的每一个顶点 v
步骤 3　更新 $R=R\cup\{v\}$，$P=P\cap N(v)$，$X=X\cap N(v)$
步骤 4　使用更新后的 R,P,X 集合进行递归调用
步骤 5　回溯：$P=P\setminus\{v\}$，$X=X\cup\{v\}$
步骤 6　返回第 2 行，直到 P 集合遍历结束
输出： 图 G 的极大团

例 7-1　以图 7-1a 所示的图为例，使用 BK 算法计算图中的极大团时，可以将搜索过程描绘成图 7-1b 所示的搜索树，树中的节点表示搜索的状态，节点右侧展示了 R、P、X 三个集合的内容，树中的实线代表递归，虚线代表回溯过程。

首先，初始化三个集合 R,P,X。取 $v=\{1\}$，更新集合 $R=\{1\}$，$P=\{2,3\}$，$X=\{\}$。然后进行递归调用，此时取 $v=\{2\}$，$R=\{1,2\}$，$N(v)=\{3,4\}$，因此得到 $P=\{3\}$，$X=\{\}$。对节点 3 进行递归后，此时 $P=\{\}$，$X=\{\}$。说明已经找到了一个极大团 $\boldsymbol{R_1}=\{1,2,3\}$，回溯到图中的 S_3 节点，将节点 3 加入访问过的集合 X 中，得到 $R=\{1,2\}$，$P=\{\}$，$X=\{3\}$，此时没有极大团，回溯到 S_2，加入节点 3 也同样无法得到一个极大团。因此回溯到 S_1，从节点 2 开始继续搜索极大团，类似地，可以得到一个另一个极大团 $\boldsymbol{R_2}=\{\mathbf{2},\mathbf{4}\}$。最后，对节点 3、4 采用同样的方式进行遍历，无法找到更多的极大团。因此，最终可以在图中找到 R_1 和 R_2 两个极大团。

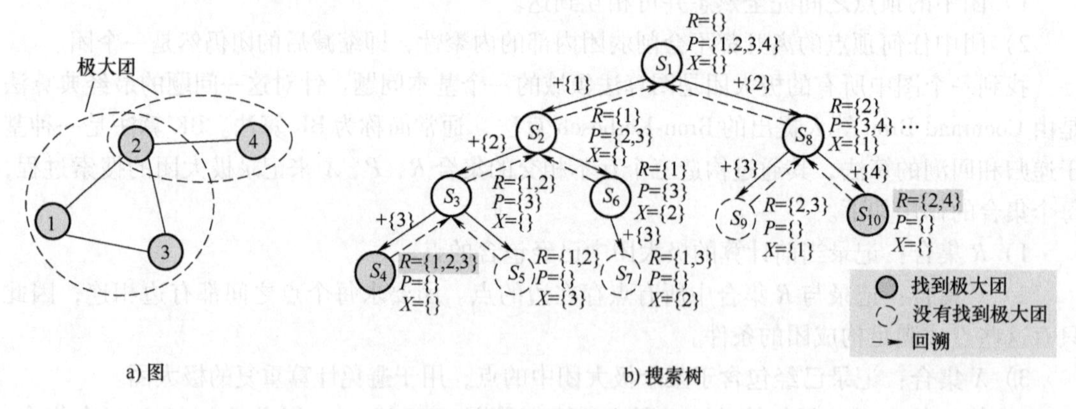

图 7-1　极大团的搜索过程

2. K-Core 模型

考虑到团模型对子图的限制过于严格，Seidman 等人提出了 K-Core 模型，其要求子图中的每个顶点都至少有 K 个邻居。K-Core 可以识别图中连接最紧密的部分，并能够反映一个网络的整体结构和行为。换句话说，K-Core 结构有助于准确识别网络中的关键节点及其潜在的关系，可以深入挖掘网络的内部构造，为实际问题的解决提供有力支持。

K-Core 模型：给定图 $G=(V,E)$，其中 V 表示图的点集、E 表示边集。K-Core 是图 G 的一个导出子图 H，子图 H 中任意顶点的邻居数量都大于或等于 K。

K-Core 算法的核心任务在于识别并提取出图中那些满足给定核心度要求的子图结构。该算法的实现过程如算法 7-2 所示。它是一种迭代式算法：首先，遍历图中的每一个节点，使用数组 deg 记录每个节点的度数（第 1 行）；接着，开始修剪的过程，即检查每个节点的度数是否小于指定的 K 值，一旦发现某个节点的度数小于 K，就将该节点及其所有相连的边从图中移除（第 2 行）；然而，一次修剪往往不能直接得到最终的 K-Core，因为随着节点的移除，剩余节点的度数可能会发生变化（第 3 行），因此，该算法需要反复进行迭代，每次迭代后都会重新计算剩余节点的度数，并继续修剪度数小于 K 的节点。这个过程会一直持续到图中不再存在度数小于 K 的节点为止，此时剩余的子图就是 K-Core。

算法 7-2　K-Core 算法

输入： G=(V,E)，正整数 K

算法步骤：

步骤 1　为顶点初始化度数数组 deg

步骤 2　移除顶点度数 deg[v]<K 的顶点 v

步骤 3　更新与顶点 v 相邻的顶点度数

步骤 4　重复 2，直到所有顶点度数大于 K

输出： G 的 K-Core 子图 H

例 7-2　以图 7-2a 所示的图为例，顶点 {2,3,5,6} 构成的子图 H 中任意顶点的度数都至少为 3，H 为一个 3-Core。假设 $K=3$，使用 K-Core 算法进行计算时：首先，初始化度数数组 deg 记录每个顶点的度数，如图 7-2a 所示，例如 deg[1]=1,deg[4]=2；然后，找到度数小于 3 的顶点 1，移除顶点 1 之后，需要更新顶点 2 的度数 deg[2]=3，得到图 7-2b；此时，点 4 与点 7 的度数为 2，因此需要依次删除这两个顶点，分别得到图 7-2c 和 d；此时，所有剩余顶点的度数都大于或等于 3，因此子图 $H=\{2,3,5,6\}$ 即为一个 3-Core。

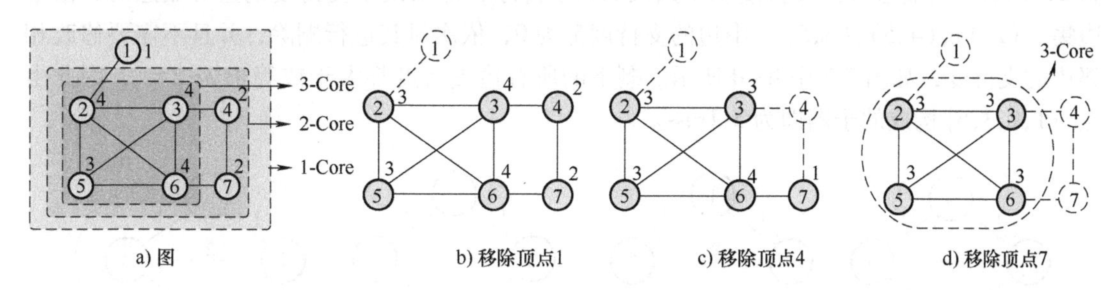

图 7-2　K-Core 算法的计算过程

3. K-Truss 模型

Truss 是一种重要的网络结构类型，其特点是由三角形构件组成的。为了挖掘网络中的这一结构特点，Cohen 等人提出了 K-Truss 模型，它是一个最大子图，其中每条边至少存在于子图中的 $K-2$ 个三角形中，即每条边在子图中具有至少 $K-2$ 个公共邻居。由于三角形表示紧密的关系，并且是复杂网络的基本构建块，K-Truss 能够识别出网络中连接最紧密、最具凝聚力的子图。

支持度：给定图 $G=(V,E)$，其中 V 表示图的点集、E 表示边集。一条边 e 包含在 K 三角形中，则其支持度 $\text{support}(e)=K$。

K-Truss：给定图 $G=(V,E)$，K-Truss 是图 G 的一个极大连通子图 H，对于 H 中的任意边 $e\in E(H)$ 都至少包含在 $K-2$ 个三角形中，即 $\text{support}(e)\geqslant K-2$。

K-Truss 算法通过迭代方式不断移除剩余图中支持度最低的边，进而计算出每条边的 Truss 值。算法 7-3 给出了该算法的具体执行过程。首先，算法使用三角形计数算法来计算图中每条边的支持度（第 1 行），紧接着按照支持度从小到大的顺序对边进行排序（第 2 行）；随后，算法从支持度最小的边开始，逐一进行删除操作，并在删除的同时，找出该边所构成的三角形，并更新这些三角形中剩余边的支持度（第 3~4 行）；最终，当所有支持度小于 $K-2$ 的边都被删除后，得到一个满足条件的 K-Truss 子图（第 5 行）。这一算法简洁且直观，为 K-Truss 子图的计算提供了有力的工具。

算法 7-3　K-Truss 算法

输入：G=(V,E)，正整数 K
算法步骤：
步骤 1　对于每条边 e 计算支持度 S[e]
步骤 2　根据边的支持度按照从小到大的顺序排序。
步骤 3　找到支持度最小的边 e
步骤 4　更新 e 所在三角形中边的支持度值，删除 e
步骤 5　重复 2~4，直到所有边支持度都大于或等于 K-2
输出：G 的 K-Truss 子图 H

例 7-3　假设输入的 K 值为 3，图 7-3 展示了 K-Truss 算法的计算过程。首先，计算图中每条边的支持度，结果如图 7-3a 所示，例如边（4,5）的支持度为 0、边（2,3）的支持度为 2；然后，所有边按照支持度从小到大的顺序排序，并从最小支持度的边开始遍历，由于边集 {(2,4),(4,5),(3,5)} 中边的支持度都为 0，依次对其进行删除，并且不需要修改相邻边的支持度，如图 7-3 中 b~d 所示。剩下的所有边支持度都大于或等于 3-2=1，因此由点 {1,2,3,6} 构成的子图即为 3-Truss。

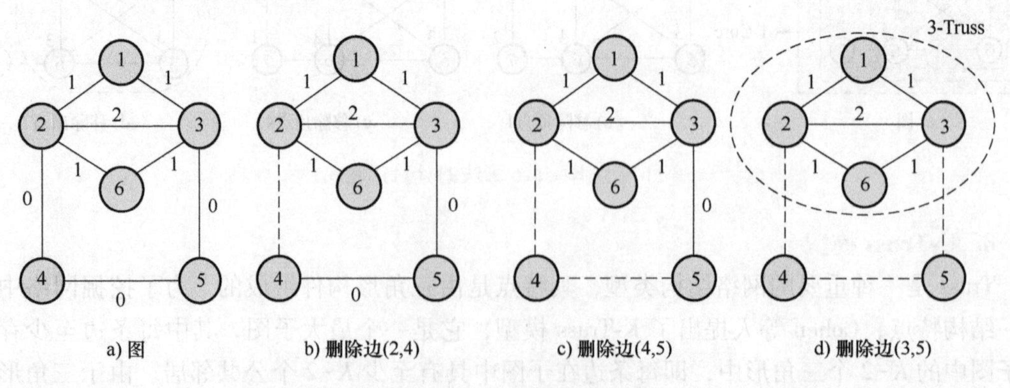

图 7-3　K-Truss 算法的计算过程

7.1.3　图模式挖掘

图模式挖掘是指从单个大图或一组图中识别高频出现的子图结构的过程，这些子图结构可能代表了一些重要的模式或特征，对于理解图的结构和特性具有重要意义。图模式挖掘有助于发现数据中的隐藏规律和模式，从而揭示数据之间的关联和相互作用。这对于预测、推荐和决策支持等任务至关重要。

图模式挖掘是基于图同构概念的。简单而言，图同构是指两个图在结构上完全相同，即对它们的顶点重新编号（或用标签替换）后，重新编号后的图之间的边连接关系完全一致。通过识别和判断图的同构性，图模式挖掘能够统计特性图模式的出现频率，从而提取图中有用的信息。

图同构：对于给定的两个图$G_1=(V_1,E_1)$，$G_2=(V_2,E_2)$，如果存在一个定义在$V_1 \to V_2$的双射函数满足对于$(u,v)\in E_1 \to (f(u),f(v))\in E_2$，那么就称这两个图是同构的。

例 7-4　以图 7-4 所示的图$G_1=(V_1,E_1)$和图$G_2=(V_2,E_2)$为例，f为定义在点集$V_1=\{1,2,3,4\}$和$V_2=\{a,b,c,d\}$之间的双射函数，其映射关系如图 7-4 右侧所示。根据图同构的定义，G_1和G_2中的每一条边都满足$(u,v)\in E_1 \to (f(u),f(v))\in E_2$的映射关系，因此图$G_1$和$G_2$是同构的。

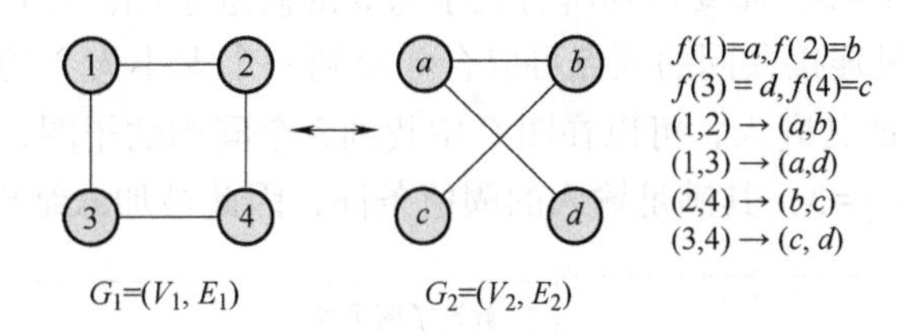

图 7-4　图同构示例

考虑到实际应用的需求和数据特性的差异，图模式挖掘产生了单图和多图两种模式挖掘。单图模式挖掘主要关注单个图内的模式发现，适用于对单个复杂网络或图结构的分析；而多图模式挖掘则涉及多个图之间的比较和关联分析，适用于处理多个图或图集合的场景，如比较不同社交网络的结构差异或分析多个生物网络的共同特征等。下面分别给出这两种问题的简要叙述。

1）单图模式挖掘：考虑一张图 G，如果一个子图 g 在 G 中至少出现 τ 次，那么这个子图就是一个频繁子图。

2）多图模式挖掘：考虑多个相对较小规模图组成的图集合 D，如果 D 中包含子图 g 的所有图的数量大于或等于 τ，那么这个子图就是一个频繁子图。其中，τ 是用户定义的阈值。

1. 单图模式挖掘

给定图 $G=(V,E)$ 及阈值 τ，support(g) 表示在 G 中与 g 同构的子图数量。单图模式挖掘就是要找到任何连通子图 g，满足 support$(g)\geqslant\tau$。

在单个图中挖掘频繁子图的典型方法是 Kuramochi 等人提出的 HSIGRAM 算法，其具体流程如算法 7-4 所示。首先，枚举图 G 中所有频繁的单边和双边子图，得到F^1及F^2集合（第 1 行）；然后，进入其循环体（第 2~5 行）。在每次迭代中，HSIGRAM 算法首先收集所有大小为 k 的频繁子图，构成集合 C^k。接着对子图的所有可能连接方式进行枚举，通过这种方式合并它们，生成一个新的集合C^{k+1}，该集合包含所有潜在的大小为$k+1$的子图（第2行）。然后，通过构造候选集合中子图的嵌入，在图G中寻找重叠的子图，从而计算它们的频率$C.\text{freq}$（第3行）。那些频率低于最小阈值f的候选子图将被丢弃，剩余的则保留加入集合F^{k+1}，进行下一轮的循环计算（第5行）。当在某次迭代中没有生成频繁子图时，计算终止。

算法 7-4 HSIGRAM 算法

输入： 图 G=(V,E)，阈值 τ

算法步骤：

步骤1 找到仅包含一条边和两条边的图集合F^1，F^2

步骤2 根据集合F^{k-1}及F^k生成集合C^{k+1}

步骤3 对于C^{k+1}中的每个子图C，计算其出现的频率 C. freq

步骤4 如果C满足 C. freq≥τ，则将其加入集合F^{k+1}

步骤5 增加k的值，返回2，直到生成的F^{k+1}集合为空

输出： 连通子图集合 F

例 7-5 如图7-5所示，假设阈值$\tau=3$，以左侧的图G为例说明 HSIGRAM 算法的执行过程。首先，假设此时$k=3$，需要得到所有大小为3的候选子图。以F^2集合中两个大小为2的子图g_a^2及g_b^2为例，通过连接共同的顶点可以合并得到一个大小为3的子图g^3，将其加入集合C^3中；然后，通过构造其嵌入，可以在图G中找到3个同构的子图，如虚线及阴影部分所示，因此可以得到$g^3.\text{freq}=3$，其满足输入的阈值条件，因此被加入结果集合F^3中。

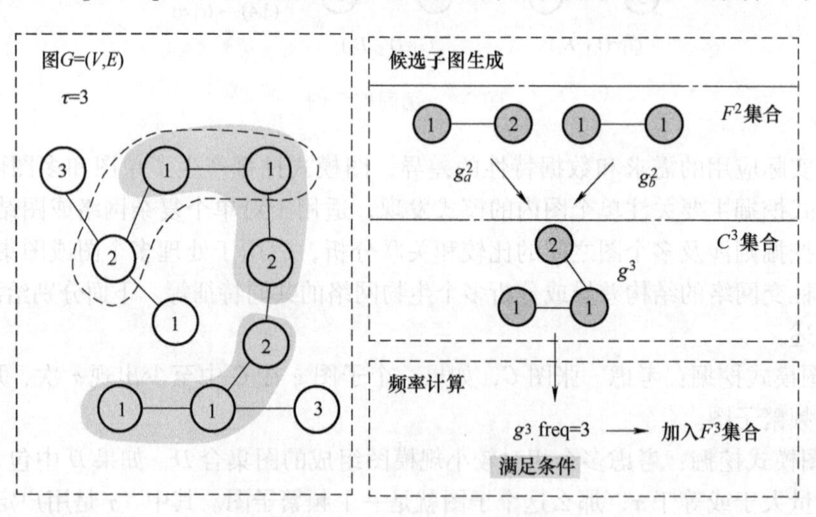

图 7-5 HSIGRAM 算法示例

2. 多图模式挖掘

给定一个图集合$D=\{G_0,G_1,\cdots,G_n\}$，如果D中的图G存在一个子图与g同构，则称图G包含g。support(g) 表示数据集D中包含g的图的数量。多图模式挖掘就是给定一个阈值$\sigma\%$，找到任何连通子图g，满足 $\text{support}(g)\geq\sigma|D|$。

多图模式挖掘的典型算法为 Kuramochi 等人提出的 FSG（Frequent SubGraph Discovery）

算法。其具体实现过程如算法 7-5 所示。FSG 算法的整体思想与单图模式挖掘 HSIGRAM 算法类似，FSG 算法通过逐一添加边来增加频繁子图的大小。FSG 最初枚举所有频繁的包含一条及两条边的图（第 1 行）；然后，基于这两个集合，开始其主要的循环计算，在每次迭代中，它首先根据由边的数量为 $k-1$ 的图构成的集合 F^{k-1}（$k \geqslant 3$）生成候选子图 C^k（第 2 行）；接下来，计算集合 C^k 中每个候选子图 g^k 的频率 g^k. count（第 3 行），此时为每个子图 g^k 维护一个列表，该列表由包含该子图的图 id 构成；然后，由于子图需要满足条件 g^k. count $\geqslant \sigma |D|$，算法对子图进行筛选（第 4 行）；最后，增加 k 的值，并返回 2，直到集合 F^k 为空。

算法 7-5　FSG 算法

输入：图数据集 D，阈值 σ
算法步骤：
步骤 1　枚举仅包含一条边或两条边的图集合 F^1，F^2
步骤 2　根据集合 F^{k-1}（$k \geqslant 3$）生成 C^k
步骤 3　计算集合 C^k 中每个子图 g^k 出现的次数 g^k. count
步骤 4　筛选满足条件的子图 g^k，构成集合 F^k
步骤 5　返回 2，直到 F^k 为空
输出：连通子图集合 $F^1, F^2, \cdots, F^{k-2}$

例 7-6　图 7-6 展示出 FSG 算法的计算过程。图数据集 $D = \{G_1, G_2, G_3\}$ 包含 3 个图，因此 $|D| = 3$，假设算法输入的阈值 $\sigma = 0.5$。以 $k = 5$ 为例，对算法过程进行说明。此时已经计算得到了集合 F^4 中所有大小为 4 的子图的频率，首先，需要通过集合 F^4 生成候选子图 C^5，任意两个子图通过连接可以生成多种不同结构的子图，图 7-6 中 g_a^5 和 g_b^5 便是由 g_a^4 和 g_b^4 生成的两种不同的子图；然后，对生成的候选子图频率进行计算，可以发现图 g_a^5 是 G_1 及 G_2 的子图，因此 g_a^5. count = 2，而 g_b^5 只是 G_2 的子图，因此，g_b^5. count = 1。由于子图需要满足 g^k. count $\geqslant \sigma |D|$，因此，图 g_b^5 被过滤掉，而图 g_a^5 被加入 F^5 集合中，进行下一轮的计算。

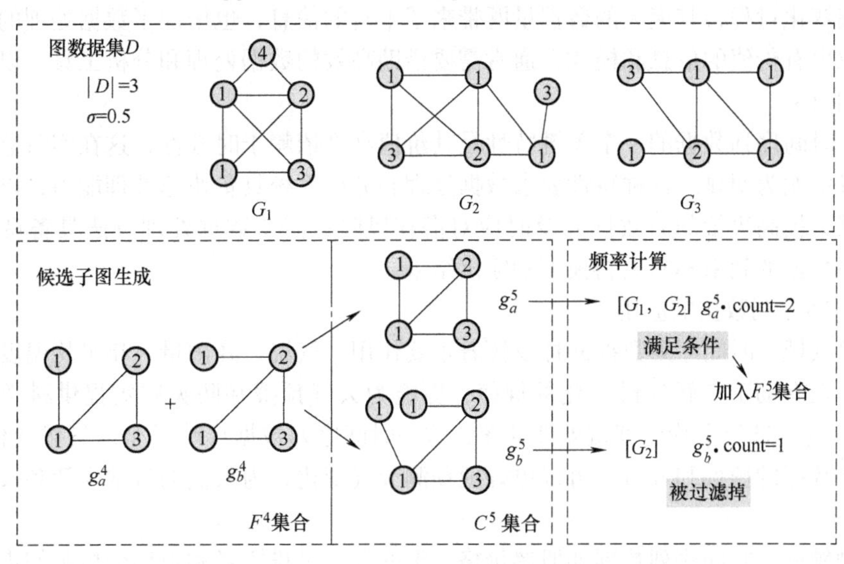

图 7-6　FSG 算法示例

7.2 时间序列数据挖掘

时间序列是反映某一变量随时间变化的数据序列。无论是金融市场上的价格波动、气候变化中的温度升降，还是人类活动导致的能源消耗变化，时间序列都提供了深入理解这些现象的关键视角。时间序列数据挖掘能够处理高维、非线性、非平稳的时间序列数据，提取出隐藏在数据中的深层信息和模式，因此被广泛关注。

本节将深入探讨时间序列数据的不同特性，并介绍几种常用的时间序列数据挖掘方法，如异常检测、时间序列分类与聚类等，了解进行时间序列数据挖掘的重要工具，掌握其核心技术和应用方法。

7.2.1 时间序列数据介绍

时间序列是某一特定变量随时间推移而被记录的一系列观测值。这些观测值按照时间的先后顺序排列，形成了能够反映该变量随时间变化的规律的数据序列。时间序列不仅记录了变量在不同时间点的具体数值，更隐含了变量随时间变化的趋势、周期性及可能存在的突变点等信息。因此，对时间序列数据的深入分析和挖掘，有助于更好地理解数据的内在规律和特征，从而做出更为准确的预测和决策。

1. 时间序列数据的定义

时间序列往往是对某一潜在过程进行观测的结果，观测过程中的数值是在等间隔的时间点上进行测量得到的。

时间序列是一组连续的时间点上由 n 个实值变量组成的有序序列，即

$$T=(t_1,\cdots,t_n),t_i\in\mathbb{R}$$

2. 时间序列数据的特点及应用

(1) 时间序列数据的特点

首先，时间序列数据的数据量庞大。时间序列数据通常记录了某一现象或事件在连续时间内的详细变化过程，其庞大的数据量既带来了丰富的信息，也增加了数据处理的难度。为了从中提取出有价值的信息和模式，通常需要借助高效的数据处理和分析工具，以确保分析的准确性和效率。

其次，时间序列数据的一个关键特性是其价值高度依赖于时效性，这在实时监测、在线交易等场景中尤为明显。这种特性要求数据处理和分析系统具备快速处理能力，以便及时分析最新数据，提高决策的时效性并及时应对潜在风险；需要数据处理方法具备良好的适应性，能随新数据的到来不断更新模型和输出结果。

(2) 时间序列数据的应用

在气象领域，时间序列数据同样发挥着重要作用。气温、降雨量、年平均温度差等时间序列数据不仅有助于了解气候变化的规律，更能为天气预报和防灾减灾提供科学依据。例如，图 7-7a 为全球年平均温度偏差波动图，这一时间序列数据反映了全球气候变化的趋势。通过对这些数据的挖掘和分析，可以更好地预测天气变化，为人们的日常生活和农业生产提供便利。

在金融领域，时间序列数据如股票价格、汇率等，是投资者和市场分析师们进行市场分

析和预测的重要依据。例如，图 7-7b 为科大讯飞连续五日的股票价格波动图，投资者可以根据这一时间序列数据进行买入/卖出。通过对这些数据的挖掘和分析，能够更准确地把握市场走势，为投资策略的制定提供有力支持。

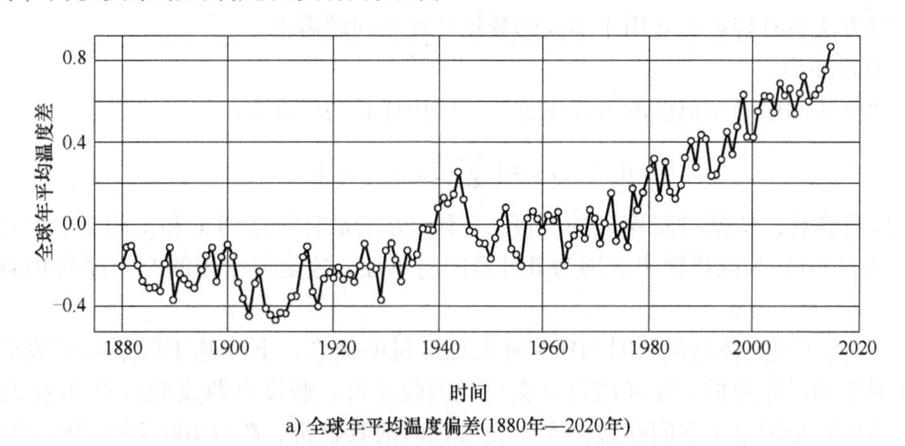

a) 全球年平均温度偏差(1880年—2020年)

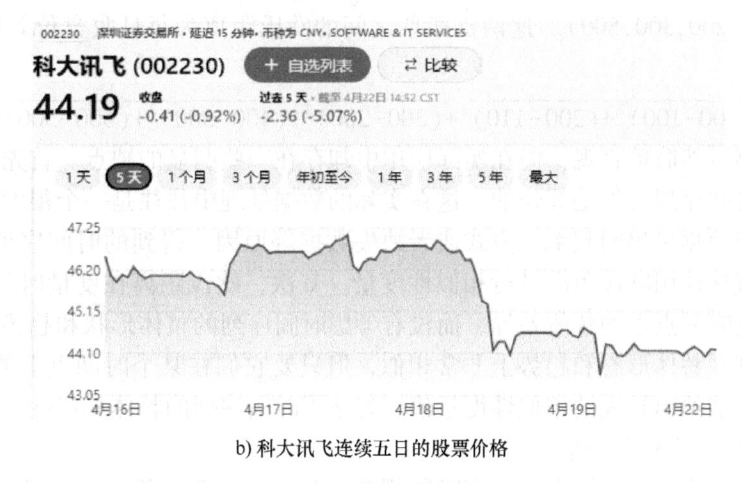

b) 科大讯飞连续五日的股票价格

图 7-7　时间序列数据应用

在交通领域，时间序列数据被广泛应用于交通流量的预测和规划。通过对交通流量数据的挖掘和分析，可以更准确地预测未来的交通状况，为交通规划和优化提供有力支持。

在医疗领域，时间序列数据同样具有重要的应用价值。通过对病情发展数据的挖掘和分析，医生可以更准确地判断病情，提高疾病预测和治疗的准确性，为患者的康复提供有力保障。

时间序列数据在各个领域的应用不仅推动了相关技术的进步，也为人们的生产和生活带来了极大的便利。随着大数据和数据挖掘技术的不断发展，时间序列数据的应用前景将更加广阔，它将在更多领域发挥重要作用，推动社会的持续进步和发展。

3. 时间序列的相似性度量

时间序列的相似性度量是衡量两个或多个时间序列之间相似程度的方法，是时间序列分类、聚类、异常检测等诸多数据挖掘任务的基础，也是时间序列数据挖掘的核心问题之一。基于相似性度量，可以对时间序列进行深入的分析。例如，在分类问题中，可以根据时间序列之间的相似性将其归入不同的类别；在聚类问题中，可以将相似的时间序列聚集在一起，揭示其内在的关联和规律；在异常检测中，可以通过比较时间序列的相似性来识别出与正常模式偏离的异常序列。常见的基于距离的相似性度量方法有欧氏距离和动态时间规整距离。这两种度量方法各有特点，适用于不同的数据特性和问题需求。

（1）欧氏距离

估计两个时间序列相似性的最简单方法是使用任意的L^n范数：

$$d_{L^n}(x,y) = \left(\sum_{i=1}^{M} (x_i - y_i)^n \right)^{\frac{1}{n}} \tag{7-1}$$

其中，n 是正整数；M 是时间序列的长度；x_i和y_i分别是时间序列 $\boldsymbol{x}$ 和 $\boldsymbol{y}$ 的第 i 个元素。当 $n=2$ 时，式（7-1）为欧氏距离。因为其计算的简单性，这是最常用的时间序列相似性度量之一。

例 7-7 为了更具体地说明时间序列相似性度量的概念，下面基于股票时序数据进行解释。关于股票的时序数据，皆采用每个交易日的收盘价。假设有两支股票 $\boldsymbol{P}$ 和 $\boldsymbol{Q}$ 的时间序列数据，这些数据记录了它们在过去 5 个交易日内的收盘价，$\boldsymbol{P}=(100,200,300,400,500)$，$\boldsymbol{Q}=(100,110,200,300,500)$。这两支股票之间的欧氏距离为每日收盘价差值的平方和开二次方，表示为

$$\sqrt{(100-100)^2+(200-110)^2+(300-200)^2+(400-300)^2+(500-500)^2} \approx 167$$

欧氏距离虽然简单直观，但在实际应用中却存在一些明显的缺点。首先，欧氏距离要求比较的两个时间序列必须是等长的，这在实际的数据处理中往往是一个很大的限制。在许多情况下，由于数据采集的频率、方式或者缺失数据等原因，得到的时间序列长度并不相同，此时就无法直接使用欧氏距离进行相似性度量。其次，欧氏距离在度量时间序列相似性时，只考虑了对应时间点上的数值差异，而没有考虑时间序列的整体形状和趋势。这意味着即使两个时间序列在整体形态和趋势上非常相似，但只要它们在某个时间点上的数值有所偏差，欧氏距离就可能给出较大的相似性度量值，忽略了时间序列的整体相似性。

（2）动态时间规整距离

为了克服欧氏距离的缺点，动态时间规整（Dynamic Time Warping）距离应运而生。动态时间规整距离通过非线性地映射两个时间序列，实现在时间轴上对齐相似的部分，从而可以对不等长时间序列的相似性进行度量。这种方法不仅能够处理不等长的时间序列，还能够更好地应对噪声和局部变形，提高相似性度量的准确性。此外，动态时间规整距离还考虑了时间序列的整体形状和趋势，能够更全面地捕捉时间序列之间的相似性。因此，在需要处理不等长时间序列、应对噪声和局部变形，以及全面捕捉时间序列相似性的场景中，动态时间规整距离通常是一个更好的选择。

动态时间规整距离计算过程：设 $\boldsymbol{X}=(x_1,x_2,\cdots,x_n)$ 和 $\boldsymbol{Y}=(y_1,y_2,\cdots,y_m)$ 为时间长度分别为 n 和 m 的时间序列，为求得两条时间序列的动态时间规整距离，构建 $n \times m$ 阶的距离矩阵：

$$\begin{pmatrix} d(x_n,y_1) & d(x_n,y_2) & \cdots & d(x_n,y_m) \\ \vdots & \vdots & & \vdots \\ d(x_2,y_1) & d(x_2,y_2) & \cdots & d(x_2,y_m) \\ d(x_1,y_1) & d(x_1,y_2) & \cdots & d(x_1,y_m) \end{pmatrix} \tag{7-2}$$

$d(x_i,y_j)$ 为 x_i 和 y_j 两点之间的距离，通常使用欧氏距离进行计算。距离矩阵中的元素 (i,j) 表示 $\boldsymbol{X}$ 的第 i 个点与 $\boldsymbol{Y}$ 的第 j 个点对齐。在矩阵中找到一条通过若干格点的路径，该路径代表序列 $\boldsymbol{X}$ 和 $\boldsymbol{Y}$ 上每个点的匹配关系，不同路径对应不同的匹配关系。动态时间规整距离是找到一条弯曲路径，使路径上所有匹配点对的距离和最小，该最小距离和对应动态时间规整距离，这条路径称为最优弯曲路径。在图 7-8 中，红色和黑色序列分别表示序列 $\boldsymbol{X}$ 和序列 $\boldsymbol{Y}$，从左下角开始到右上角有若干条弯曲路径，其中最小距离和对应的路径即为动态时间规整距离。

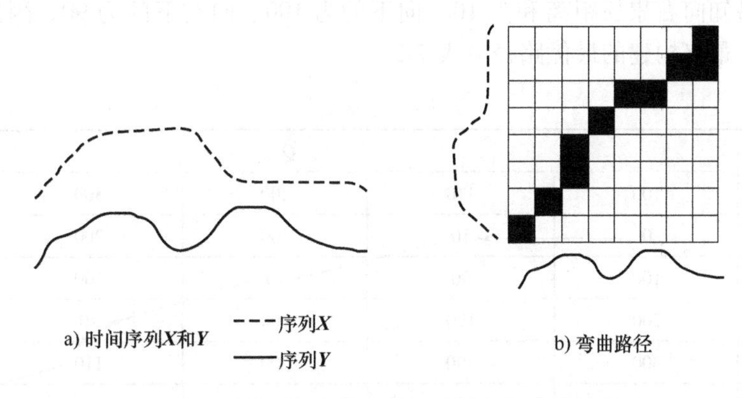

图 7-8　动态时间规整距离匹配结果与弯曲路径

设弯曲路径为 R，R 是一个包含 K 个二元数组的有序集合：

$$R=\{(i_1,j_1),(i_2,j_2),\cdots,(i_k,j_k),\cdots,(i_K,j_K)\} \tag{7-3}$$

弯曲路径 R 需遵循如下三个条件。

1）边界性：$i_1=j_1=1$，$i_K=n$，$j_K=m$。

2）单调性：$i_k\leqslant i_{k+1}$，$j_k\leqslant j_{k+1}$。

3）连续性：$i_{k+1}-i_k\leqslant 1$，$j_{k+1}-j_k\leqslant 1$。

运用递归法求解累加距离，并使累加距离 $D(i,j)$ 最小。累加距离的求解公式为

$$D(i,j)=d(x_i,y_j)+\min\{D(i-1,j-1),D(i-1,j),D(i,j-1)\} \tag{7-4}$$

累加距离 $D(i,j)$ 是当前元素的距离 $d(x_i,y_j)$ 与可以到达该元素的最小的邻近元素的距离之和。最终得到的累加距离 $D(n,m)$ 对应序列 $\boldsymbol{X}$ 和 $\boldsymbol{Y}$ 的动态时间规整距离，也就是时间序列 $\boldsymbol{X}$ 和 $\boldsymbol{Y}$ 的相似性度量距离。

例 7-8　以例 7-7 中的两支股票 $\boldsymbol{P}=(100,200,300,400,500)$，$\boldsymbol{Q}=(100,110,200,300,500)$为例，使用动态时间规整距离求最小距离和。

1）计算两个序列的距离矩阵。P_i 点与 Q_j 点间的欧氏距离（记为 $d(x_i,y_j)$）见表 7-1。

表 7-1　两点之间的欧氏距离

P	**Q**				
	100	110	200	300	500
100	0	10	100	200	400
200	100	90	0	100	300
300	200	190	100	0	200

（续）

P	Q				
	100	110	200	300	500
400	300	290	200	100	100
500	400	390	300	200	0

2）从左上角开始，向右、向下，或者向右下前进，对进行到这三个方向后的距离累加和进行比较，易知向右累加距离和为10、向下的为100、向右下的为90，因此选择向右前进。依此类推，最终构建的最优路径见表7-2。

表7-2　最优路径

P	Q				
	100	110	200	300	500
100	0 →	10	100	200	400
200	100	90	10	100	300
300	200	190	100	10	200
400	300	290	200	110	100
500	400	390	300	200	110

最终得到的最短距离和为矩阵右下角最后一个数110，比起欧氏距离的167小。由表可知，序列中存在一对多（**Q**中300对应**P**中300、400）和多对一（**Q**中100、110对应**P**中100）的关系，如图7-9所示，这是为了最小化距离和而对时间轴进行压缩与拉伸。

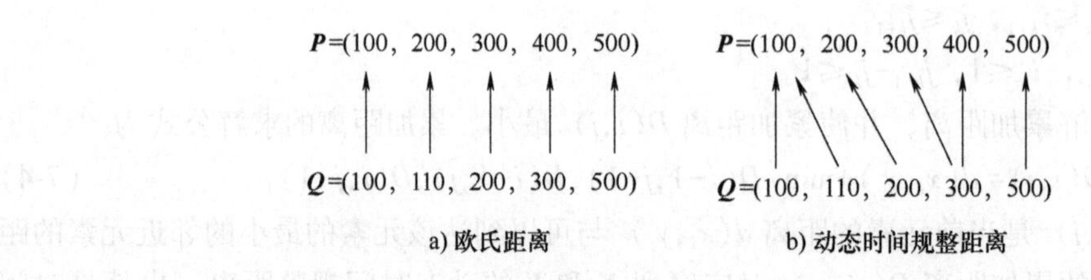

图7-9　时间序列对应关系

在本例中，时间序列**P**与**Q**非常相似，但时间序列**Q**在第二个时间点由110变为200，有一个稍微增大的值。使用欧氏距离来度量这两个序列的相似性，由于直接计算对应点之间的差值，会得到一个相对较大的值。通过比较这两个值，可以看到，尽管数据点是一一对应的，但动态时间规整距离给出的相似度度量值小于欧氏距离。这是因为动态时间规整距离能够找到一种弯曲路径来最小化两个时间序列之间的差异，而欧氏距离则直接计算对应点之间的差值，没有考虑到时间序列在时间轴上的局部变形。

7.2.2　时间序列异常检测

由于各种因素的影响，时间序列数据中往往会出现异常值或异常模式，这些异常可能预示着潜在的问题或风险。时间序列异常检测旨在从时间序列数据中识别出与正常模式显著不同的异常子序列。时间序列异常检测在多个领域具有广泛的应用价值：在网络安全领域，可以检测网络流量、系统日志等时间序列数据中的异常模式，发现潜在的攻击行为或系统故障；在金融领域，可以监控股票价格、交易数据等时间序列数据，发现异常波动或交易行为，为投资决策提供参考；在工业制造方面，可以对设备运行状态、生产流程等时间序列数据进行异常检测，及时发现潜在的设备故障或生产异常，保障生产安全和提高生产效率；在医疗健康方面，可以分析患者生命体征、疾病进展等时间序列数据，发现异常变化，为疾病诊断和治疗提供支持。

时间序列异常是在时间序列数据集中偏离大部分时间序列的数据，这些数据所展现的特征源于不同的生成机制，而非仅仅是随机误差所致。

时间序列的异常根据其表现形式不同可以分为以下两种类型。

1）点异常：与时间序列上的其他数据点存在很大差别的数据点。

2）子序列异常：同一条时间序列内，与其他子序列的变化趋势明显不一样的子序列。

为了有效地检测出这些异常的子序列，可以采用动态时间规整距离和 k 近邻算法。在时序异常检测场景中，k 近邻算法的基本思想是如果一个序列在特征空间中距离其最近的 k 个邻居都很远，那么它就被认为是异常的。

算法 7-6 为采用上述算法检测时间序列异常子序列的基本步骤。首先，将整个时间序列分割成若干个长度相等的子序列（第 1 行）；接下来，使用动态时间规整距离来计算这些子序列之间的距离（第 2 行）；有了距离矩阵后，利用 k 近邻算法找出每个子序列的 k 个最近邻并计算其平均距离，如果平均距离超过阈值，则标记为异常子序列（第 3 行）；最后，输出所有被标记为异常的子序列及其相关信息（第 4 行）。

算法 7-6　采用动态时间规整距离和 k 近邻算法检测时间序列异常子序列

输入：时间序列数据 T，邻居数 k，阈值 threshold

算法步骤：

步骤 1　分割时间序列 T 为若干个长度相等的子序列

步骤 2　计算所有子序列之间的动态时间规整距离

步骤 3　对于每个子序列，找出 k 个最近邻并计算平均距离，如果平均距离超过阈值 threshold，则标记为异常子序列

步骤 4　输出异常子序列及其相关信息

输出：形状异常子序列的集合

例 7-9　收集某支股票 20 日的每日收盘价数据。将该时间序列分割成若干个长度相等的子序列。有四个时间序列（子序列），每个子序列表示不同时间段（五日）内该股票的收盘价。这四个子序列如下：

子序列 1：（100，102，101，103，105）

子序列 2：（101，103，102，104，106）

子序列 3：（150，152，151，153，155）

子序列 4：（102，104，103，105，107）

首先，计算每个子序列与其他子序列的动态时间规整距离，见表 7-3。

表 7-3　子序列之间的动态时间规整距离

	子序列 1	子序列 2	子序列 3	子序列 4
子序列 1	0	5	250	6
子序列 2	5	0	245	5
子序列 3	250	245	0	240
子序列 4	6	5	240	0

接着，使用 k 近邻算法来检测形状异常的子序列。对于每个子序列，计算它与所有其他子序列之间的动态时间规整距离，然后找出距离最小的 k 个子序列。设 $k=2$，即考虑每个子序列的两个最近邻。对于子序列 3，它的两个最近邻是子序列 2 和子序列 4。计算子序列 3 与这两个最近邻之间的平均动态时间规整距离，并将其与一个预设的阈值进行比较（设阈值为 100）。子序列 3 与 2 个最近邻的平均动态时间规整距离超过阈值，这意味着子序列 3 的形状与它的最近邻相比存在显著差异。因此，可以将子序列 3 记为异常子序列。在实际操作中，这个阈值需要根据历史数据和业务需求进行设定。

7.2.3　时间序列的分类与聚类

1. 时间序列的分类

时间序列的分类是将时间序列数据划分为不同类别的过程。每个时间序列都包含一系列随时间变化的观测值，这些观测值可能代表各种现象，如股票价格、气温变化、患者的心率等。时间序列分类的目标是根据这些观测值的模式或特征，将时间序列分配到预定义的类别中。时间序列分类在金融、医疗、能源等多个领域都有广泛应用：在金融领域，时间序列分类可以用于识别不同类型的股票价格波动模式，帮助投资者做出更明智的投资决策；在医疗领域，时间序列分类可以用于诊断疾病，通过分析病人的生命体征时间序列数据，将其归类为不同的疾病类型。

给定一个有 N 个时间序列的数据集 $X=\{x_1,x_2,\cdots,x_N\}$，以及每个时间序列对应的类别。时间序列分类的目的是找到一个函数 $f(x)$，该函数能够接收一个新的时间序列 x 作为输入，并输出其对应的类值。

在时间序列分类中，采用动态时间规整距离进行距离计算决定度量后，应用 k 近邻算法进行分类。算法 7-7 描述了时间序列分类的基本步骤。对于给定数据集中的时间序列，使用动态时间规整距离计算它与其他时间序列之间的相似度（即距离），产生一个距离矩阵，其中每个元素表示两个时间序列之间的动态时间规整距离（第 1 行）；当有新的时间序列数据点需要进行分类时，首先计算它与数据集中所有时间序列的动态时间规整距离（第 2 行）；然后，使用这些距离查找与新数据点距离最近的 k 个训练样本，并根据这些样本的类别进行投票，以确定新数据点的类别（第 3 行）。

算法 7-7　采用 k 近邻算法进行时间序列分类

输入：时间序列数据集 X，其中每个样本是一个时间序列及对应的标签集合 Y，其中每个标签对应 X 中一个样本的类别

算法步骤：

步骤 1　计算数据集中所有时间序列之间的动态时间规整距离，并返回一个距离矩阵

步骤 2　计算新数据点与数据集所有时间序列的动态时间规整距离

步骤 3　输出新数据点的预测类别

输出：时间序列的类别

例 7-10　有三支股票 A、B、C，以它们近五日的收盘价为股票的时间序列数据（包括该股票所属的类别）。

股票 A（上升趋势）：（100，102，104，106，108）

股票 B（平稳趋势）：（103，101，102，104，101）

股票 C（下降趋势）：（105，103，102，101，99）

计算股票之间的动态时间规整距离，距离矩阵见表 7-4。

表 7-4　股票的距离矩阵

	股票 A	股票 B	股票 C
股票 A	0	13	22
股票 B	13	0	7
股票 C	22	7	0

接收到一个新的未标记股票类别的时间序列数据点，新股票 D：（101，102，104，106，107）。使用动态时间规整距离计算新股票 D 与训练集中每个时间序列（股票 A、B、C）之间的距离，见表 7-5。

表 7-5　股票 D 与股票 A、B、C 的距离

	股票 A	股票 B	股票 C
股票 D	2	10	20

确定新股票 D 的 k 个最近邻。设 $k=1$，需要考虑与新序列最近的 1 个邻居。在本例中，最近的 1 个邻居是股票 A（距离为 2）。因此，股票 D 属于跟股票 A 同一类（上升趋势）。

在实际应用中，时间序列数据通常更为复杂，也包含更多的数据点和噪声，动态时间规整距离计算也会更加复杂。此外，选择 k 的值和处理票数相同的情况也是实际应用中需要考虑的问题。

除了上述方法之外，工业界还常采用基于深度学习的方法进行时间序列分类。深度学习在时间序列分类中的应用主要包括循环神经网络、长短期记忆网络、卷积神经网络，以及它们的变种和组合。这些模型能够处理变长序列数据，捕捉时间序列中的时间依赖性和局部特征，并通过多层次的非线性变换提取高级别的抽象特征。当然，应该根据具体问题和数据集的特性选择合适的算法进行时间序列分类，从而达到更好的分类效果。这些算法各有优缺

点，需要根据实际情况进行权衡和选择。

2. 时间序列的聚类

时间序列的聚类旨在将具有相似特征的时间序列数据划分到不同的簇中。这些簇不仅揭示了时间序列数据内在的复杂结构和潜在模式，而且提供了深入理解数据的新视角。与时间序列分类不同的是，时间序列聚类无须依赖预定义的类别标签，它完全基于数据本身的相似性和差异性进行自动分组，因此更具灵活性和探索性。在气象学领域，通过对历史气象数据进行时间序列聚类，可以识别出不同的天气模式或气候类型，进而预测未来的天气变化，为灾害预警和农业生产提供有力支持；在电子商务领域，通过对消费者的购买行为数据进行时间序列聚类，商家可以洞察消费者的消费习惯和偏好，从而制定更加精准的产品推荐和营销策略。这不仅有助于提升用户体验，还能为企业带来更高的销售额和利润。

给定一个时间序列数据集 $D=\{F_1,F_2,\cdots,F_N\}$，**时间序列聚类**将其变为 $C=\{C_1,C_2,\cdots,C_K\}$ 个簇，C_i表示一个簇，$D=\bigcup_{i=1}^{K}C_i$且$C_i\cap C_j=\varnothing$（$i\neq j$）。

这里的定义对于单序列和多序列问题同样适用，对于单序列而言，$F_1\sim F_N$表示的是不同的时间步（时间序列数据中的一个具体的时间点或者一个时间段，每一个时间步代表了一个特定的时间点的数据）。对于多序列而言，$F_1\sim F_N$表示的是不同的时间序列对象。

在时间序列聚类中，采用动态时间规整距离进行距离度量，应用凝聚的层次聚类算法进行聚类，实现的基本过程如算法 7-8 所示。采用凝聚的层次聚类算法进行时间序列聚类的详细过程如下：将每个时间序列作为一个单独的簇，计算所有时间序列对之间的动态时间规整距离，并存储在一个距离矩阵中（第1行）。进行迭代合并，在每次迭代中，选择距离最近的两个簇进行合并。合并后，更新距离矩阵，计算新簇与其他簇之间的动态时间规整距离。这涉及计算新簇的代表性时间序列（例如，通过计算簇内时间序列的平均值或中位数），然后计算这个代表性时间序列与其他簇的动态时间规整距离（第2行）。不满足终止条件，迭代过程继续进行，直到满足某个终止条件。终止条件可以是达到预设的簇数量、簇间距离超过某个阈值，或者迭代次数达到上限等（第3行）。算法最终输出一系列簇，每个簇包含一组相似的时间序列（第4行）。

算法 7-8　基于动态时间规整距离和凝聚的层次聚类算法的时间序列聚类

输入：时间序列数据集，终止条件

算法步骤：

步骤 1　为每个时间序列创建一个单独的簇，计算所有时间序列对之间的动态时间规整距离，存储在距离矩阵 DM 中

步骤 2　当不满足终止条件（见3）时，执行以下步骤：

1）找出距离矩阵中最小距离对应的两个簇 min_1 和 min_2，合并这两个簇为新簇

2）计算合并后新簇的代表性时间序列（如平均时间序列或中位数时间序列）

3）从簇中移除 min_1 和 min_2，添加新簇，并更新距离矩阵

步骤 3　满足终止条件即可停止

步骤 4　返回最终的簇集合

输出：聚类结果

例 7-11　有四支股票（A、B、C、D）的每日收盘价时间序列数据，每个时间序列包含一周（7 天）的数据。以下是四支股票的价格数据（仅为示例，不代表真实数据）。

股票 A：(100，102，101，103，104，105，106)

股票 B：(101，102，103，104，105，106，106)

股票 C：(98，100，102，101，103，104，105)

股票 D：(120，121，122，123，124，125，126)

首先，需要计算每对股票时间序列之间的动态时间规整距离，见表 7-6。

表 7-6　距离矩阵

	A	B	C	D
A	0	2	3	140
B	2	0	7	134
C	3	7	0	148
D	140	134	148	0

接下来，根据这个距离矩阵进行凝聚的层次聚类。在第一次迭代中，选择距离最近的两个股票进行合并。在本例中，股票 A 与股票 B 的距离最近，因此将它们合并成一个簇。这里采用合并后的平均值（对小数四舍五入取整）来代表新簇 {A,B}：(101,102,102,104,105,106,106)。更新后的簇和距离矩阵见表 7-7。

表 7-7　第一次迭代更新后的距离矩阵

	{A,B}	C	D
{A,B}	0	8	135
C	8	0	148
D	135	148	0

更新后的距离矩阵（{A,B} 和 C、D）中簇 {A,B} 与股票 C 最近，将二者合并得到 {A,B,C}。此时，剩下两个簇可以选择停止迭代，或者继续迭代直到满足终止条件，如图 7-10 所示。在本例中，如果选择停止迭代，最终的聚类结果就是两个簇：{A,B,C} 和 D。这意味着股票 A 和股票 B、C 的价格变动模式较为相似。

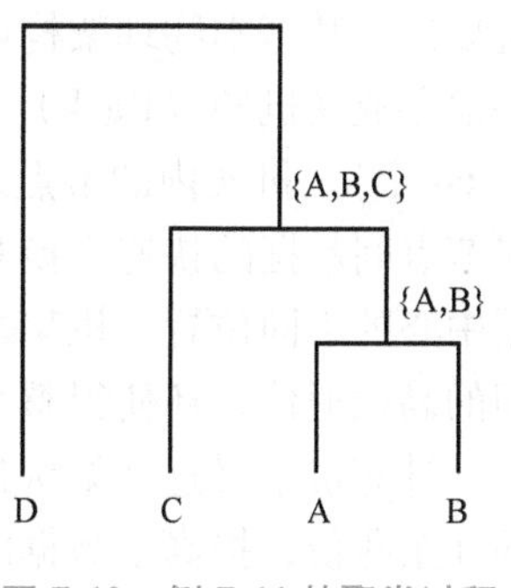

图 7-10　例 7-11 的聚类过程

请注意，这个例子是为了说明时间序列聚类的基本概念和过程而简化的。在实际应用中，时间序列数据通常会更长、更复杂，而且需要考虑更多的特征和预处理步骤。此外，计算动态时间规整距离和进行层次聚类也需要使用专门的算法库或工具来实现。

7.3 大数据与分布式数据挖掘

随着信息技术的飞速发展，日常生活已经被大量的数字信息所包围。这些信息来自于各个方面，如社交网络、物联网设备、企业运营数据等，形成了庞大的数据规模。例如，如果要对网页按照重要性进行排名，这涉及一种迭代矩阵向量乘法，其维度高达数十亿；或是要在社交网站上的朋友网络中搜索，这涉及具有数亿个节点和数十亿条边组成的图。然而，随着大数据时代的到来，其存储和计算的问题也逐渐凸显出来。传统的数据存储系统在处理大规模数据时，往往会遇到性能瓶颈，无法满足实时、高效的数据处理需求。此外，传统的计算模式也难以应对大数据的复杂性，需要更加灵活、可扩展的计算系统来支持。

在本节中，首先，介绍分布式文件系统，其突破了传统的数据存储模式，将数据分散存储在多个节点上，通过计算机网络实现数据的共享和访问，提高了数据的存储能力，还使得数据访问更加高效、灵活；然后，分别介绍 MapReduce 及 Spark 两种分布式计算系统，它们将复杂的计算任务分解成多个子任务，并行处理以提高计算效率。这种计算模式能够充分利用计算机集群的计算资源，快速处理大规模数据，满足实时分析的需求。

7.3.1 分布式文件系统

相对于传统的本地文件系统，分布式文件系统（Distributed File System）是通过网络连接多台主机以实现文件分布式存储的新型文件系统，用户可以更简便地访问分布在网络上的共享文件。具体来说，分布式文件系统将多个存储节点聚集在一起，并将数据有逻辑地分布到具有各自计算能力和存储能力的多个节点上，为大数据的存储和访问提供了一种高效、灵活且可扩展的解决方案。

1. 计算机集群结构

普通的文件系统主要依赖于单个计算机节点，这个节点内部包含了处理器、内存、高速缓存及本地磁盘等核心组件，这些组件协同工作完成文件的存储和处理任务。这种架构在处理小规模数据或单一任务时表现出色，但面对大规模数据处理或复杂任务时，其性能可能会受到局限。

分布式文件系统则打破了这一局限，它采用了一种全新的存储方式。具体地，它将文件分散存储到多个计算机节点上，这些数量庞大的节点彼此间通过网络相连，共同构成了计算机集群，其基本物理架构如图 7-11 所示。从图 7-11 中可以看出，集群中的计算机节点被有序地存放在机架（Rack）上，机架作为物理存储单元，能够容纳一定数量的节点（通常在 8~64 个）。机架内的节点之间通过网络连接，网络通常采用高速且稳定的千兆以太网，确保节点间数据的快速交换和同步。同时，集群中可能包含多个这样的机架，它们被放置在数据中心的不同位置。机架之间则通过集群交换机进行数据的传递，这种架构不仅提供了节点间的高效通信，还使得整个集群在物理布局上更加灵活和可扩展。

计算机集群这种架构带来了多重优势。由于数据被分散存储在多个节点上，实现了数据的冗余备份，提高了数据的可靠性和安全性。同时，集群中的节点可以并行处理数据，大大提高了数据处理的速度和效率。除此之外，这种架构使得集群的扩展变得轻而易举，只需增加新的节点或机架，就能轻松提升整个集群的计算和存储能力。通过合理的网络布局和管理策略，可以实现对集群的高效监控和管理，大大降低了维护成本。

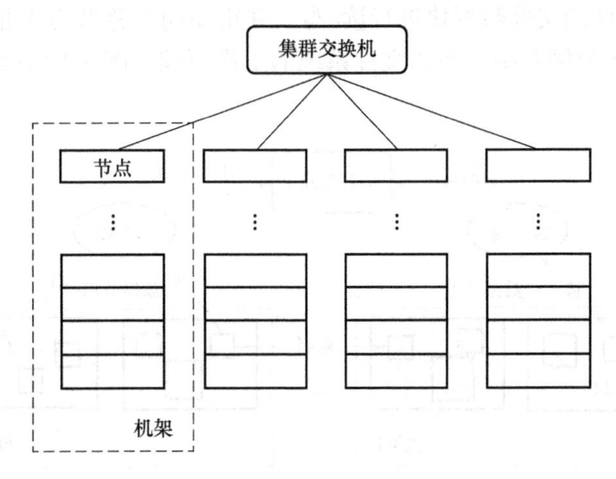

图 7-11　计算节点的物理架构

2. 分布式文件系统结构

为了充分发挥计算机集群结构的潜能，需要构建一种在结构上与传统单机文件系统截然不同的文件系统。这种系统便是分布式文件系统，其专为集群环境而设计，并展现出诸多独特的应用场景。分布式文件系统的整体架构通常为主从结构，这一结构由大量的计算机节点构成，这些节点根据功能的不同，主要分为两大类。

一类是主节点（Master Node），主节点在整个分布式文件系统中扮演着至关重要的角色。它不仅是文件和目录管理的核心，负责文件的创建、删除和重命名等操作，还负责维护着数据节点和文件块之间的映射关系。主节点的稳定运行和高效处理，对于整个分布式文件系统的性能和可靠性至关重要。另一类则是从节点（Slave Node），从节点则主要承担着数据的存储和读取任务。从节点会根据主节点的命令，执行数据块的创建、删除和复制等操作。从节点之间的协同工作，使得数据的存储和访问变得高效而可靠。它们像是分布式文件系统中的一个个仓库，存储着海量的数据，随时准备响应客户端的访问请求。

除了主节点和从节点之外，客户端（Client）也是分布式文件系统架构中的一个重要组成部分，通常由各种大数据应用或终端用户组成。客户端通过访问主节点获取文件块的存储位置信息，然后直接与从节点进行数据的读取或写入。这种设计使得客户端能够高效地访问和使用分布式文件系统中的数据，满足各种大数据应用的需求。

计算机集群中的节点可能发生故障，因此为了保证数据的完整性，分布式文件系统通常采用多副本存储。文件块会被复制为多个副本存储在不同的节点上，而且存储同一文件块的不同副本的各个节点会分布在不同的机架上。这样，在单个节点出现故障时，就可以快速调用副本重启单个节点上的计算过程，而不用重启整个计算过程，整个机架出现故障时也不会丢失所有文件块。文件块的大小和副本个数通常由用户指定。

3. Hadoop 分布式文件系统

Hadoop 分布式文件系统（Hadoop Distributed File System，HDFS）是一个高度可扩展的分布式文件系统。HDFS 采用主从式的分布式架构，其主节点称为名称节点（Name Node），负责存储文件的元数据，包括目录、文件、权限、文件分块、副本存储等信息，并对 HDFS

的全局情况进行管理。从节点称为数据节点（Data Node），负责自身存储的数据块，并根据名称节点的指令对存储的文件数据块进行读/写，并定期向名称节点上报节点及数据的健康情况。下面以 Hadoop 为例介绍分布式文件系统的工作原理，图 7-12 详细描述了 HDFS 进行数据读/写的过程。

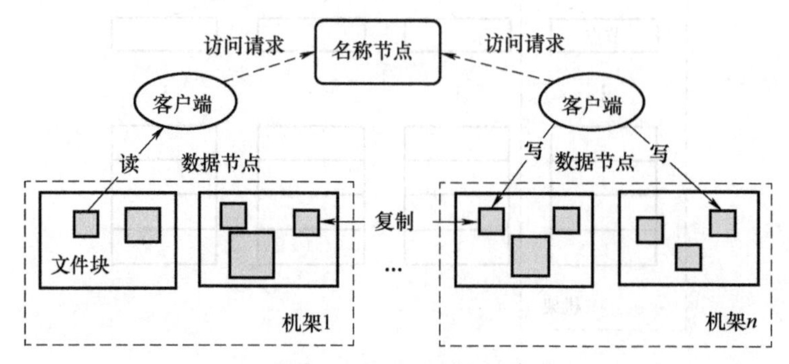

图 7-12　Hadoop 分布式文件系统的读/写过程

在数据写入时，客户端首先与名称节点进行通信，发送写入请求。名称节点会检查要写入的数据目录下是否存在该文件：如果不存在，则给客户端返回可以写入的状态；如果存在，则报错并拒绝写入。然后，名称节点选择合适的数据节点来存储新的数据块，并返回选定的数据节点列表给客户端。客户端将待写入的数据按照固定大小（如 128MB）切分成数据块，并按照顺序发送给选定的数据节点。数据节点接收到写入请求后，将数据块存储在本地磁盘上，同时将数据块复制到其他数据节点以提供冗余备份，以确保数据的容错性。数据节点完成写入操作后，会向名称节点发送确认信息，告知已成功写入数据块。当所有副本全部写入完成后，客户端会收到名称节点的确认响应，代表写入过程的完成。

在数据读取时，客户端向名称节点发送读取请求，包含要读取的文件路径和偏移量。名称节点验证请求和文件信息后，返回包含数据块位置信息的元数据给客户端。客户端根据就近原则选择距离自己最近的一个数据节点作为主读取节点，然后直接与该数据节点建立数据传输通道，并行读取所需的数据块。读取完成后，客户端会对接收到的数据块进行组合和处理，以还原成完整的文件。

7.3.2　MapReduce 大数据处理框架

MapReduce 是一种用于并行计算的编程模型和软件框架，最初由 Google 提出。MapReduce 框架主要用于分布式计算环境下的数据处理和计算，可以有效地处理大规模数据集，实现高性能和可靠性的数据处理任务。MapReduce 工作流程如图 7-13 所示，主要分为以下几个步骤。

1）Map 任务。分布式文件系统为每个 Map 任务分配一个或多个块。这些 Map 任务将数据块转换为一系列键值对。生成键值对的方式由用户编写的 Map 函数决定。

2）按键分组。每个 Map 任务中的键值对由主控制器（Master Controller）收集并按键排序。键被分配给所有的 Reduce 任务，所有具有相同键的键值对都在相同的 Reduce 任务中结束。

3）Reduce 任务。一次处理一个键，并以某种方式组合与该键相关的所有值。值的组合方式由用户编写的 Reduce 函数决定。

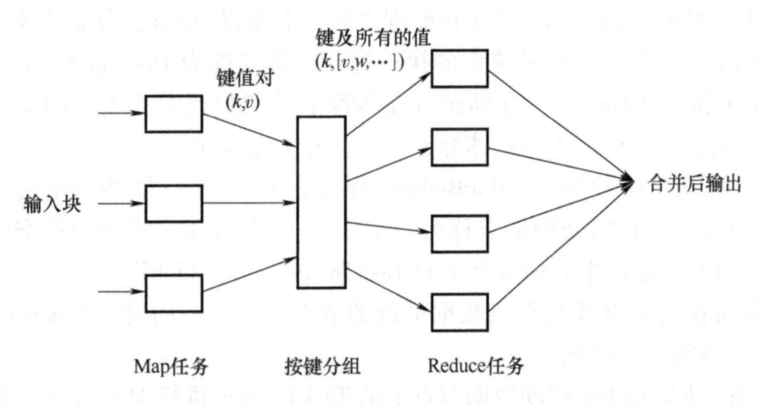

图 7-13　MapReduce 工作流程

1. Map 任务

Map 任务是 MapReduce 工作流程的第一个阶段。它的主要任务是将输入数据（如文件）划分为一系列的键值对，然后对每个键值对执行用户定义的 Map 函数。Map 任务的输入由元素组成，元素可以是任何类型，比如元组或文档。Map 函数将输入元素作为参数，并产生零个或多个键值对，键和值的类型都是任意的。此外，键并非通常意义上的“键”，它们不必是唯一的。相反，Map 任务甚至可以从同一个元素中产生几个具有相同键的键值对。Map 阶段的输出被临时存储在本地文件系统中，等待后续的按键分组和 Reduce 任务处理。Map 任务通常是并行的，多个 Map 任务可以同时处理输入数据的不同部分。

2. 按键分组

一旦所有 Map 任务都成功完成，键值对就会根据键进行分组，与每个键相关联的值形成值列表。分组由系统执行，无论 Map 任务和 Reduce 任务执行什么操作。主控制器进程知道将有多少个 Reduce 任务，假设有 r 个这样的任务，然后主控制器会选择一个适用于键的哈希函数，生成一个从 $0 \sim r-1$ 的桶号。Map 任务输出的每个键都会进行哈希处理，并将其键值对放入 r 个本地文件中的一个。每个文件都指向一个 Reduce 任务。

为了按键进行分组并将数据分发给 Reduce 任务，主控制器会合并每个 Map 任务中指向特定 Reduce 任务的文件，并将合并后的文件作为键值列表对的序列输入到该进程中。也就是说，对于每个键 k，处理键 k 的 Reduce 任务的输入是一个形如 $(k,[v_1,v_1,\cdots,v_n])$ 的对，其中$(k,v_1),(k,v_2),\cdots,(k,v_n)$ 是来自所有 Map 任务的所有具有键 k 的键值对。

3. Reduce 任务

Reduce 任务是 MapReduce 工作流程的最后一个阶段。它的主要任务是对按键分组后的数据进行处理，并生成最终的输出结果。Reduce 函数的输入参数是由特定键及其对应的值列表所组成的配对数据。这些值列表是在 Map 任务通过按键分组后，与相应键相关联的所有值的集合。随后，Reduce 函数根据用户定义的逻辑进行归约操作。归约操作的具体形式取决于数据的性质和处理需求，可以是求和、计数、求平均值等，并生成一个或多个键值对的序列作为输出。最终，所有 Reduce 任务的输出会被合并成一个文件，这些结果通常被写入 HDFS 中的文件或其他存储系统中。

4. MapReduce 执行过程

在详细阐述了 MapReduce 的主要工作流程之后，下面以 Hadoop 分布式文件系统为例介绍 MapReduce 框架在分布式文件系统上的执行过程，将其称为 Hadoop MapReduce。其核心组件为 JobTracker 和 TaskTracker，分别运行在名称节点和数据节点上。图 7-14 给出了 Hadoop MapReduce 的运行架构，下面具体介绍其运行的主要步骤。

1）环境初始化。用户编写 MapReduce 程序，通过客户端提交给名称节点中的 JobTracker 进行处理。用户的处理请求称为一个作业。JobTracker 将用户提交的作业分解为数据处理任务，分发给集群中数据节点上的 TaskTracker 运行。JobTracker 会尽量把任务发送到任务所需数据所在的节点或是距离数据最近的节点上运行。同时，TaskTracker 会定期向 JobTracker 汇报任务的运行情况。

2）Map 任务。JobTracker 启动数据节点上的 TaskTracker 执行 Map 任务。随着 Map 任务的完成，它们会生成大量的中间结果，这些结果以<key，value>的形式存放在各个节点的本地磁盘中。

3）Reduce 任务。Map 任务结束后，JobTracker 会在各个节点上启动 TaskTracker 执行 Reduce 任务，这些任务会从各个 Map 任务执行的各个节点上，把具有相同 key 的<key，value>对收集到一起进行汇总计算，并得到最终结果，然后将结果输出到 HDFS 系统中。

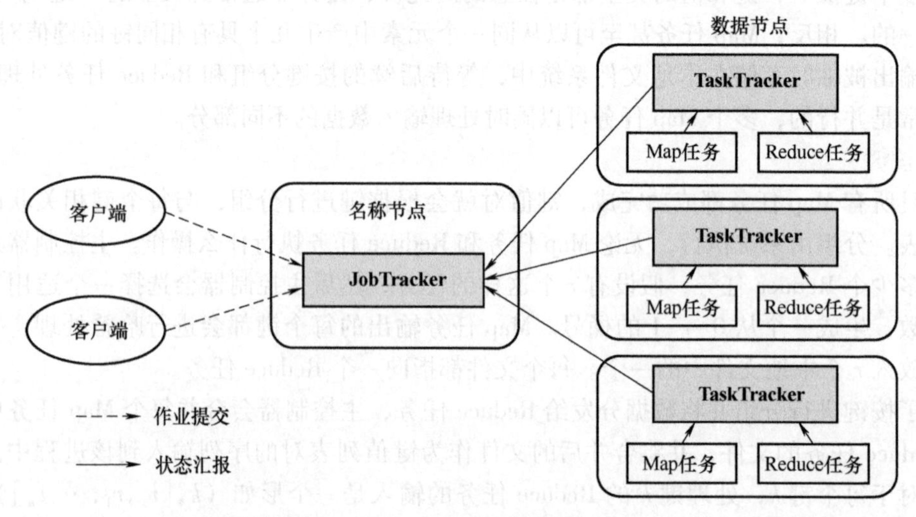

图 7-14 Hadoop MapReduce 运行架构

5. MapReduce 框架的实现

图 7-15 以 k-means 算法为例，具体说明 MapReduce 框架的基本思路及其具体的执行过程。

1）初始化。根据原始的输入数据块生成随机聚类中心向量（这里假设 k 的值为 3），指定循环次数。

2）Map 任务。求点集中各个点和 k 个质心的距离，选择最近的质心，key 对应所在的类别序号，而 value 则对应向量。setup 函数用于读取并初始化聚类中心向量，在 map 函数中读取每个记录，计算当前记录到各个聚类中心向量的距离，根据到聚类中心向量最小的聚类中心 ID 判断该记录属于哪个类别，输出所属聚类中心 ID 和当前记录。

3）Reduce 任务。Reduce 任务接收相同聚类中心 ID 的数据，形成新的键值对，键为对应的类别、值为属于该类别的所有向量。然后，系统计算新的聚类中心向量（这里采用平均方法进行计算，即向量每个维度的和除以向量的个数），然后输出聚类中心 ID 和新的聚类中心向量。

4）结束条件判断。判断前后两次聚类中心向量之间的误差是否小于某阈值：如果小于，则针对最后一次生成的聚类中心向量对原始数据进行分类，得到每个记录的类别；否则跳转到步骤 2）。

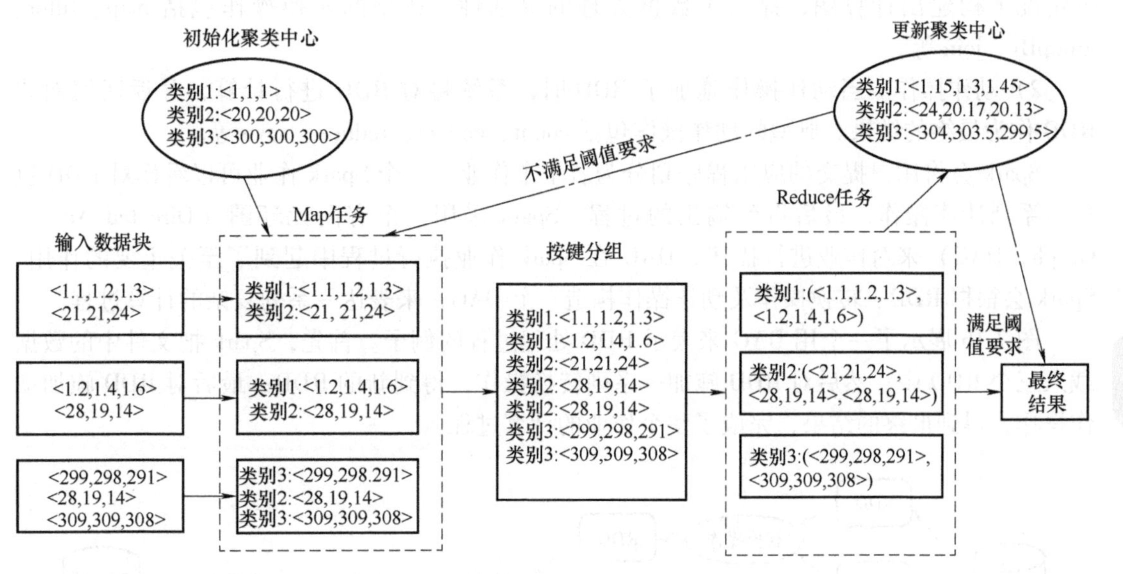

图 7-15　MapReduce 程序执行过程

7.3.3　Spark 大数据处理框架

Spark 是一个基于内存计算的大数据并行处理框架，是当前主流的大数据处理框架之一，可用于构建大型的、低延迟的数据分析应用程序。虽然 7.3.2 小节中介绍的 MapReduce 框架可以对大数据进行分布式处理和计算，但它主要存在两方面的问题：首先，MapReduce 中每进行一次 Map 和 Reduce 任务都需要进行磁盘的读/写，非常耗费时间；其次，许多复杂问题无法简单地用 Map 和 Reduce 过程来表示。Spark 框架能很好地解决上述问题。

Spark 将数据抽象为一种分布式共享内存模型，从而实现基于内存进行计算，减少了磁盘的读/写次数，使得其速度可以达到 MapReduce 的数倍甚至数十倍。除此以外，Spark 引入了执行图结构来表示数据的计算过程，使其不局限于 Map 和 Reduce 两种操作，能够更灵活地描述各种复杂问题，并对执行过程进行优化。

Spark 模型的应用场景非常广泛，包括批处理、实时流处理及数据挖掘等。例如，它可以处理大规模的数据集，并提供丰富的数据处理和转换功能，适用于各种批处理任务，如数据清洗、ETL、数据分析等。此外，Spark 还提供了机器学习库 MLlib，可以在大规模数据上进行数据挖掘任务，如分类、回归、聚类、推荐等。

1. RDD及其处理

Spark通过将数据抽象为弹性分布式数据集（Resilient Distrusted Dataset，RDD）实现基于内存的分布式计算。RDD是Spark底层的分布式存储的核心数据结构，它是容错的、不可更新的。在对RDD进行处理时，为了实现常见的数据运算，RDD提供了许多操作，这些操作可以被分为转换（Transformation）和动作（Action）两种类型。前者用于制定RDD之间的相互依赖关系，后者执行计算并指定输出形式。

1）转换操作。由于RDD是不可更新的，因此对一个RDD执行转换操作时并不会立即触发计算，而是返回一个新的RDD。这种延迟计算的机制使得用户可以在不实际执行计算的情况下构建出计算图，提高了数据处理的灵活性。典型的转换操作包括map、filter、groupBy、join等。

2）动作操作。当动作操作施加于RDD时，系统将对RDD进行计算，并返回值而非RDD作为最终的结果。典型的动作操作包括count、collect、reduce、save等。

Spark会将用户提交的应用程序划分为若干个作业。一个Spark作业可以看作对RDD执行一系列计算操作，最后得到输出的过程。Spark采用一个有向无环图（Directed Acyclic Graph，DAG）来对作业进行描述，DAG在Spark作业执行过程中起到了至关重要的作用。Spark会根据RDD、转换操作及动作操作构造一个DAG，来表达一系列复杂的计算过程。

图7-16展示了一个用DAG来表示RDD处理过程的例子。首先，Spark把文件中的数据载入三个RDD中；然后对RDD施加一系列转换操作，得到新的RDD；最后对RDD施加动作操作，得到最终的结果，完成了整个作业的计算过程。

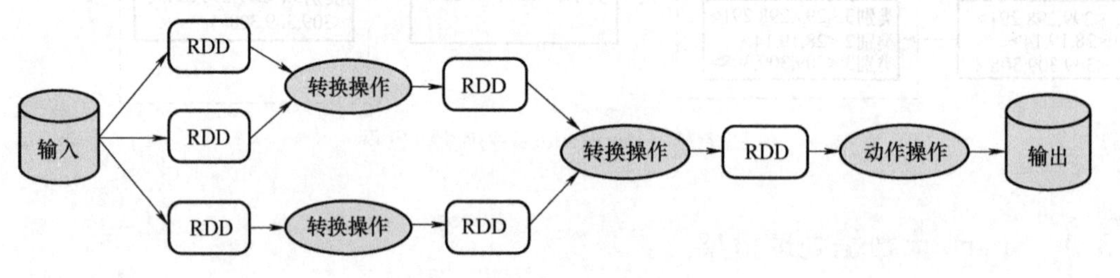

图7-16 一个典型的DAG示例

2. RDD的分区

在Spark作业执行过程中，RDD的分区起到了关键作用。Spark会将RDD分成多个分区，RDD的每个分区对应一个任务，其是Spark应用程序中执行的最小单位。这种分区策略使得数据能够并行处理，因为RDD的不同分区都可以独立地在相应的节点上进行计算。用户可以通过指定分区数量来控制并行度，以适应不同规模的数据集和集群环境。

在DAG里，当对父RDD执行转换操作时会生成一个子RDD，此时两个父子RDD之间就建立了依赖关系。父子RDD的各个分区之间有两种依赖关系，分别是窄依赖和宽依赖，如图7-17所示。窄依赖是指每个父RDD的分区，最多被一个子RDD的分区使用到，如进行map、filter、join等操作时则产生窄依赖。而宽依赖是指子RDD中一个分区的数据来自于父RDD中多个分区的情形，如进行groupByKey、reduceByKey、sortByKey等操作。

3. Spark的作业调度

在Spark中，一个DAG代表了一个完整的作业。一旦DAG构建完成，DAGScheduler会

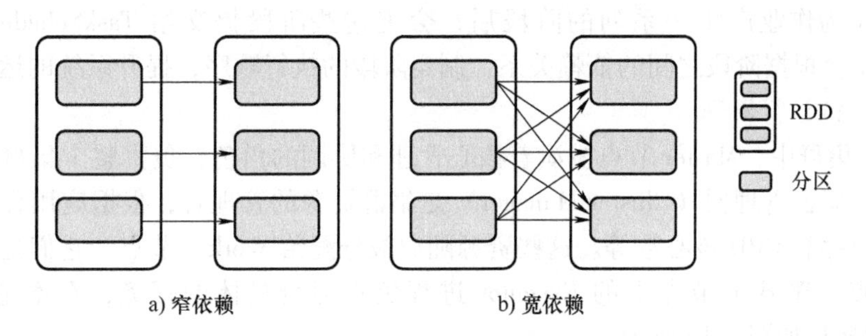

图 7-17　窄依赖和宽依赖

负责作业的调度工作，这一调度过程的核心是将作业划分为多个阶段。阶段是由一组可以并行执行的任务所组成的，这些任务负责计算作业的部分结果。

在划分阶段的过程中，DAGScheduler 会分析 RDD 之间的依赖关系，即判断是宽依赖还是窄依赖。窄依赖无需跨分区的数据传输，任务可以并行执行。而宽依赖通常涉及跨分区的数据传输和重新组合，因此它们不能简单地与窄依赖任务放在同一个阶段中并行执行。以 grouByKey 操作为例，对于一个 key 而言，其对应的 value 一般都会分布在多个分区里，这些分区散布在不同的机器上。在执行计算时，必须把与某个 key 关联的所有 value 都发送到同一台机器中。

为了优化执行效率，DAGScheduler 会将宽依赖任务分配到不同的阶段中，并尽可能多地将窄依赖任务放在一个阶段中并行执行，以充分利用集群的并行处理能力。图 7-18 展示了一个以表连接为例的作业调度过程。由于 RDD D 到 RDD E 的转换，以及 RDD C 和 E 到 RDD F 的转换都属于宽依赖，各自需要一个独立的阶段执行；而 RDD A 到 RDD B 和 RDD B 到 RDD C 的转换属于窄依赖不能和宽依赖在一个阶段中执行，也需要一个独立的阶段。因此，DAGScheduler 将作业划分为 3 个阶段执行。

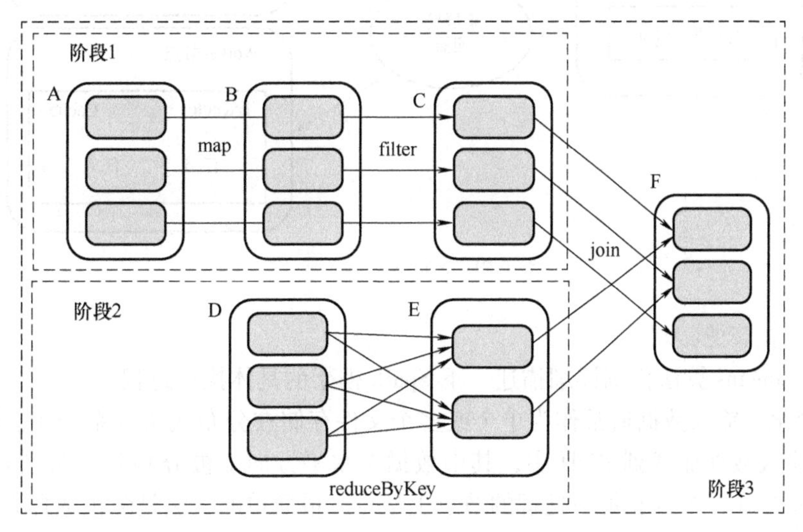

图 7-18　Spark 作业的阶段划分

阶段的执行过程是串行的，这意味着前一个阶段完成后，下一个阶段才会开始执行。

DAGScheduler 为作业产生一系列的阶段后，会把这些阶段提交给 TaskScheduler 来执行。TaskScheduler 会根据阶段之间的依赖关系，制定阶段的执行顺序，提升系统的运行效率。

4. Spark 的运行原理

在 Spark 集群中，Master 节点扮演着核心管理和协调的角色，负责整个集群的资源分配和任务调度。集群管理器（Cluster Manager）是集群资源的管理者，根据应用程序的需求分配资源，如内存和 CPU 核心数等。这些资源随后被分配给 Worker 节点，它们是实际执行计算任务的节点。Worker 节点上的 Executor 进程负责运行具体的任务，在本地进行计算。Spark 运行的架构如图 7-19 所示。

1）环境初始化。当一个 Spark 应用被提交时，首先需要为这个应用构建起基本的运行环境，即由 Master 节点创建一个 SparkContext，由 SparkContext 负责与集群管理器的通信，以及进行资源的申请、任务的分配和监控等。SparkContext 会向集群管理器注册并申请运行 Executor 的资源。集群管理器为 Worker 节点上的 Executor 分配资源，并启动 Executor 进程。

2）任务分配。SparkContext 根据 RDD 的依赖关系构建 DAG，并将 DAG 提交给 DAG-Schedule 进行解析，将 DAG 分解成多个阶段，然后把一个个“任务集”提交给 TaskScheduler 进行处理。Executor 向 SparkContext 申请任务，TaskScheduler 将任务分发给 Executor 运行。

3）任务执行。任务在 Executor 上运行，Executor 把执行结果反馈给 TaskScheduler，然后反馈给 DAGScheduler，运行完毕后写入数据并释放所有资源。

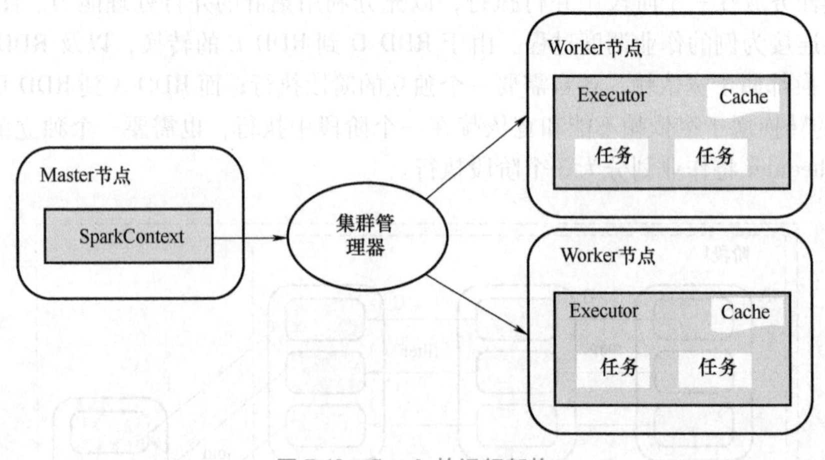

图 7-19 Spark 的运行架构

5. Spark 框架的实现

下面以 k-means 算法为例详细描述一下 Spark 框架的具体执行过程。

1）初始化。输入数据通常作为单个或多个文件存储在分布式文件系统中。因此，首先需要将这些输入数据加载到 RDD 中，其中数据在水平方向上被分割并分布到多台机器上。质心初始化通常在一个具有集中处理的节点上运行。最简单的方法是随机选择 k 个实例，使用 takeSample 从 RDD 中收集实例，然后将其广播到所有节点。

2）距离计算。现在每个处理器都有质心信息。处理器计算它们的记录到这些质心的距离，并通过将数据点分配到最近的质心来形成局部聚类。

3）更新质心。一旦一次迭代完成，来自处理器的信息被交换，主进程从 RDD 收集质心的部分信息到中央节点，从而更新新的质心。与初始化步骤一样，新的质心作为广播变量存储在 Spark 中。这个过程不断迭代直到收敛。一旦满足收敛条件，主进程就收集本地簇并将它们组合成一个全局聚类。

7.4　本章小结

本章探讨了图数据挖掘、时间序列数据挖掘，以及分布式大数据挖掘技术。对于图数据挖掘，首先讨论了图数据的基本概念和特性，介绍了两类图挖掘算法：凝聚子图挖掘算法和图模式挖掘算法。通过这两种图挖掘算法，能够更有效地从图中提取有价值的信息，为进一步的数据分析和决策提供支持。随后，从多个方面全面探讨了时间序列数据挖掘，深入剖析了时间序列数据的特点，并介绍了其在各个领域的广泛应用，强调了相似性度量在时间序列分析中的重要性。此外，还对时间序列数据挖掘中涉及的关键技术进行了深入阐述，包括时间序列异常检测、时间序列分类、时间序列聚类等。最后，面对大数据的挑战，介绍了大数据与分布式数据挖掘技术，包括分布式文件系统和 MapReduce、Spark 等大数据处理框架。分布式文件系统将数据分散存储在多个物理位置的多个节点上，为大规模数据的存储和管理提供了解决方案。MapReduce 和 Spark 等大数据处理框架则为数据的高效处理和分析提供了强大的支持。

通过本章的学习，不仅可以掌握高级数据挖掘的核心技术，还可以理解这些技术在现代数据分析中的重要性和应用前景。随着技术的不断进步，相信高级数据挖掘技术将继续在各个领域继续展现出其巨大的应用潜力和影响力。

第 8 章　数据可视化与分析

导读

在信息化时代，数据逐渐成为各行各业发展的核心驱动力。数据可视化作为解读和呈现数据的重要手段，能够有效解析数据间的内在关联关系，在数据分析领域扮演着愈发重要的角色。通过数据可视化，可以更直观、更深入地理解数据中的信息，揭示出潜在的规律和趋势，挖掘出数据所蕴含的深层信息，从而为研究和决策提供更有力的支持。本章将系统地探讨数据可视化与分析领域的核心内容，首先介绍数据可视化的背景、定义及基本步骤，随后探讨常用的图表类型、Python 和 JavaScript 等常用类库，以及可视化软件的应用，并结合实例进行数据可视化展示。

本章知识点

- 数据可视化的定义、基本步骤、常用图表类型、实例
- 数据可视化常用的 Python 类库、JavaScript 开发工具、软件类工具

学习要点

- 掌握数据可视化的基本原理，能够描述数据可视化的目的和在数据分析中的作用。
- 掌握数据可视化的基本步骤，能够按照正确的流程进行数据可视化，选择合适的图表类型来展示数据。
- 熟悉常用的数据可视化工具，能够使用 Python、JavaScript 等编程语言中的数据可视化库，以及软件类可视化工具进行数据可视化。

工程能力目标

根据数据特性和分析需求设计合适的可视化方案；使用编程语言实现数据可视化，包括数据处理、图表生成和交互设计；熟练使用各种数据可视化软件工具，快速生成高质量的可视化图表。

8.1　数据可视化的基本概念

8.1.1　数据可视化的背景

数据可视化作为一种信息表达方式，最早可追溯至 17 世纪，统计学家戈塞特利恩提出了统计图表的概念用以直观地展示数据分布，例如饼图、直方图等。到了 19 世纪，随着信息量的增加，人们对数据的表达形式提出了更高要求，这一时期出现了很多创新的可视化方法，例如，弗洛伦斯·南丁格尔的"玫瑰图"成功地展示了不同因素对士兵死亡率的影响，被视为数据可视化历史上的重要里程碑。进入 20 世纪，随着计算机技术的发展和普及，数据可视化技术也获得了快速发展。计算机不仅极大地提高了数据处理的效率，而且通过图形界面和交互式设计等技术使得数据可视化变得更加直观、易懂。1970 年以来，出现了许多经典的可视化工具和技术，如 *X-Y* 图、树状图、雷达图和散点矩阵等。1987 年，奥罗拉项目首次引入了交互式可视化的概念，成为后来的可视化工具的范本之一。

21 世纪进入了大数据时代，数据可视化得到了进一步的蓬勃发展。海量的数据需要用更直观、易懂的方式来呈现，以帮助人们从数据中获取有价值的信息。数据可视化在各个领域都有广泛的应用。在商业领域，它被用于市场调研、销售分析和业务运营等方面，帮助企业从海量数据中提取有价值的商业信息，支持决策的制定和战略的规划；在科学研究领域，数据可视化有助于发现新的科学现象、验证理论模型，并促进学术界的交流与合作；在社会问题的解决过程中，数据可视化可以帮助政府和公共机构更好地了解社会情况、制定政策，并与公众进行有效的沟通。同时，数据可视化也促进了跨学科领域之间的交流与协作。以图表形式呈现的数据不仅可以被专业人士快速理解，还能够让非专业人员快速把握数据背后的信息，有助于不同领域的人员进行有效沟通和合作。

例 8-1　假设你是理想生活商城的销售经理，刚拿到 Q1 季度的销售数据，见表 8-1。由于数据量较大，这里仅展示了 2 月 25 日至 2 月 28 日的销售数据。你的目标是对各类产品的销售情况进行详尽的分析，并制定相应的策略以提升整体销售业绩。然而，你发现仅通过表格形式的销售数据难以直观地观察数据及其之间的相互联系，因此，你期望能够运用数据可视化工具和数据分析技术来实现这些目标。

表 8-1　Q_1 季度销售数据（部分）

顾客编号	商品	数量	单价	地点	日期
17850	汽水	6	2.50	南京	2/25
17850	水盆	2	8.00	南京	2/25
17850	面包	6	4.00	南京	2/25
13047	胶水	6	4.00	杭州	2/26
13047	糖果	6	2.10	杭州	2/26
13047	中性笔	6	2.10	杭州	2/26
15574	胶水	2	4.00	深圳	2/26
15574	糖果	1	2.10	深圳	2/26

（续）

顾客编号	商品	数量	单价	地点	日期
15574	手套	1	12.00	深圳	2/26
12583	纸巾	1	10.00	南京	2/26
12583	鼠标垫	2	6.00	南京	2/26
13448	水盆	6	8.00	武汉	2/27
13448	手套	1	12.00	武汉	2/27
13448	勺子	12	1.50	武汉	2/27
18118	勺子	1	1.50	深圳	2/27
18118	水盆	2	8.00	深圳	2/27
18118	牛奶	1	2.10	深圳	2/27
17062	面包	2	4.00	杭州	2/27
17062	梳子	1	7.00	杭州	2/27
17062	胶水	1	4.00	杭州	2/27
15332	汽水	3	2.50	南京	2/28
15332	牛奶	2	2.10	南京	2/28
15332	水盆	5	8.00	南京	2/28
17059	梳子	2	7.00	武汉	2/28
17059	胶水	1	4.00	武汉	2/28
17059	鼠标垫	1	6.00	武汉	2/28

8.1.2 数据可视化的定义及基本步骤

数据可视化（Data Visualization）是指利用各种图表、图形等视觉化方式将数据以直观、易懂的形式呈现出来的过程。其根本目的在于通过视觉化的手段，帮助用户更深入地理解和分析数据，揭示数据中的模式、趋势和关联性。数据可视化的本质在于将抽象的数据转化为可视化的形式，减少人们面对大量数据时的认知负荷，使复杂数据更易于处理和分析，从而能够更轻松地理解和解释数据所蕴含的信息。

例如，图 8-1 展示了线上销售平台每个商品的销量信息，其中，横轴代表产品，纵轴代表产品的销量。相比于传统的表格形式，通过数据可视化的方式呈现销量数据，可以更直观地感受到不同商品之间销量的差异，使得人们更容易理解和分析销量情况。

数据可视化并不只是最终的视觉呈现和图表，而是一个以数据流动为主线的完整流程，主要包括四个步骤，即数据采集、数据预处理、可视化映射和结果解读与呈现。整个数据可视化流程贯穿数据的整个生命周期，从数据准备到最终的信息传达，有效地揭示了数据的内在价值和意义。

1. 数据采集

数据采集是数据可视化的第一步，只有获取了数据，后续的数据可视化工作才能开展。获取数据时需要注意数据的真实性和可靠性，以及数据的隐私和合规性问题，这些关键因素直接影响着数据可视化和分析的有效性和可信度。

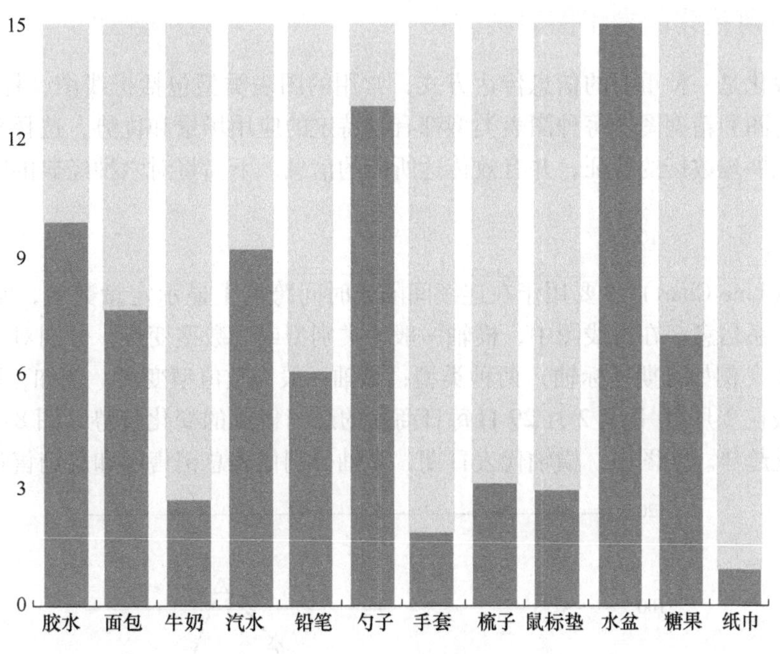

图 8-1　商品的销量信息

2. 数据预处理

采集到的原始数据中不可避免地存在着噪声、误差和异常点等问题，从而会导致数据质量较低。对数据进行预处理能够提高数据的准确性，降低错误分析和判断的风险，为后续的数据可视化与分析提供可靠的基础。

3. 可视化映射

完成数据预处理之后，进入数据可视化过程的核心步骤——可视化映射。可视化映射是指把经过处理的数据信息映射到视觉元素上，完成数据到可视化元素的转变。可视化通常包含三个要素，即空间基质、图形元素和图形属性。

1）空间基质：即创造的可视化空间。一般情况下，可视化空间为二维，但借助图形绘制技术，也可解决在二维平面中呈现三维图形的难题。

2）图形元素：即出现在空间基质中的视觉元素，根据空间自由度的不同，标记可分为点、线、面、体四种类别。

3）图形属性：即可应用于图形元素的属性，也就是利用可见的元素来传达数据所蕴含的信息。常用的图形属性包括标记位置、大小（如长度、面积、体积）、形状、方向、颜色（如色调、饱和度、透明度）等。

4. 结果解读与呈现

在完成数据可视化映射后，下一步的关键在于进行结果的分析与解读。这一阶段需要深入分析数据的规律和趋势，提炼出有价值的信息，这也是数据可视化的最终目标。为达到更好的解读效果，建议结合特定业务的具体背景，利用领域知识，深入挖掘数据背后的内涵。最后，可以将结果解读并呈现在合适的报告或图表等形式中，这有助于提高用户对数据的理解和应用能力，从而更好地指导其决策。

8.1.3 数据可视化的常用图表类型

数据可视化是一种重要的信息传达方式，常用的图表类型包括折线图、柱状图、饼图、散点图、雷达图和箱型图，每种图表类型都有其特定的应用场景和优势，选择合适的图表类型可以更好地展现数据的特征，并有效传达所需的信息。下面将对六种经典的图表类型进行介绍。

1. 折线图

折线图（Line Chart）主要用于在连续间隔或时间跨度上显示定量数值，常被用于显示变化趋势及关系信息。在折线图中，横轴一般为类别型或序数型变量，分别对应文本坐标轴和序数坐标轴（例如日期坐标轴）两种类型；纵轴一般为数值型变量。例如，图 8-2 展示了理想生活商城在 2 月 20 日至 2 月 29 日每日商品的总销售额的变化趋势，图 8-3 展示了其总销售量的变化趋势。两图中，横轴代表日期，纵轴分别代表总销售额和总销售量。

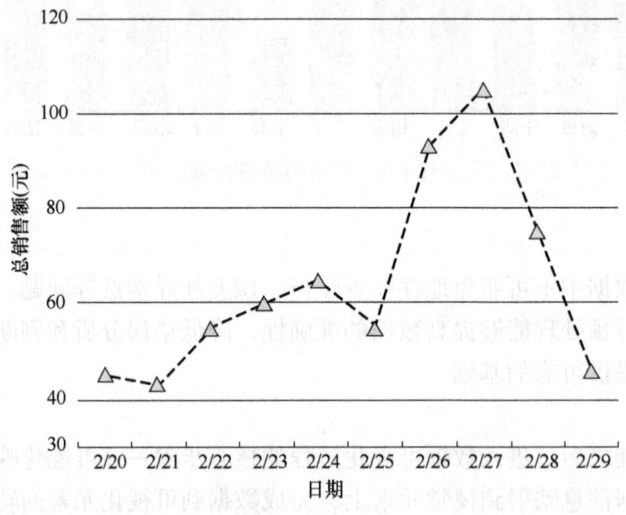

图 8-2 商品总销售额变化趋势（2 月 20 日至 2 月 29 日）

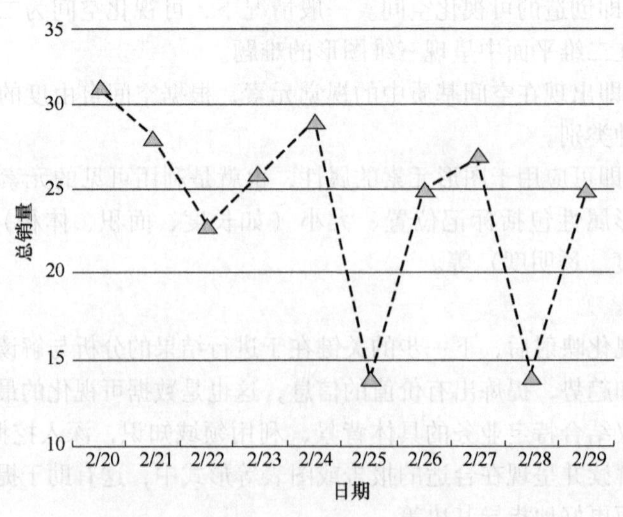

图 8-3 总销售量变化趋势（2 月 20 日至 2 月 29 日）

2. 柱状图

柱状图（Bar Chart）通常用于比较不同类别或组之间的数据差异，横轴一般为类别型或序数型变量，纵轴一般为数值型变量。每个类别或组对应一个矩形柱，其高度代表相应数值的大小。柱状图可以简单明了地展示各个类别或组之间的差异，使得数据更加直观和易于理解。常见的柱状图有三种类型：单数据系列柱状图、多数据系列柱状图和堆积柱状图。

1）单数据系列柱状图：主要用于展示单一类别或组的数据，每个类别对应一个独立的柱形。例如，图 8-4 展示了 2 月 27 日理想生活商城各个种类商品的销售量，其中，横轴代表商品，纵轴代表当天该商品的销售量。

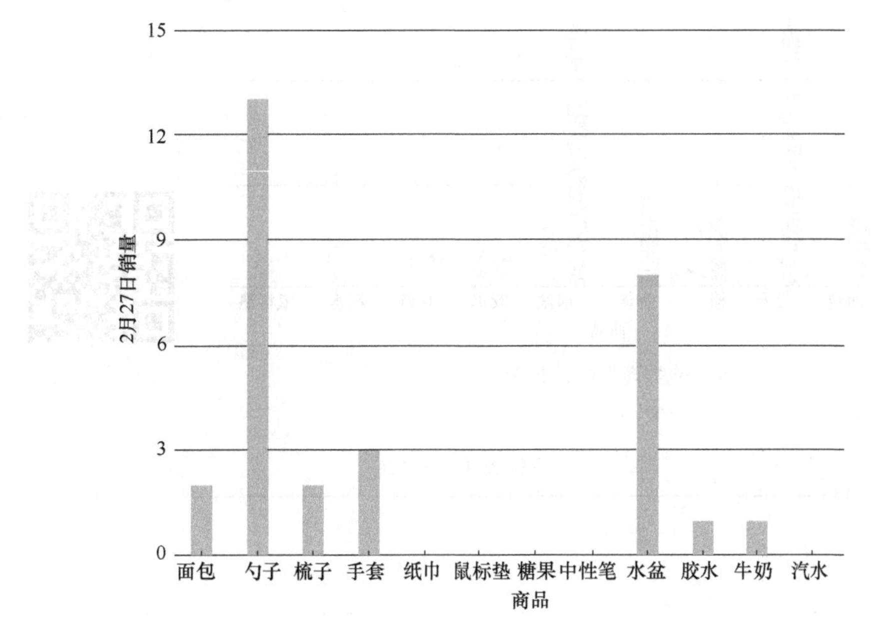

图 8-4　各个种类商品的销售量（单数据系列）

2）多数据系列柱状图：主要用于展示多个类别或组的数据，每个类别包含多根并列的柱形，每个柱形代表一个不同的变量。例如，图 8-5 展示了 2 月 27 日和 2 月 28 日理想生活商城各个种类商品的销售量，其中每一类别中蓝色的柱形代表 2 月 27 日的销售量，绿色的柱形代表 2 月 28 日的销售量，由于纸巾、糖果、中性笔这三种商品在 2 月 27 日和 2 月 28 日的销售量都为 0，因此在图 8-5 中省略了以上数据。

3）堆积柱状图：将不同变量的数值累加显示，整体柱形的高度表示总数值，而柱形内部的不同颜色区域表示各变量的贡献度。例如，图 8-6 展示了 2 月 27 日和 2 月 28 日理想生活商城各个种类商品的销售量组成，其中蓝色代表 2 月 27 日的销售量，绿色代表 2 月 28 日的销售量。

3. 饼图

饼图（Pie Chart）将一个圆饼按照分类划分为多个区块，每个区块的大小代表该分类占总体的比例，所有区块的总和等于 100%。饼图具有帮助用户快速了解数据占比的优势，但是饼图并不适用于多分类的数据，因为随着分类的增多，每个切片就会变小，最后导致大小区分不明显；其次，很难对多个饼图的数据进行对比分析。图 8-7 展示了 2 月 27 日理想生活商城各个商品销售额占当天总销售额的比例。

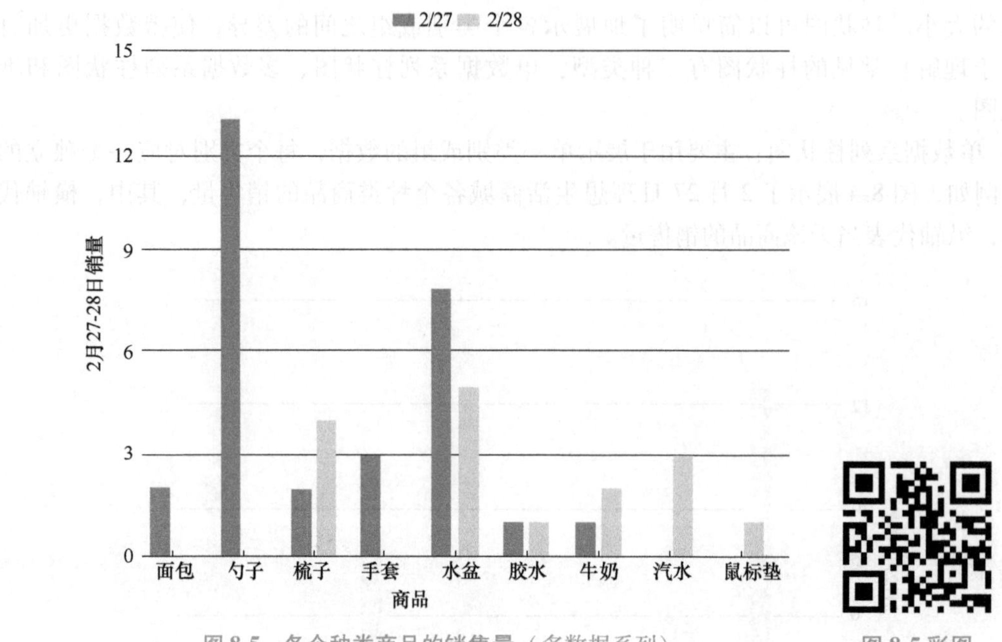

图 8-5　各个种类商品的销售量（多数据系列）

图 8-5 彩图

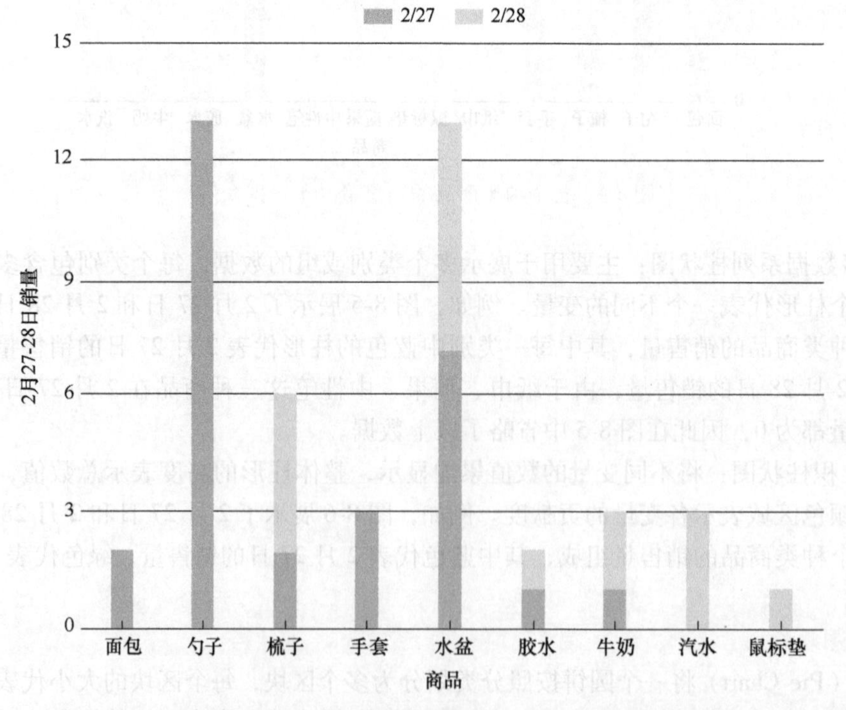

图 8-6　各个种类商品的销售量（堆积型）

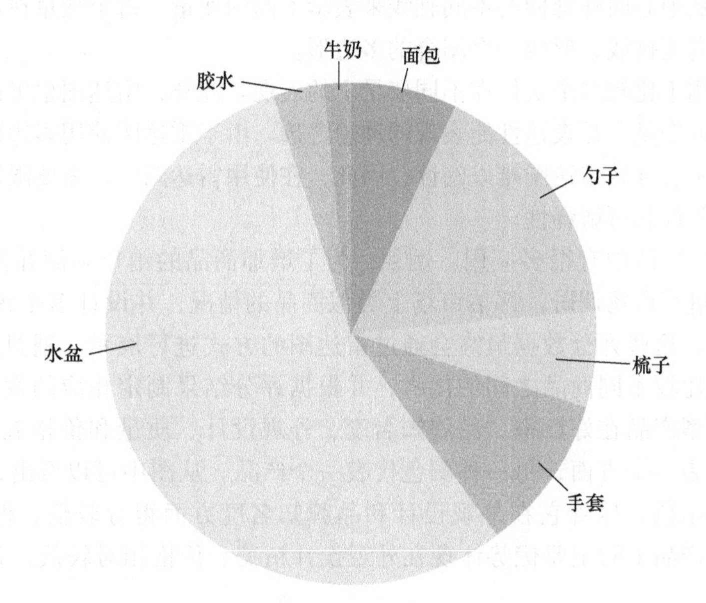

图 8-7　各个商品销售额占比（2 月 27 日）

4. 散点图

散点图（Scatter Graph）使用一系列的散点在直角坐标系中展示变量的数值分布。在二维散点图中，可以通过观察两个变量的数据点分布情况，推断出变量间的相关性。当变量之间没有相互关系时，在散点图上将呈现出随机分布的离散点。然而，当变量之间存在某种相关性时，大部分数据点会相对密集地聚集并展现出有特点的分布或趋势。数据的相关关系主要包括正相关、负相关、不相关、指数相关等。正相关表示两个变量在同一方向上变化，即当一个变量增加时，另一个变量也增加，反之亦然；负相关与正相关相反，表示两个变量在相反方向上变化，即当一个变量增加时，另一个变量减少，反之亦然；不相关表示两个变量之间没有线性关系，即它们的变化不随着对方的变化而变化；指数相关是指两个变量之间的关系呈现出指数函数的特性，即其中一个变量的变化会导致另一个变量呈现出指数级别的变化。这些关系在散点图上的表现大致如图 8-8 所示。

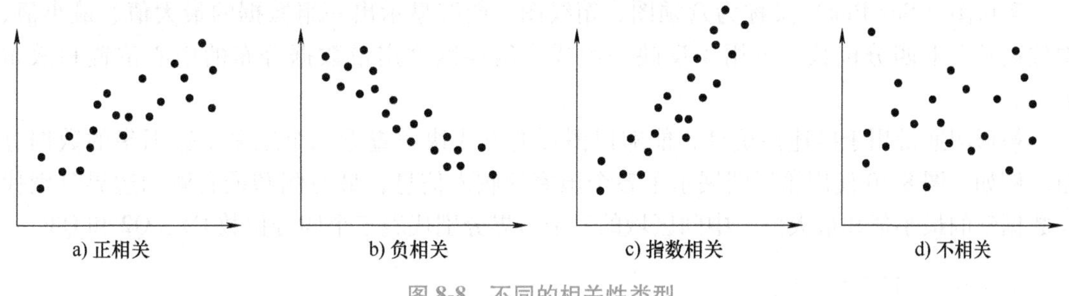

图 8-8　不同的相关性类型

5. 雷达图

雷达图（Radar Chart）又称蜘蛛图，是一种用于可视化多个变量的图表形式。它以中心点为原点，通过从中心向外延伸的不同轴线来表示不同的变量。每个变量在对应的轴线上有自己的数据点或者连接线，形成一个闭合的多边形。

雷达图常被用于比较多个实体在不同变量上的表现。此外，雷达图也可以用于识别数据集中得分高或低的变量，是表达性能表现的理想之选。由于雷达图使用多边形表示数据，如果有过多的变量则会导致雷达图难以阅读，因此，在使用雷达图时，需要限制可用的变量数量，以确保其有效性和可解释性。

雷达图在现实生活中有很多应用。例如，为了增加商品的销售利润并提高其市场竞争力，企业通常会进行市场调研，评估市场上类似商品的情况，并设计多个评价指标来对所有商品进行评分，这些评分数据最终会通过雷达图的方式进行展示。通过这些评价指标，企业可以客观地比较不同商品之间的优劣，并根据评分结果制定相应的发展战略。图 8-9 展示了两个同类型产品在好评率、品牌知名度、外观设计、质量和价格五个方面的评分，其中每一个轴代表一个方面，每一种颜色代表一个产品。从图中可以看出，产品 2 在好评率方面表现较为出色，尽管它在外观设计和品牌知名度方面得分较低，但在产品质量方面表现卓越。而产品 1 的主要优势体现在外观设计精美、价格相对较低，并且享有较高的品牌知名度。

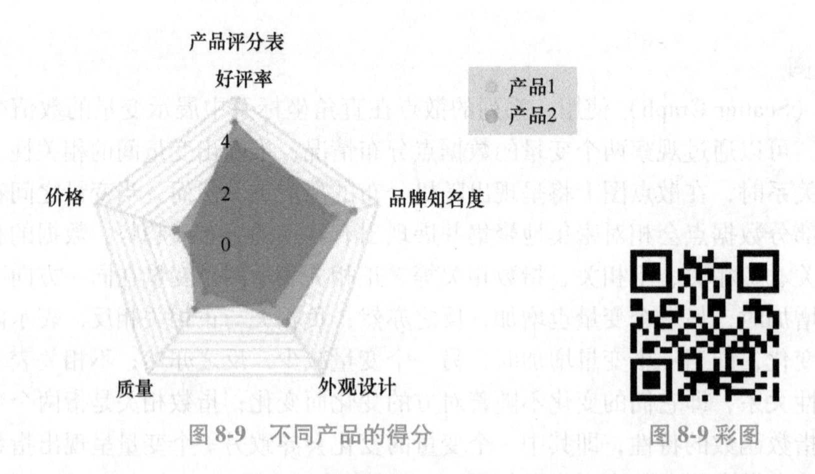

图 8-9　不同产品的得分　　图 8-9 彩图

6. 箱形图

箱形图（Box Plot）又称为盒须图、箱线图，能够显示出一组数据的最大值、最小值、中位数及上下四分位数，可用于反映一组或多组连续型定量数据分布的中心位置和散布范围。

箱形图通常用于描述性统计，能够以图形的方式快速查看一个或多个数据集的数据分布。例如，图 8-10 使用箱形图展示了各个国家的收入信息，最左侧和最右侧的边界分别代表数据集的最小值和最大值，中间区域的三个边界分别代表三个四分位数 Q1、Q2 和 Q3。

8.1.4　数据可视化实例

数据可视化作为一种强大的工具，被广泛应用于各行各业，它不仅能够帮助人们更好地理解复杂数据，还能够为决策制定提供支持。下面通过两个数据可视化实例，展示其在不同领域的应用。

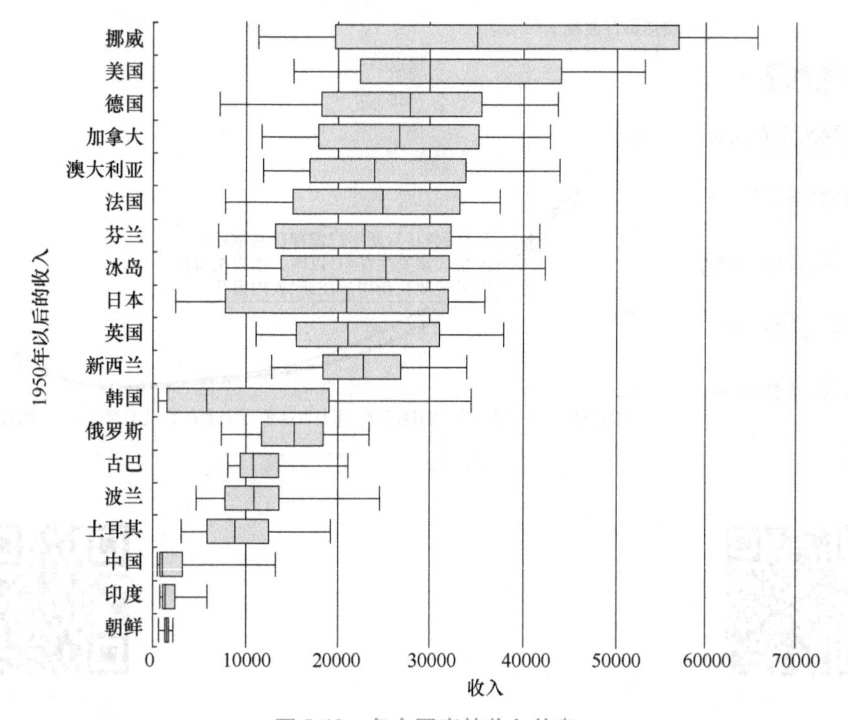

图 8-10　各个国家的收入信息

实例一：某互联网公司产品部门对 2021 年上半年新用户的留存分析

用户留存信息对于产品团队来说具有重要的参考价值，可以帮助他们更好地理解用户行为、优化产品体验，以及制定更加精准有效的用户增长和留存策略。

图 8-11 展示了 2021 年上半年某互联网公司产品的新用户行为数据。首先，从新增用户数的角度来看，左侧图表展示了从 2021 年 1 月至 6 月期间，每月的新增用户数呈现出一个先增后减的趋势，3 月份达到了新增用户数的峰值 1. 77 万，随后几个月逐渐下降，至 6 月份降至 1. 488 万，这一数据变化可能反映了市场策略、产品吸引力或季节性因素对用户增长的影响。其次，右侧的整体留存曲线图揭示了用户在不同时间段内的留存情况。图 8-11 显示，用户在注册后的前四天内留存率下降显著，之后逐渐趋于稳定。这表明大部分新用户的流失发生在注册后的前四天，它指出了关键行为窗口，即需要在用户注册后的 4 天内采取有效措施，以提高用户留存率。

实例二：网站流量数据分析

网站流量数据分析对于理解用户行为、评估网站性能、优化运营和监测营销效果具有重要意义，能够帮助网站开发者更加深入地了解网站和用户之间的关系，从而提高网站的质量、效益和竞争力。图 8-12 展示了 2019 年某一国际网站的访问流量数据看板[㊀]，此看板使用了饼图及柱状图等元素对网站访问数据进行了可视化呈现。可以看到，其中包含了对网站的渠道流量分析，这有助于发现哪些渠道带来了优质流量，帮助决策者更有针对性地投入资源，从而进一步增加网站的访问量。

㊀ 数据来源网址：https://bi. aliyun. com/template/nl/preview? templateId = a684df79-01bc-4508-97cd-64191eb4ed6c&useMenu = 65f28c4c4587410095f90da69dc8759e

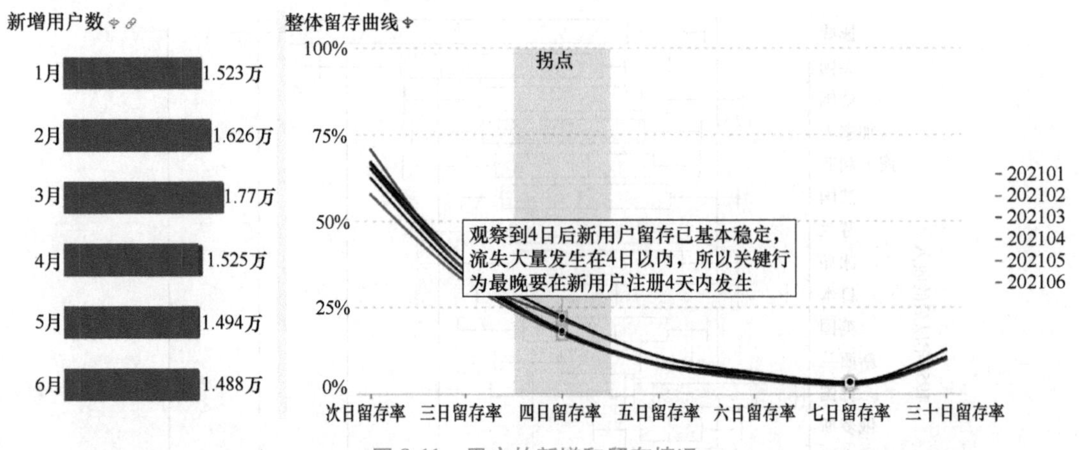

图 8-11　用户的新增和留存情况

图 8-11 彩图

图 8-12 彩图

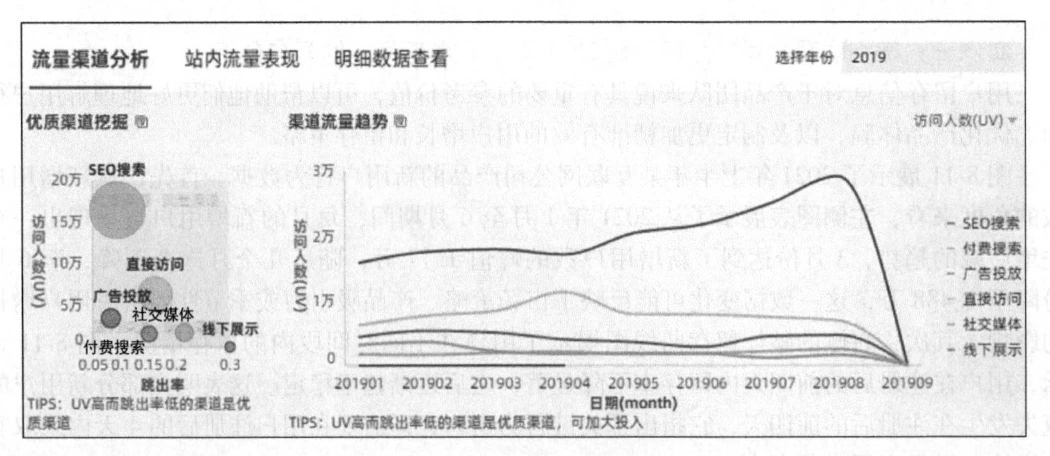

图 8-12　访问流量数据看板

8.2 可视化工具与技术

本节介绍三个可视化工具与技术，分别是 Python 可视化常用类库、JavaScript 可视化开发工具，以及软件类可视化工具。在 Python 可视化常用类库中，将深入探讨 Matplotlib、Seaborn 和 Plotnine 库的使用方法，它们提供了丰富的图表类型和灵活的定制选项，能够通过简单的 Python 代码制作可视化图表。在 JavaScript 可视化开发工具一节中，将介绍新一代的支持互联网数据可视化的两个工具：Ecahrts 和 Highchats。最后，软件类可视化工具中将涉及 Tableau 和 Power BI 软件，并提供两个软件的实际操作指导和示例。

8.2.1　Python 可视化常用类库

1. Matplotlib

Matplotlib 是一个较为基础的用于绘制图表和可视化数据的 Python 库。它提供了丰富的绘图功能，使用户能够轻松生成多种类型的图形，包括折线图、散点图、直方图和饼图等。目前，Matplotlib 被广泛应用于数据分析、科学计算、工程及其他领域。

在使用 Matplotlib 库之前，需要先引入库包：

```
import matplotlib.pyplot as plt
```

为了使用 Matplotlib 来绘图，需要了解图表的主要元素及其对应的函数，以便后续绘制定制化的图表。表 8-2 列举了 Matplotlib 中常用的调整图表元素的函数，更多详细的函数说明请参考 Matplotlib 的官方文档。

表 8-2　Matplotlib 中常用的调整图表元素的函数

函数	核心参数	功能
figure( )	figsize，图表大小；facecolor，背景颜色	设置图表大小和背景颜色
title( )	label，图表名称；loc，位置	设置标题
xlabel( )，ylabel( )	xlabel，x 轴名；ylabel，y 轴名	设置 x 轴和 y 轴的标题
xticks( )，yticks( )	ticks，刻度数值；lable，刻度名称	设置 x 轴和 y 轴的刻度
xlim( )，ylim( )	xmin/xmax 或者 ymin/ymax，最小/最大值	设置 x 轴和 y 轴的返回
legend( )	handles，可见对象；labels，标签名	设置图例显示

Matplotlib 作为最经典的数据可视化库包之一，表 8-3 列举了 Matplotlib 中常见的二维图表的绘制函数，主要包括函数的核心参数说明及对应的图表类型。由表可以看到，Matplotlib 库的各个函数可能会出现参数不统一的情况，例如，折线图的线条颜色参数为 color，而散点图的数据点颜色参数命名为 c。更多详细的函数说明请参考 Matplotlib 的官方文档。

表 8-3　Matplotlib 中常见的二维图表绘制函数

函数	核心参数	图表类型
plot( )	x，x 轴数据；y，y 轴数据；color，线条颜色；linestyle，线条类型；linewidth，线条宽度；marker，标记类型；label，线条标签	折线图
scatter( )	x，x 轴数据；y，y 轴数据；c，散点颜色；marker，散点类型；edgecolors，散点边框颜色	散点图
bar( )	x，x 轴类别；height，y 轴数据；width，柱形宽度；align，柱形位置；color，填充颜色	柱状图、堆积柱状图
pie( )	x，数据；colors，填充颜色；labels，标签	饼图
boxplot( )	x，数据；vert，水平或竖直方向；notch，是否为缺口形状；labels，数据标签	箱型图

下面基于例 8-1 的数据绘制堆叠柱状图和饼图，讲解如何使用 Matplotlib 绘制图像。绘制堆叠柱状图的核心代码如下，展示的是 2 月 27 日和 2 月 28 日各个种类商品的销售量，图 8-13 为绘制的效果图。

示例代码 8-1

```
rcParams['font.family']='SimHei'
data1=[2,13,1,8,1,1,1,0,0]
data2=[0,0,2,0,5,1,2,3,1]
category=['面包','勺子','梳子','手套','水盆','胶水','牛奶','汽水','鼠标垫']
fig,ax=plt.subplots(figsize=(8,6))
ax.bar(category,data1,color='#A4D3EE',label='2/27')
ax.bar(category,data2,color='#104E8B',bottom=data1,label='2/28')
ax.legend()
plt.ylim(0,16)
plt.xlabel('商品',fontsize=14)
plt.ylabel('2月27-28日销量',fontsize=14)
plt.show()
```


绘制饼图的核心代码如下，展示的是 2 月 27 日各个商品销售额占比，图 8-14 为绘制的效果图。

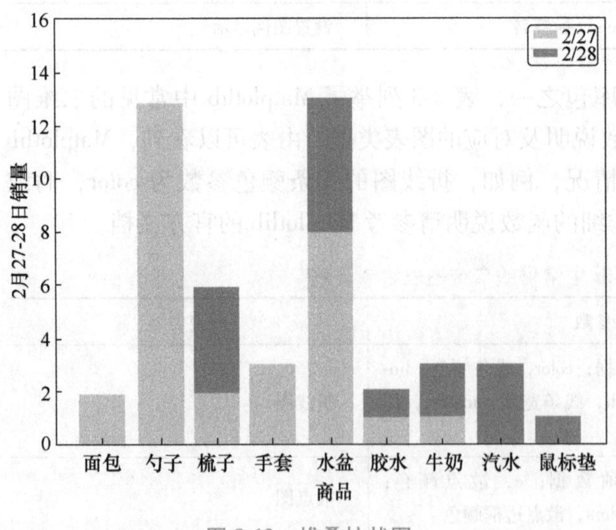

图 8-13 堆叠柱状图

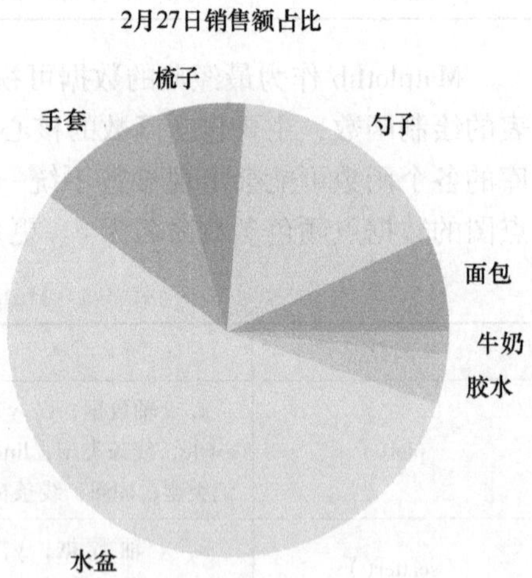

2月27日销售额占比

梳子 手套 勺子 面包 牛奶 胶水 水盆

图 8-14 饼图

示例代码 8-2

```
labels=['面包','勺子','梳子','手套','水盆','胶水','牛奶']
data=[8,19.5,7,12,64,4,2.1]
```

```
colors=['yellowgreen','gold','#5d8ca8','lightcoral','lightskyblue','#
65a479','#8B7D6B']
plt.pie(data,labels=labels,colors=colors)
plt.show()
```

2. Seaborn

Seaborn 是一个基于 Python 的数据可视化库，专注于统计绘图和美观度的提升。它建立在 Matplotlib 库的基础上，可以更加高效地生成各种类型的统计图形。此外，Seaborn 具有内置的丰富配色方案，能够快速设置图表的颜色主题，使得图表外观更加美观。通过简单的代码调整，用户可以轻松改变图表的整体风格，增强可视化效果，同时保持代码的简洁易读。

在使用 Seaborn 库之前，需要先引入库包：

```
import seaborn as sns
```

Seaborn 在 Matplotlib 的基础上，侧重于数据统计分析图表的绘制，可以绘制包括带误差棒的柱状图、散点图、折线图和箱型图等多种类型的图表，表 8-4 列举了 Seaborn 中常见的二维图表绘制函数，主要包括函数的核心参数说明以及对应的图表类型。更多详细的函数说明请参考 Seaborn 的官方文档。

表 8-4　Seaborn 中常见的二维图表绘制函数

函数	核心参数	图表类型
barplot( )	x，x 轴数据；y，y 轴数据；palette，颜色模板；data，DataFrame 格式的数据；order，x 轴数据顺序；orient，方向；errcolor，误差棒颜色；errwidth，误差棒横杠的粗细；capsize，误差棒横杠的大小	带误差棒的柱状图
countplot( )	x，x 轴数据；y，y 轴数据；palette，颜色模板；data，DataFrame 格式的数据；order，x 轴数据顺序；orient，方向	用于分类统计展示的柱状图
scatterplot( )	x，x 轴数据；y，y 轴数据；palette，颜色模板；data，DataFrame 格式的数据；size，标记大小；markers，标记类型	散点图
lineplot( )	x，x 轴数据；y，y 轴数据；palette，颜色模板；data，DataFrame 格式的数据；size，线条宽度；markers，标记类型；style，线条类型	折线图
boxplot( )	x，x 轴数据；y，y 轴数据；palette，颜色模板；data，DataFrame 格式的数据；orient，方向；width，箱型宽度；notch，有无凹槽	箱型图

下面以理想生活商城的销售数据为例，展示如何使用 Seaborn 绘制带误差棒的柱状

图。在本例中，将以面包、勺子、梳子和手套在2月份的销量和销售额为数据源，展示这四个产品的销量、销售额对比，以及销量、销售额误差信息。绘制销量柱状图的核心代码如下。

示例代码 8-3

```
sns.barplot(x='商品',y='销量',data=df,ci='sd',palette="Blues_d",er-
rcolor='#87CEFA',errwidth=2,capsize=0.1,alpha=0.8)
plt.xlabel('商品',fontproperties='SimHei')
plt.ylabel('销量',fontproperties='SimHei')
plt.title('2月(部分)商品销量')
plt.show()
```

如图8-15所示，为绘制的效果图，使用了Blues_d主题色调，并自定义了误差棒的颜色、线条粗细和标记大小等特征。

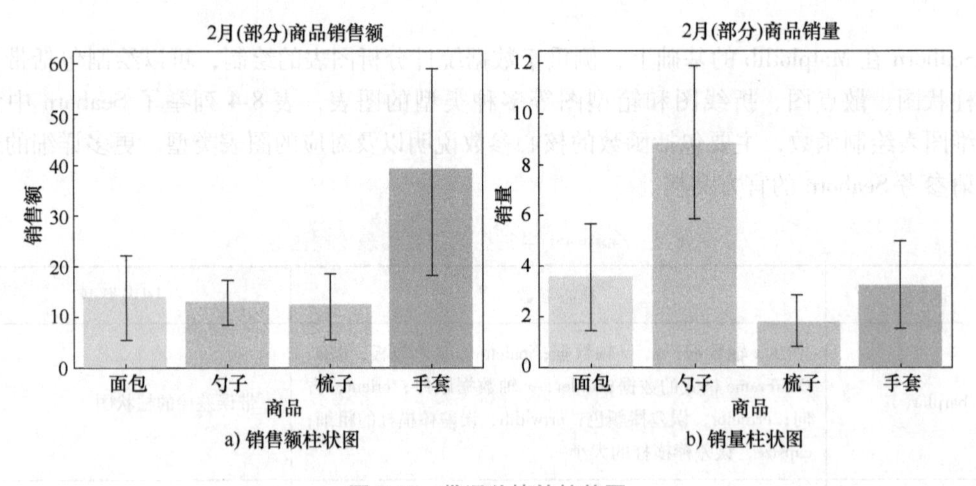

图 8-15　带误差棒的柱状图

3. Plotnine

Plotnine是一个基于Python的数据可视化包，它采用了一种语法简洁、易于理解的绘图风格，使用户能够轻松生成各种统计图表，包括散点图、柱状图、折线图、箱型图和热力图等。同时，Plotnine还支持对图形进行高度自定义，包括调整颜色、样式、标签等，使得用户能够呈现出符合自身需求和审美的可视化效果。

在使用Plotnine库之前，需要先引入库包：

```
from plotnine import*
```

根据函数输入的变量总数与数据类型（连续型或离散型），可以将Plotnine的大部分绘图函数大致分为3个大类、6个小类，见表8-5。表中，第一列代表输入变量的总数，第二列代表输入变量的数据类型。更多详细的函数说明请参考Plotnine的官方文档。

表 8-5　Plotnine 绘图函数

变量总数	数据类型	函数	图表类型
1	连续型	geom_histogram( )，geom_density( )，geom_dotplot( )，geom_freqpoly( )，geom_qq( )，geom_area( )	统计直方图
	离散型	geom_bar( )	柱状图系列
2	x：连续型 y：连续型	geom_point( )，geom_line( )，geom_jitter( )，geom_label( )，geom_text( )，geom_smooth( )	散点图系列、折线图系列、平滑曲线图；文本、标签、二维统计直方图
	x：离散型 y：连续型	geom_boxplot( )	箱型图
	x：离散型 y：离散型	geom_count( )	二维统计直方图
3	x，y，z：离散型	geom_tile( )	热力图

下面以 Plotnine 内置的 mpg 数据集为例，展示如何使用 Plotnine 绘制散点图及平滑曲线图。mpg 数据集记录了关于汽车燃油经济性的信息，包括汽车型号、排量、驱动方式、燃料类型和高速里程等特征。这里主要关注不同发动机排量和高速公路里程之间的关系，以及不同驱动方式的汽车在图表中的分布。核心代码如下。

示例代码 8-4

```
p=(
    ggplot(mpg,aes(x='displ',y='hwy',color='factor(drv)'))
    + geom_point ( )
    + geom_smooth (method='lm')
    + labs (x='displacement', y='horsepower')
)
```

如图 8-16 所示，为绘制的效果图，其中横轴代表发动机排量，纵轴代表高速公路里程，不同的颜色代表不同的驱动方式。上述代码通过 geom_point( ) 函数添加了散点图层，用于绘制数据点，并使用 geom_smooth( ) 函数添加平滑曲线层，其中的 method='lm' 表示采用线性回归模型来拟合曲线。这样可以更清楚地观察发动机排量与高速公路里程之间的关系。

8.2.2　JavaScript 可视化开发工具

1. ECharts

ECharts 是一个基于 JavaScript 的开源数据可视化库，旨在为用户提供高度定制化和交互性强的数据可视化解决方案。ECharts 提供了常规的折线图、柱状图、散点图、饼图、箱型图、地图、热力图、仪表盘等多种类型的图表。如图 8-17 所示，ECharts 官网提供了大量的图表案例，帮助用户尽快掌握 ECharts 库的使用方法。

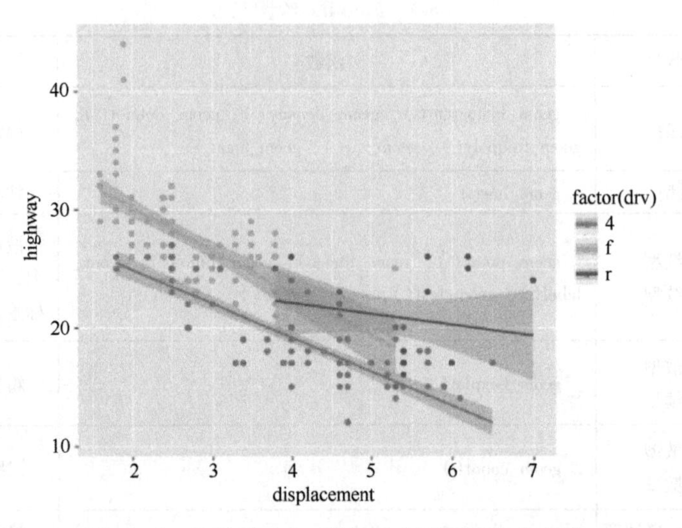

图 8-16　使用 Plotnine 绘制散点图及平滑曲线图

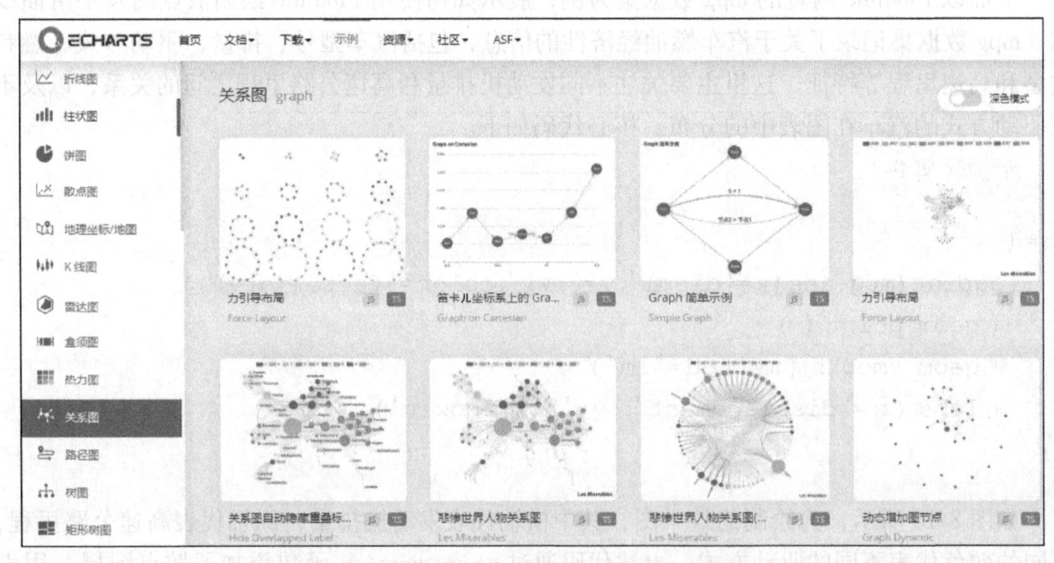

图 8-17　ECharts 官网提供的网表案例

与 Vue、React 等主流前端框架有良好的兼容性是 ECharts 的特性之一，这使得在大型 Web 应用中集成 ECharts 更加便捷。此外，ECharts 还支持跨平台使用，并提供了丰富的其他语言扩展，例如 Python 的 pyecharts、R 语言的 echarty，以及 Julia 的 ECharts. jl 等。

图 8-4~图 8-7 展示的图表即为用 ECharts 所绘制的。下面以图 8-5 的绘制为例，展示其核心代码如下。

示例代码 8-5

```
option={
  legend:{},
```

```
    xAxis:[
  {
      type:'category',
      name:'商品',
      data:['面包','勺子','梳子','手套','水盆','胶水','牛奶','汽水','鼠标垫'],
      axisTick:{
          alignWithLabel:true
      },
      boundaryGap:[0,0.01],
  }
  ],
    yAxis:[
      {
      type:'value',
      name:'2 月 27-28 日销量',
  }
  ],
    series:[
      {
      name:'2/27',
      type:'bar',
      barWidth:'30%',
      data:[2,13,2,3,8,1,1,0,0],
      },
      {
      name:'2/28',
      type:'bar',
      barWidth:'30%',
      data:[0,0,4,0,5,1,2,3,1],
      },
    ]
  };
```

当 ECharts 图表渲染到浏览器时，还需要为其准备一个定义了高宽的 DOM 容器，然后通过 echarts. init 方法初始化一个 echarts 实例，最后使用 setOption 方法生成图表，Option 的内容如示例代码 8-5 所示。

2. Highcharts

Highcharts 是一个使用纯 JavaScript 编写的 HTML5 图表库，旨在为 Web 网站或应用程序提供简便的、具有交互性的图表功能。Highcharts 支持丰富的图表类型，包括折线图、柱状图、条形图、饼图、散点图、箱线图、仪表图和雷达图等共 18 种类型图表。如图 8-18 所示，Highcharts 官网提供了大量的图表案例，以帮助用户尽快掌握 Highcharts 库的使用方法。

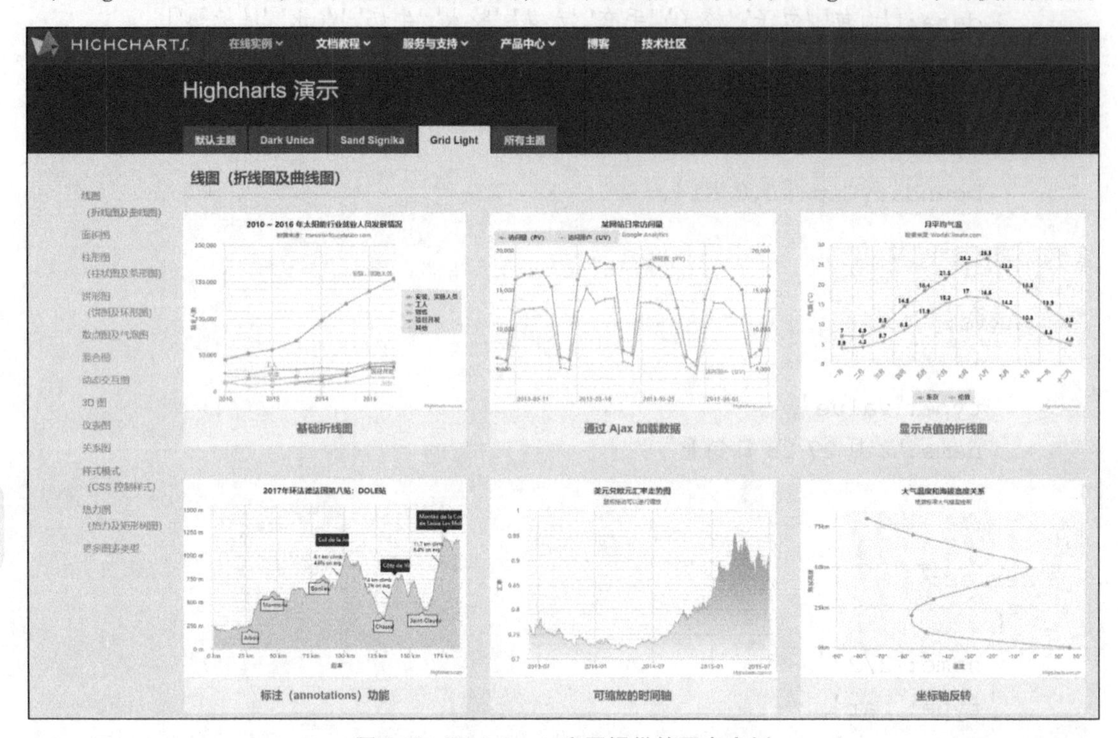

图 8-18　Highcharts 官网提供的图表案例

Highcharts 支持多种数据形式，例如，Javascript 数组、JSON 文件、JSON 对象、表格数据、CSV 文件等，这些数据来源可以是本地文件、数据接口，甚至是不同网站。此外，Highcharts 还提供了插件机制，为开发人员进行二次开发提供了便捷。

图 8-9 采用 Highcharts 绘制，其核心代码如下。

示例代码 8-6

```
var chart=Highcharts.chart('container',{
    chart:{
        polar:true,
        type:'line'
    },
    title:{
        text:'产品评分表',
        x:-80
    },
```

```
    xAxis:{
        categories:['好评率','品牌知名度','外观设计','质量','价格'],
        tickmarkPlacement:'on',
        lineWidth:0
    },
    yAxis:{
        gridLineInterpolation:'polygon',
        lineWidth:0,
        min:0
    },
    legend:{
        align:'right',
        verticalAlign:'top',
        y:70,
        layout:'vertical'
    },
    series:[{
            name:'产品 1',
            type:'area',
            data:[4.2,5,3.5,2,2.5],
            pointPlacement:'on'
        },{
            name:'产品 2',
            type:'area',
            data:[5,4.2,2.6,2.8,2],
            pointPlacement:'on'
        }]
});
```


8.2.3　软件类可视化工具

在数据可视化领域，除了使用 Python 库包和 JavaScript 图表库来创建图表和进行可视化之外，还存在一些强大的软件类可视化工具，例如 Tableau 和 Power BI。这些工具提供了用户友好的界面和丰富的功能，使得没有编程基础的用户能够以更直观、交互性更强的方式探索和呈现数据，满足了企业和个人在数据分析和可视化方面的需求。

1. Tableau

可视化分析平台 Tableau 创建于 2013 年，源于斯坦福大学的一个计算机科学项目。Tableau 旨在通过直观的界面将拖放操作转化为数据查询，从而对数据进行可视化呈现。Tableau

支持多种数据源，并提供丰富的图表类型和交互式功能，利用视觉化方式帮助用户探索数据关系。此外，Tableau 还具备协作和共享功能，用户可以将其创建的仪表板和图表分享给团队成员或外部用户，以促进更广泛的数据共享和决策支持。下面基于例 8-1 的数据，展示如何使用 Tableau 平台绘制可视化图表。

步骤一：连接数据源

打开 Tableau Desktop 的开始页面，如图 8-19 所示。在页面左上角有“连接”功能，其作用是将 Tableau 与存储在文件中的数据进行连接，可以连接的数据类型包括 Microsoft Excel、PDF、空间文件等；此外，Tableau 还可以连接到存储在 Tableau Server、Microsoft SQL Server、Google Analytics 或其他服务器上的数据。开始页面的下方设置了“示例工作簿”版块，以帮助用户快速掌握 Tableau 平台的使用方法。在本例中，连接了 Microsoft Excel 格式的理想生活商城的销售数据，后续的操作都以此数据为基础。

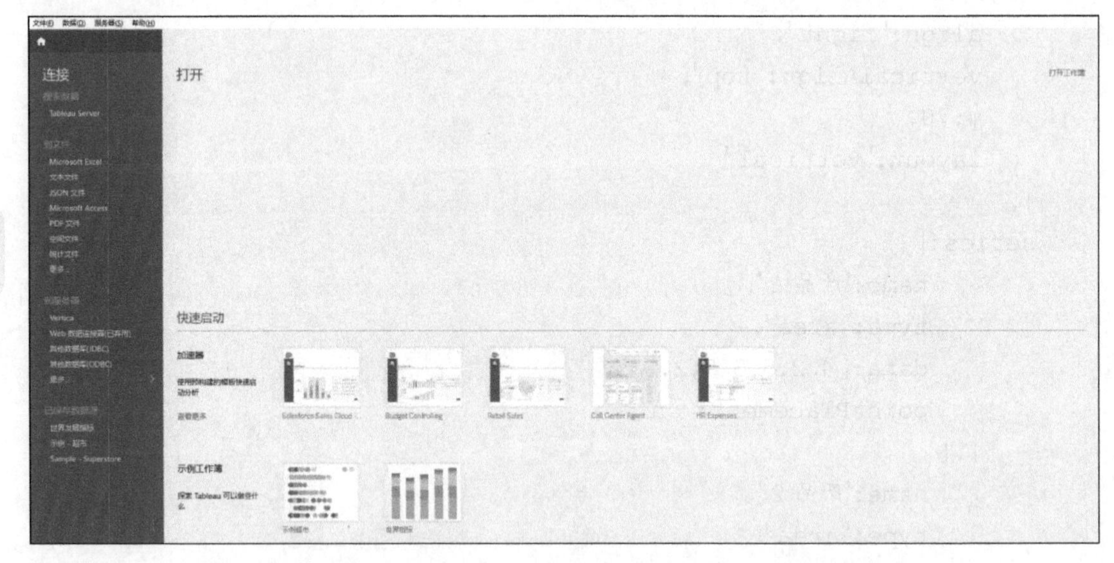

图 8-19　Tableau 开始页面

步骤二：通过拖放创建视图

不同于基于编程的 Python 库包及 JavaScript 图表库，Tableau 只需要在图形界面通过拖放操作即可创建图表视图。如图 8-20 所示，从左侧的“数据”窗格中选择数据表中的特征，并将选择好的特征拖放到“列”或“行”的位置。在完成拖放操作的同时，页面中部生成了创建好的图表。

步骤三：优化视图

除了基本的视图创建操作外，Tableau 还提供了多种方法来优化视图，例如，筛选器和颜色等功能。在这里以标记窗格中的 color（颜色）为例讲解视图的优化操作。针对当前创建的柱状图视图，在默认情况下，所有柱形都是蓝色的。然而，通过为每个柱形赋予不同的颜色，可以进一步传达更多的信息。如图 8-21 所示，将数据窗格中的“日期”特征拖放至“标记”窗格中的 color 部分，并将“日期”特征按照天数分类，即可获得每一天不同产品的销量信息，从图中可以根据颜色来观察到这一信息。这种优化技术可以帮助用户在视觉上更加直观地表示数据，更清晰地理解图表所传达的信息。更多的优化视图方法可以参考 Tableau 的官方文档。

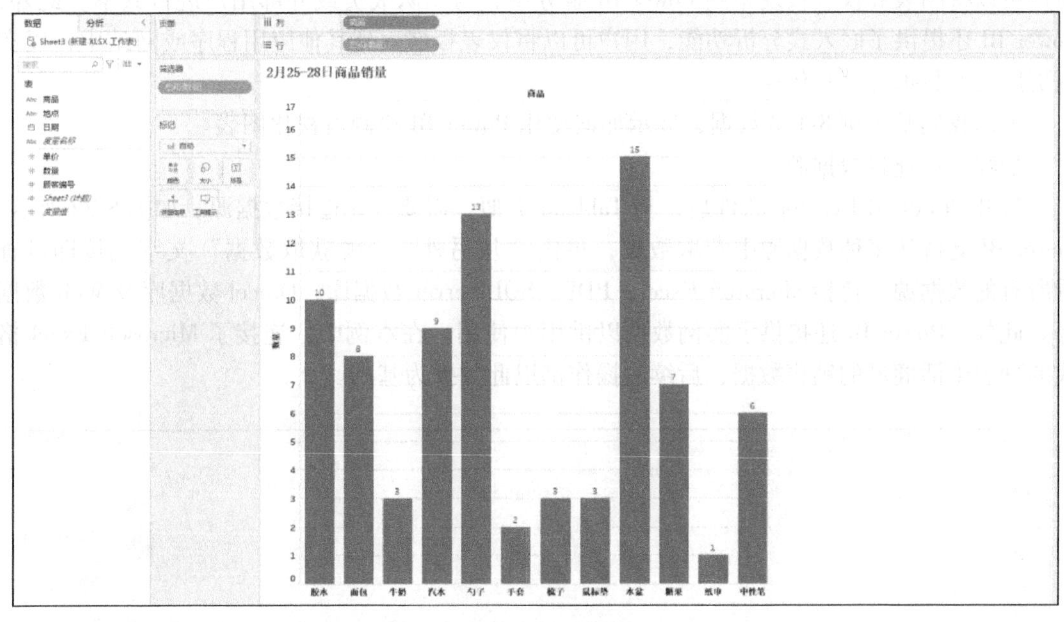

图 8-20　创建视图

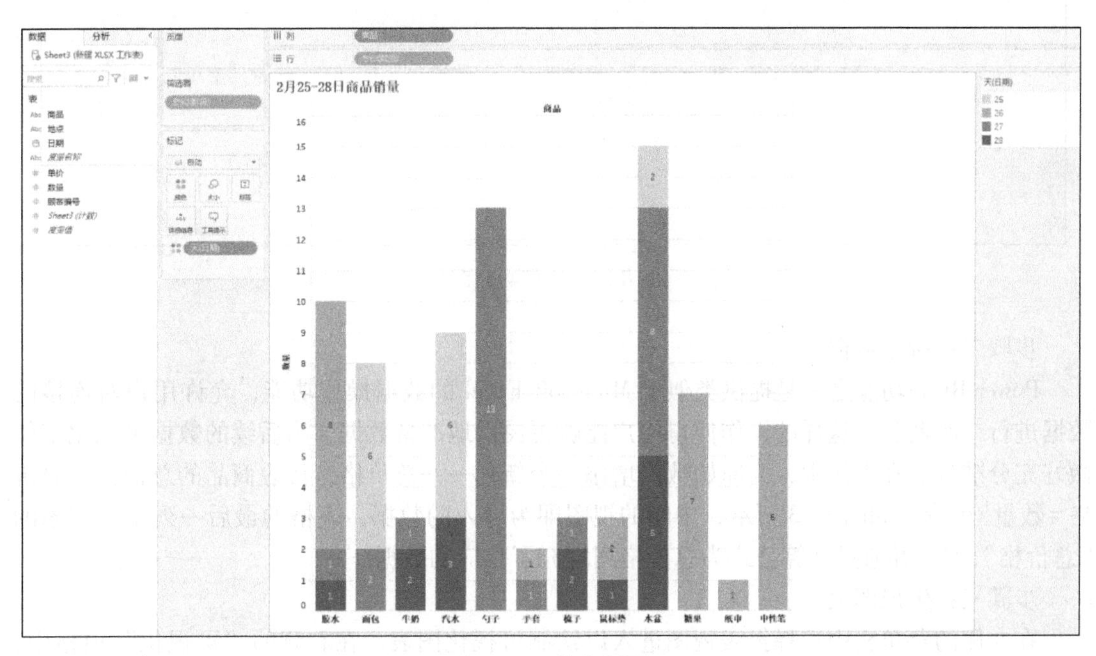

图 8-21　优化视图

2. Power BI

Power BI 是一款功能强大、灵活易用的商业智能工具，它提供了强大的数据分析和可视化功能，允许用户从多个数据源中提取、转换和加载数据，并通过直观而灵活的图表和仪表板来呈现数据。除了数据分析和可视化功能，Power BI 还具备强大的数据共享和协作能力，用户可以将图表和仪表板发布到 Power BI 服务中，与团队成员或外部用户进行共享。此外，Power BI 还提供了嵌入式分析功能，用户可以将仪表板嵌入到其他应用程序或网站中，以实现更广泛的数据分享和传播。

下面我们基于例 8-1 的数据，展示如何使用 Power BI 绘制可视化图表。

步骤一：连接数据源

打开 Power BI Desktop 软件后，与 Tableau 类似，需要首先连接数据源。如图 8-22 所示，Power BI 支持从多种数据源中获取数据，单击“从另外一个源获取数据”文字链接即可查看所有的数据源，包括 Microsoft Excel、PDF、SQL Server 数据库、Oracel 数据库及 Web 数据等。此外，Power BI 还提供了实例数据以供用户使用。在本例中，连接了 Microsoft Excel 格式的理想生活商城的销售数据，后续的操作都以此数据为基础。

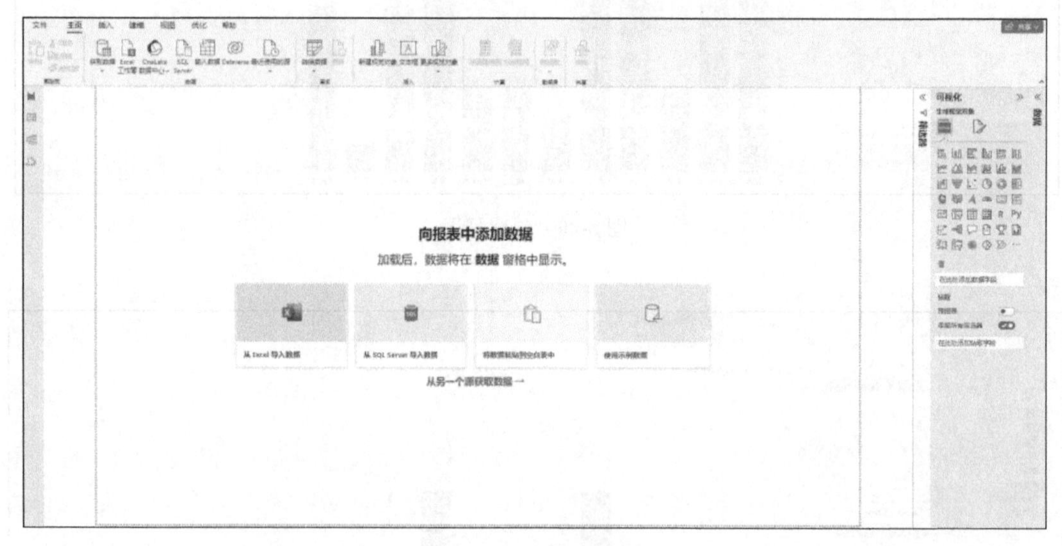

图 8-22　连接数据源

步骤二：调整数据

Power BI 的功能之一是提供类似于 Microsoft Excel 的数据操作功能，允许用户对连接的数据进行二次调整。这样的操作使得用户能够更灵活地准备数据，为后续的数据可视化工作做好充分准备。在本例中，为原始数据增添一个新列——总价格，代表商品的总价格，总价格=数量×单价。如图 8-23 所示，中间的视图即为导入的数据，表格的最后一列是新增添的“总价格”列，并通过计算公式为总价格列填充了相应的数据。

步骤三：生成图表

在左侧的菜单栏中选择报表视图进入以绘制可视化图表。在右侧的“可视化”窗格中，可以选择需要绘制的图表类型，Power BI 提供包括（堆积）柱状图、条形图、折线图、散点图、饼图、漏斗图、表格等多种商业用途图表。选择完图表类型之后，在“数据”窗格中选择需要可视化的数据，即生成可视化图表。这里选择了条形图作为图表类型、选择总价格和商品作为输入数据，如图 8-24 所示，最终图表展示了每种商品的总销售额信息。

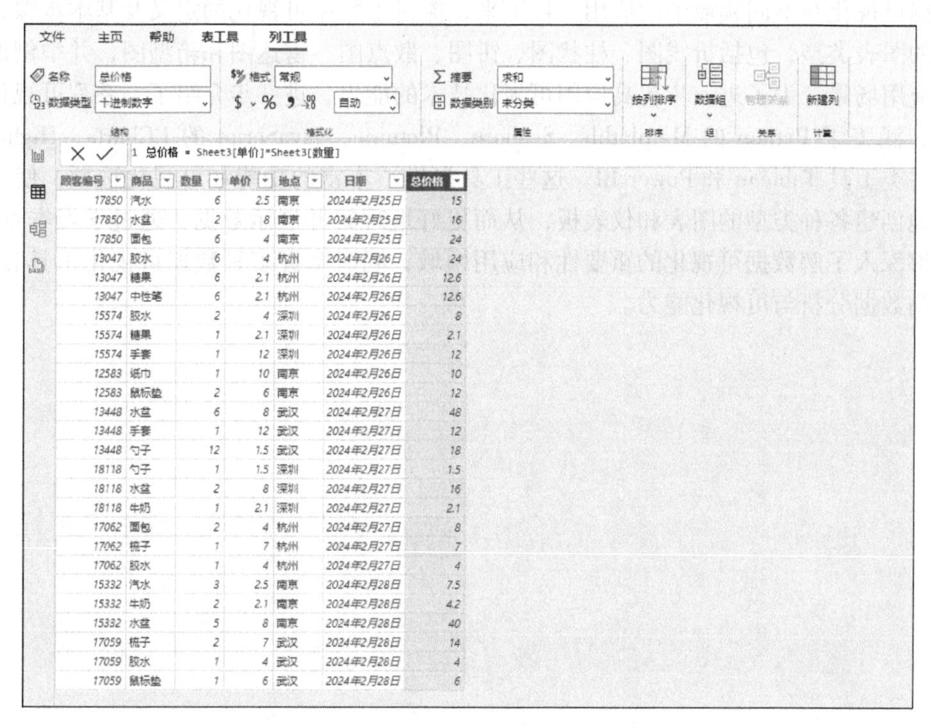

顾客编号	商品	数量	单价	地点	日期	总价格
17850	汽水	6	2.5	南京	2024年2月25日	15
17850	水盆	2	8	南京	2024年2月25日	16
17850	面包	6	4	南京	2024年2月25日	24
13047	胶水	6	4	杭州	2024年2月26日	24
13047	糖果	6	2.1	杭州	2024年2月26日	12.6
13047	中性笔	6	2.1	杭州	2024年2月26日	12.6
15574	胶水	2	4	深圳	2024年2月26日	8
15574	糖果	1	2.1	深圳	2024年2月26日	2.1
15574	手套	1	12	深圳	2024年2月26日	12
12583	纸巾	1	10	南京	2024年2月26日	10
12583	鼠标垫	2	6	南京	2024年2月26日	12
13448	水盆	6	8	武汉	2024年2月27日	48
13448	手套	1	12	武汉	2024年2月27日	12
13448	勺子	12	1.5	武汉	2024年2月27日	18
18118	勺子	1	1.5	深圳	2024年2月27日	1.5
18118	水盆	2	8	深圳	2024年2月27日	16
18118	牛奶	1	2.1	深圳	2024年2月27日	2.1
17062	面包	2	4	杭州	2024年2月27日	8
17062	梳子	1	7	杭州	2024年2月27日	7
17062	胶水	1	4	杭州	2024年2月27日	4
15332	汽水	3	2.5	南京	2024年2月28日	7.5
15332	牛奶	2	2.1	南京	2024年2月28日	4.2
15332	水盆	5	8	南京	2024年2月28日	40
17059	梳子	2	7	武汉	2024年2月28日	14
17059	胶水	1	4	武汉	2024年2月28日	4
17059	鼠标垫	1	6	武汉	2024年2月28日	6

图 8-23　调整数据

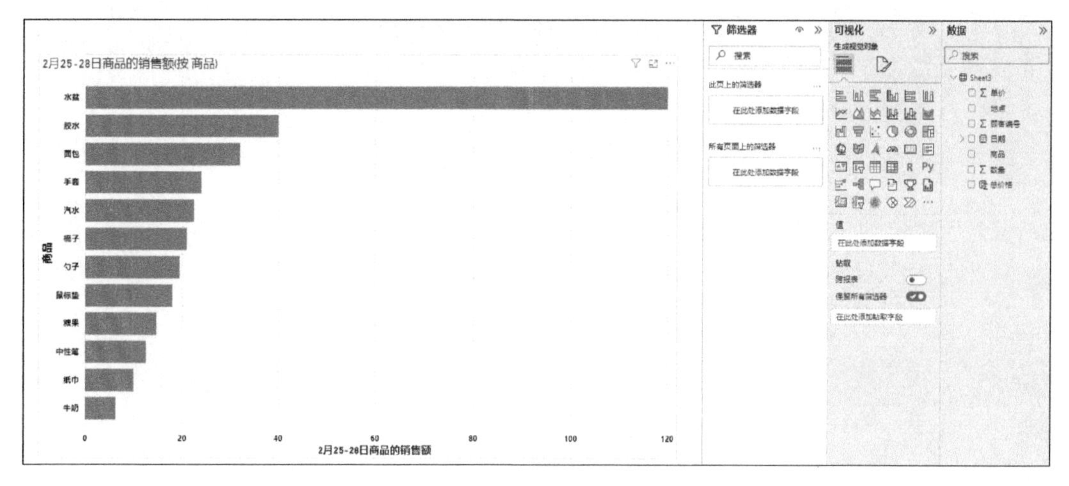

图 8-24　生成图表

8.3　本章小结

本章深入探讨了数据可视化与分析的基础概念、常用图表类型、数据可视化工具与技术等内容，旨在帮助读者更好地理解和应用数据可视化技术。首先，本章详细介绍了数据可视化与分析的基本概念，强调了数据可视化在信息过载时代中的重要性，并通过具体示例，展示了数据可视化在不同领域中的应用。接下来，探讨了数据可视化的定义及基本步骤，列举了常用的图表类型，包括折线图、柱状图、饼图、散点图、雷达图和箱型图，并举例说明了它们的应用场景。为了进一步提高应用可视化技术的能力，进一步介绍了一系列可视化工具与技术，涵盖了 Python 的 Matplotlib、Seaborn、Plotnine，JavaScript 的 ECharts、Highcharts，以及软件类工具 Tableau 和 Power BI。这些工具提供了丰富的功能和可视化选项，使用户能够灵活地创建各种类型的图表和仪表板，从而更好地理解并展示数据。通过学习本章内容，读者能够深入了解数据可视化的重要性和应用领域，同时掌握多种数据可视化工具和技术，进而提高数据分析与可视化能力。

第 9 章　数据挖掘案例分析

导读

数据挖掘已成为许多领域研究和应用的热点，本章将重点探讨自然语言智能挖掘、医疗大数据智能挖掘和遥感图像智能挖掘三个方面的内容。自然语言智能挖掘是指利用数据挖掘算法从自然语言文本中提取出有价值的信息和知识。随着社交媒体的兴起，实时产生了海量的文本数据并在互联网上传播，如何有效地挖掘这些文本数据成为当前研究的重要课题。医疗大数据智能挖掘是指利用大数据技术和数据挖掘算法从医疗数据中挖掘出有价值的信息和知识。医疗数据具有复杂性和多样性，如何有效地挖掘这些数据、提高医疗质量和效率是当前医疗领域的重要研究方向。遥感图像智能挖掘是指利用遥感技术和数据挖掘算法从遥感图像中提取出有价值的信息和知识。遥感图像具有高分辨率和广泛覆盖的特点，如何有效地挖掘遥感图像数据以改善遥感信息的提取和应用是当前遥感领域的重要研究方向。

本章将分别介绍自然语言智能挖掘、医疗大数据智能挖掘和遥感图像智能挖掘的常见应用案例。通过对这些内容的学习，读者可以了解数据挖掘在这些领域的应用和发展趋势。此外，本章内容也可以为相关领域的研究和实践提供一些参考和启示。

本章知识点

- 自然语言智能挖掘涉及的文本数据挖掘、语音数据挖掘、文本-视觉多模态挖掘。
- 医疗大数据智能挖掘涉及的电子病历数据挖掘和医学影像数据挖掘。
- 遥感图像智能挖掘涉及的地理信息数据挖掘、无人机遥感数据挖掘、卫星数据挖掘。

学习要点

- 熟悉自然语言智能挖掘技术，能够描述文本、语音和图像视频挖掘的基本原理和技术。
- 熟悉医疗大数据智能挖掘技术，能够应用数据挖掘技术处理电子病历和医学影像数据。
- 熟悉遥感图像智能挖掘的应用场景，能够识别和解决地理信息、无人机和卫星数据挖掘中的实际问题。

工程能力目标

设计和实现自然语言处理算法，进行有效的文本和语音数据挖掘；处理和分析医疗大数据，为临床决策和医疗研究提供支持；使用遥感图像数据挖掘技术，进行地理信息分析和环境监测。

9.1 自然语言智能挖掘

自然语言处理（Natural Language Processing）是人工智能领域的一个重要研究分支，旨在理解、生成和处理人类的自然语言。自然语言智能挖掘结合了自然语言处理和数据挖掘技术，从大量文本数据中提取有用的知识和信息。随着深度学习技术的快速发展，自然语言智能挖掘研究，尤其是基于Transformer架构的双向编码表示模型（Bidirectional Encoder Representations from Transformers，BERT）、生成式预训练模型（Generative Pre-trained Transformer，GPT）、鲁棒的优化BERT预训练方法（Robustly Optimized BERT Pretraining Approach，RoBERTa）已成为当前自然语言处理的研究热点。这些模型能够很好地理解语言的复杂上下文关系，提高信息提取、文本分类、情感分析等任务的准确性和效率。而随着多媒体数据的普及，如图像、视频和音频等，如何结合这些非文本数据与文本数据进行多模态联合分析，实现更全面的数据挖掘，也是一项重要的研究方向。

本节针对文本挖掘、语音数据挖掘，以及自然图像、视频挖掘进行详细的案例分析。

9.1.1 文本挖掘

文本挖掘是从大量文本集合 C 中发现隐含的模式 p。如果将 C 看作输入、p 看作输出，那么文本挖掘的过程就是从输入到输出的一个映射 ξ：$C \to p$。文本挖掘的目的在于从文本中发现模式、趋势或特定的数据关系，帮助用户更好地提取文本中创新、有价值的元素。常用的文本挖掘分析技术包括文本特征提取、情感分析、文本分类、文本聚类、观点抽取、线性判别分析主题关键词聚类等。

情感分析使用数据挖掘算法自动识别文本数据中的情绪倾向，如通过网络评论去挖掘网民的情感倾向。一般来说，情感分析主要采用两种方法：第一种方法是基于有监督的机器学习方法，主要采用机器学习的最大熵、支持向量机和朴素贝叶斯分类器对情感文本进行分析；第二种方法是基于词典，建立在规则和组合之上。除此之外，基于深度学习的情感分析无须进行人工特征提取就具有较高的准确率，近年来吸引了更多的关注。

针对现有微博情感分类模型处理短文本和微文本效果不佳的问题，徐东亮等人提出了CNN_Text_Word2Vec情感分类模型。考虑汉语文本的特点，该模型引入Word2Vec网络基于单个字符的特征向量对微博文本中的情感进行分类。其中，Word2Vec是Mikolov等人提出的用于训练分布式词嵌入表示的神经网络模型，包括连续词袋（Continuous Bag-of-Words，CBOW）和Skip-Gram模块。前者通过上下文训练当前单词嵌入，后者根据当前单词预测文本。总体来说，CNN_Text_Word2Vec使用基于负采样的CBOW模型来训练词嵌入，捕获了词之间的语义相似性，充分考虑了词的语义信息。

如图 9-1 所示，CBOW 神经网络模型根据上下文来预测中心词的后验概率，由输入、投影和输出三层组成。

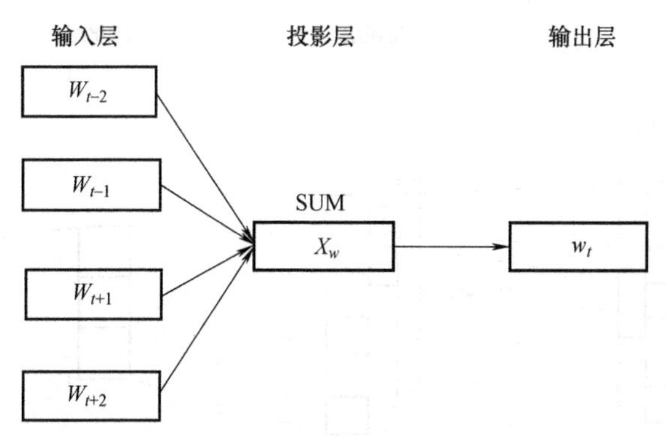

图 9-1　CBOW 神经网络模型

假设给定的语料库 C，其词序为（w_{t-2}，w_{t-1}，w_{t+1}，w_{t+2}），其中w_t是当前词，其余词是w_t的上下文。输入层是单词w_t前后对应的两个词的词嵌入，即词w_t的词嵌入 Context(w_t)；投影层是输入层嵌入的累积获得X_w；输出层进行随机负采样以预测 w。负采样方法假设，对于给定的 Context(w)，表示词 w 的上下文，单词 w 是正样本，其他单词是负样本。因此，任意单词 v 表示为

$$L^w(v)=\begin{cases}1, v=w,\\0, v\neq w.\end{cases} \tag{9-1}$$

其中，$L^w(v)$ 表示单词 v 的标签，1 表示正样本，0 表示负样本。对于给定的正样本(Context(w)，w)，统计语言模型利用最大对数似然可把目标函数设为

$$G=\log\prod_{w\in C}g(w) \tag{9-2}$$

$$g(w)=\prod_{u}p(u\mid \text{Context}(w)) \tag{9-3}$$

需要注意的是，CBOW 神经网络的输出层对应一棵二叉树，以语料中出现过的词当叶子节点，并以各词在语料中出现的次数当作权值构造出 Huffman 树。因此，任意词 u 对应于一个辅助向量$\boldsymbol{\theta}^u$，即非叶子节点对应的向量。函数 p 定义为

$$p(u\mid \text{Context}(w))=\begin{cases}\sigma(\boldsymbol{X}_w^{\mathrm{T}}\boldsymbol{\theta}^u), L^w(u)=1,\\1-\sigma(\boldsymbol{X}_w^{\mathrm{T}}\boldsymbol{\theta}^u), L^w(u)=0.\end{cases} \tag{9-4}$$

其中，$\sigma(\cdot)$ 为 sigmoid 函数，$\sigma(\boldsymbol{X}_w^{\mathrm{T}}\boldsymbol{\theta}^u)$ 表示一个结点被分为正类的概率，$1-\sigma(\boldsymbol{X}_w^{\mathrm{T}}\boldsymbol{\theta}^u)$ 则表示被分到负类的概率。由此，函数 p 可以展开成

$$p(u\mid \text{Context}(w))=[\sigma(\boldsymbol{X}_w^{\mathrm{T}}\boldsymbol{\theta}^u)]^{L^w(u)}-[1-\sigma(\boldsymbol{X}_w^{\mathrm{T}}\boldsymbol{\theta}^u)]^{L^w(u)} \tag{9-5}$$

式（9-3）可写为

$$g(w)=\sigma(\boldsymbol{X}_w^{\mathrm{T}}\boldsymbol{\theta}^u)\prod_{u,u\neq w}[1-\sigma(\boldsymbol{X}_w^{\mathrm{T}}\boldsymbol{\theta}^u)] \tag{9-6}$$

因此，最大化 G 即最大化 $g(w)$，以获得最终预测结果 w。

如图 9-2 所示，CNN_Text_Word2Vec 模型是在 CNN 模型的基础上构建的。输入层中引入 Word2Vec 预训练单词嵌入，卷积层使用多个不同大小的卷积核并行学习文本特征，执行

最大池化以对池化层中的要素进行泛化，并在输出层中生成分类结果。经验证，使用该种方法得到的结果的准确率比单独使用支持向量机和循环神经网络模型的准确率明显要高。

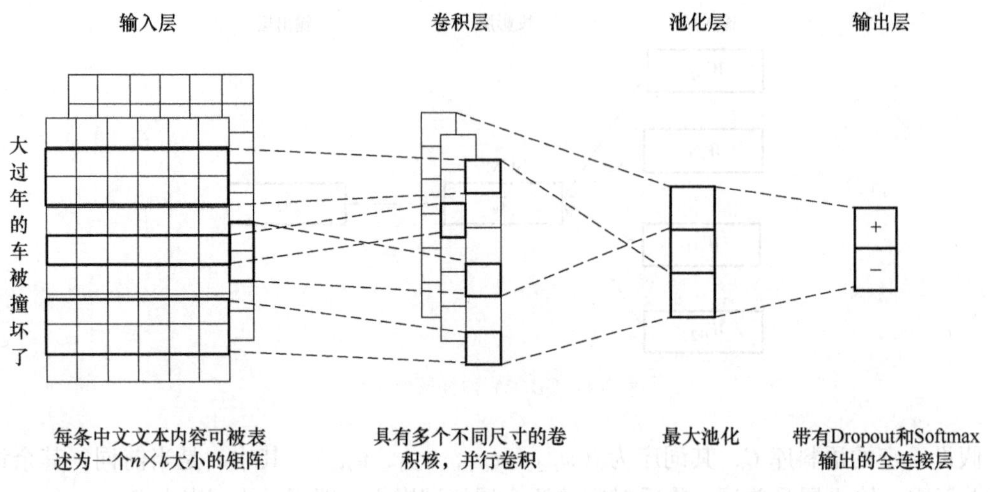

图 9-2 CNN_Text_Word2Vec 网络模型架构

除了情感分析之外，线性判别分析主题关键词聚类方法也是一种常见的文本挖掘技术。潜在狄利克雷分配（Latent Dirichlet Allocation，LDA）是一种对语料库进行建模的无监督生成概率方法，是最常用的主题建模方法。LDA 假设每个文档都可以表示为潜在主题的概率分布，并且所有文档中的主题分布共享一个共同的狄利克雷先验，从文档集合中自动发现主题。杨慧等人以国际气候为研究对象，构建了图 9-3 所示的基于 R 语言的主题挖掘模型，对采集到的政策文本数据进行基于语义的主题挖掘，结合词频及分布形态研究、时间离散化、实证研究等方法综合对比分析我国与美国、欧盟的气候政策情况。

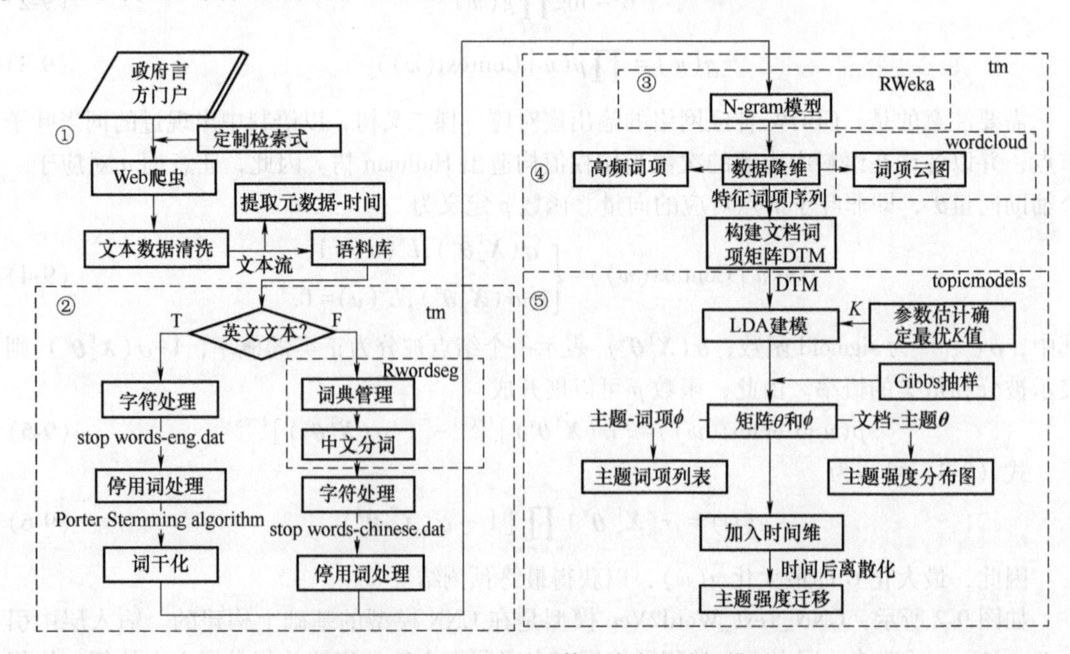

图 9-3 基于 R 语言的政策文本主题挖掘模型

其 LDA 文档生成过程为：①对一篇文档 d，选择主题概率分布 θ，且 $\theta \sim P(\theta|\alpha)$；②从以上抽出的 θ 中，抽取一个主题 z，且 $z \sim P(z|\theta)$；③从主题 z 的多项式分布 ϕ 中抽取一个单词 w，且 $w \sim P(w|z, \beta)$；④对文档中的每个词项重复③④。求解过程中，θ、ϕ 分别为带有超参数 α 和 β 的狄利克雷先验分布，w 为观测变量，z、θ 为隐藏变量。通过选取的参数估计算法，将文档在词项空间的表示转化为文档在主题空间的表示。利用 LDA 模型的 $\boldsymbol{\theta}$、$\boldsymbol{\phi}$ 矩阵，可得出每篇文档与每个主题相关的后验概率及每个词项与每个主题相关的后验概率。并通过式（9-7）计算出主题强度，查看欧、美、中每个主题在语料集中的相对分量。

$$P_k = \frac{\sum_{i}^{N} \theta_{ki}}{N} \tag{9-7}$$

其中，P_k表示第 k 个主题的强度；N 为文档数；θ_{ki}表示第 k 个主题在第 i 篇文档中的概率。

总体来说，文本挖掘融合了 NLP、数据挖掘、机器学习和统计学等多个学科技术，主要目的是将非结构化的文本转换成结构化数据，进而分析和解释以获得洞察力。

9.1.2　语音数据挖掘

语音数据挖掘是指从语音数据中提取有用信息和知识的过程。区别于文本数据挖掘，语音数据挖掘面对的是音频数据，需要处理信号的时间依赖性和连续性，在一定程度上增加了处理的复杂性。获取到的语音信号一般要经过数字化、去噪、分帧等处理之后再进行特征提取、模型建立等步骤。语音数据挖掘在很多领域都有重要的应用，如语音识别、情感分析、说话人识别和生物特征认证等。

语音情感识别作为当前研究热点，在人机交互领域的应用价值日益突显。语音情感识别系统框架如图 9-4 所示。一般来说，语音情感识别的任务大多都基于机器学习范畴的分类模型开展，主要分为线性和非线性两大类模型。经典的线性分类方案有朴素贝叶斯分类器、逻辑斯谛回归、支持向量机等；经典的非线性分类器有决策树模型、非线性支持向量机、高斯混合模型、隐马尔可夫模型及相关基于稀疏表示的分类器等。例如，张钰莎等人设计了一种基于 Mel 频率倒谱系数（Mel Frequency Cepstrum Coefficient，MFCC）特征提取和支持向量机的语音情感数据挖掘分类识别方法。其主要思路是，对语音情感信号进行预处理，从语音话语中提取 Mel 频率倒谱系数和 Mel 能谱动态系数，使用支持向量机来分类不同的情绪状态，如愤怒、快乐、悲伤、中立、恐惧等，并基于径向基函数内核进行训练。

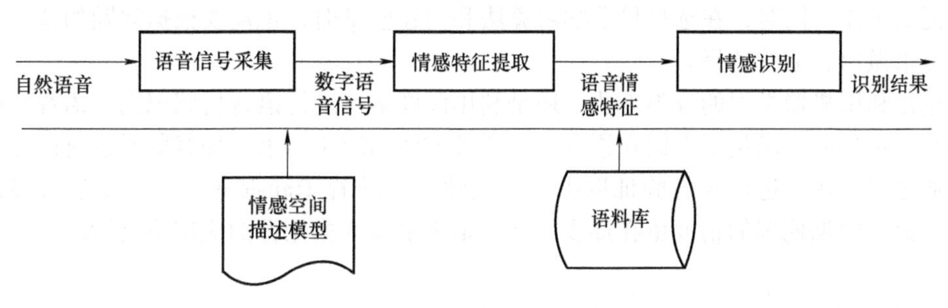

图 9-4　语音情感识别系统框架

与传统分类器相比，基于深度学习的语音情感识别方法在准确性上取得了显著提高。

张钰莎等人提出了基于注意力的全卷积网络用于语音情感识别，如图 9-5 所示，该模型使用全卷积网络来处理可变长度的语音数据。不同于将语音数据切割成固定大小的传统语音处理方法，全卷积网络能够接收任意长度的输入，避免了因切割而丢失关键信息的可能。为了更准确识别与情感相关的特征，利用注意力机制动态关注语音频谱中对于情感状态判断最重要的时间-频率区域，使模型能够聚焦于那些情感表达最为显著的片段。

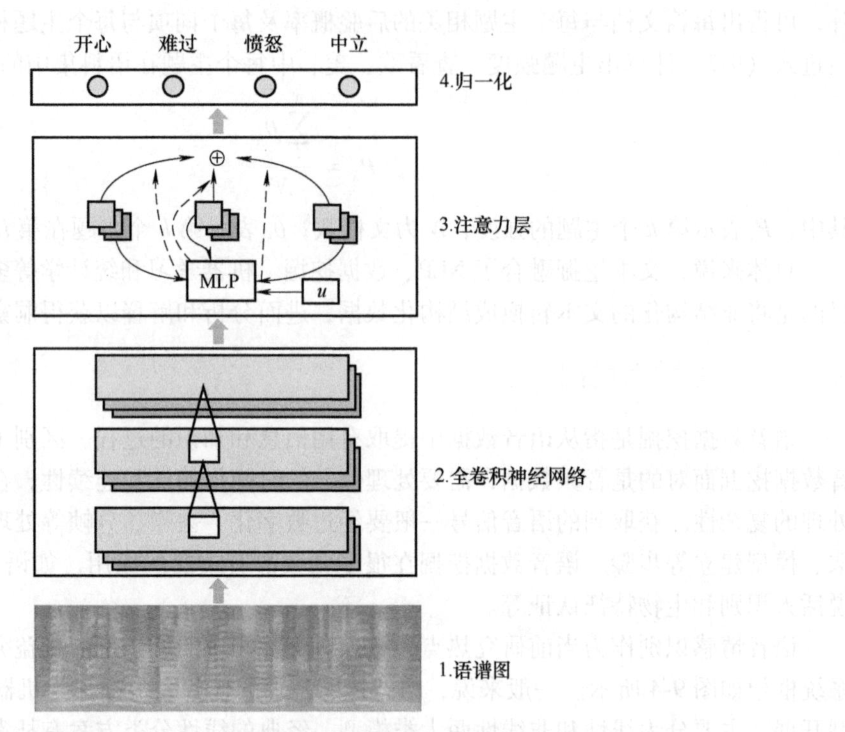

图 9-5　基于注意力的全卷积神经网络的整体架构

鉴于语音情感数据标注的复杂性和成本，数据规模往往是有限的。针对这一问题，可以考虑迁移学习策略，利用在其他（如自然图像处理）领域预训练的模型来增强语音情感识别模型的性能。总的来说，处理语音情感识别任务在经过了自然语言信号采集及相关特征提取之后，无论是利用机器学习方法还是多层次的神经网络模型，都会利用语料库进行训练与评估。在数据准备阶段，需要尽可能地收集高质量、多样化的数据集，并进行充分的预处理和特征提取工作。同时，在选择机器学习算法和构建模型时，也需要根据问题的特性和数据集的特点来做出合适的选择。

无论是利用机器学习的分类方法，还是利用深度学习进行语音情感识别。语音数据挖掘技术都在一定程度上满足了人们在语音识别任务方面的应用需求，如客服通过对话分析客户情绪、通过语言指令进行身份验证以提高安全性等。随着 Transformer 等深度学习架构的深入研究，语音数据挖掘的精度也在逐步提高，未来语音数据挖掘的应用将更为广泛。

9.1.3　文本-视觉多模态挖掘

在文本挖掘与视觉挖掘结合方面，同样涉及多个领域的应用，包括图像文本生成、图像和视频的自动描述生成、多模态情感分析，以及图像和视频内容搜索等。

图像文本生成技术旨在从图像内容中自动提取并生成相关的文本描述，在图像检索、辅助视觉障碍、搜索引擎优化等领域有着广泛的应用。以 Vinyals 等人提出的图像描述生成模型（Show and Tell：A Neural Image Caption Generator）为例，数据集包含共计 20 万张图像以及对应的 JSON 格式保存的每张图像的文本描述，其文本描述点明了图像中的人物及人物之间的客观关系。在预处理过程中，图像预处理将图像直接传入残差网络获取指定层的输出完成特征提取，文本预处理过程会经过分词、过滤低频词、描述补齐到等长等步骤才能进行之后的特征提取。在生成图像描述的过程中，网络模型如图 9-6 所示，Image 对应原始图片，其特征提取网络为 GoogleLeNet，可以用任意深度学习网络结构代替（如 VGG 或 ResNet 等），$S_0,S_1,S_2,\cdots,S_n$是人工对图片进行描述的语句，例如“A fruitful apple tree”，那么$S_0 \sim S_3$这4 个词向量就对应这几个单词。在训练过程中，图像经过神经网络提取到图像高层次的语义信息f，并通过长短期记忆网络（Long-Short Term Memory，LSTM）预测输出S_0，再将后续的S_{N-1}输入 LSTM 预测输出S_N，最终输出的词尽量与预期词相符合。所以，图像描述问题最终也变成了一个分类问题，利用 LSTM 不断预测下一个最有可能出现的词。

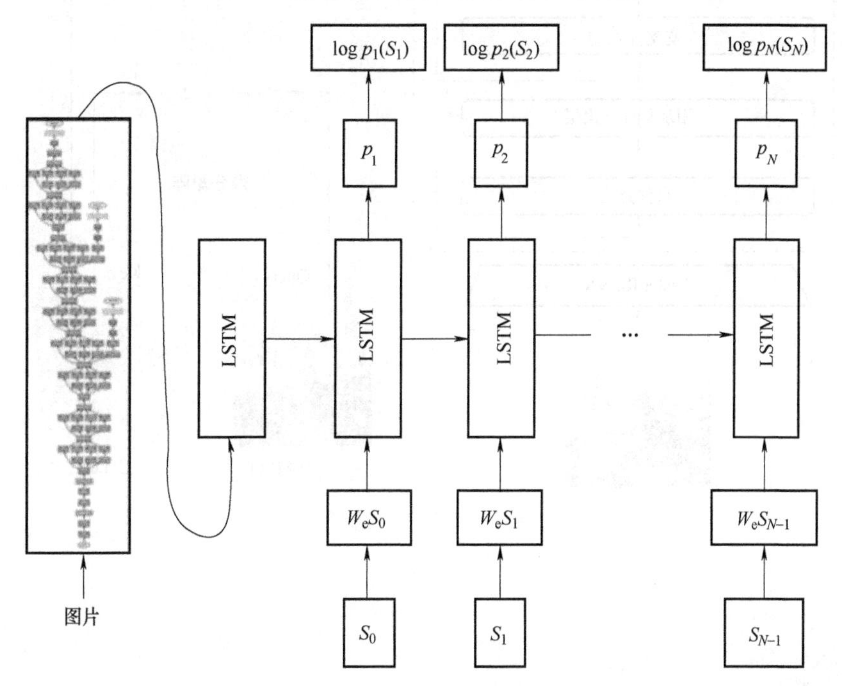

图 9-6　图像描述网络模型

随着 Transformer 的兴起，Kim 等人提出了基于 CLIP 无混淆字幕网络的图像描述生成新方法（Clip Confounder-Free Captioning Network，C²Cap），如图 9-7 所示。通过建立一个名为 C²Dictionary 的全局视觉混杂因子词典来解决图像描述生成中的数据集偏差问题，将视觉特征和 C²Dictionary 与交叉注意力相融合，并使用缩放点积注意力计算得分矩阵，从而得到视觉混杂因素的总和，进而减少数据集偏差对图像描述生成的影响。图 9-8 详细说明了构造 C²Dictionary 的过程。首先，利用预训练 CLIP（Contrastive Language-Image Pre-training）模型提取训练图像的 CLIP 特征，从而学习丰富的视觉信息，然后使用 k-means 对特征进行聚类，得到的每个聚类中心代表潜在的混杂因素。这样构建的词典被用于训练基于 Transformer 的图像描述生成模型，模型学习到的是图像与描述之间真正的因果关系，而不是由数据集偏差引起的虚假关联，从而能生成更加公正无偏的图像描述。

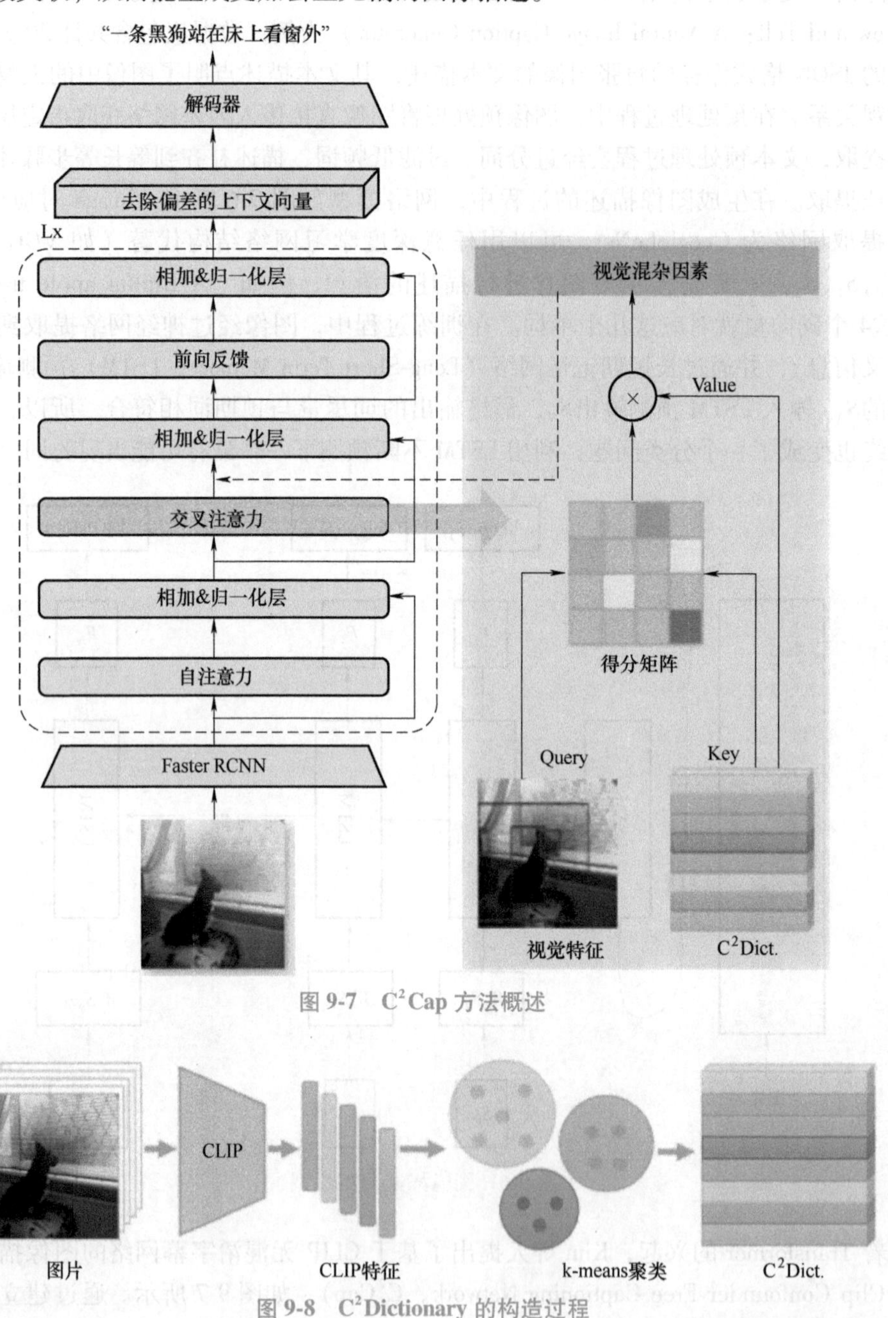

图 9-7　C^2Cap 方法概述

图 9-8　C^2Dictionary 的构造过程

在多模态情感分析领域，Ranganathan 等人使用了多模态数据库 emoFBVP，该数据库包含了演员不同情感表达的面部表情、身体手势、声音表达和生理信号的音频和视频序列。数据库涵盖了 23 种不同情绪的表达，每种情绪有 3 种不同强度的表现，同时包括面部特征跟踪、骨骼跟踪和相应的生理数据。图 9-9 展现了该数据库中主题为“惊讶”的演员的 3D 面部网格模型，中间是使用 Brekel Kinect Pro Face 软件从 Kinect 传感器获取的 3D 面部跟踪数据。这些面部跟踪数据包括 3D 头部位置和旋转信息，以及面部动画单元和形状单元的 3D 坐标。图中用黄点显示了跟踪的动画和形状单元，同时有一个指示器显示这些单元在每一时刻存在与否。基于该数据库，详细部署了四种深度信念网络模型执行多模态情感识别任务，验证了数据库在所有模态（如面部表情、肢体动作、声音情绪和生理信号）当中的识别能力及实用性。

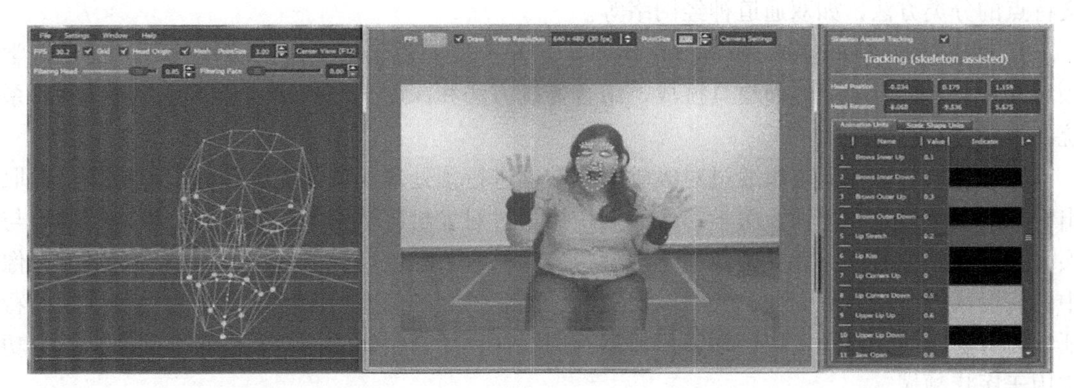

图 9-9　主题表现为“惊讶”的演员的 3D 面部网格模型

此外，还提出了基于多层深度信念网络的 DemoDBN 模型，通过贪心逐层训练的方式来学习数据的层次化表示，捕捉多模态数据中的复杂非线性特征交互。模型的每一层通过使用受限玻尔兹曼机来学习，构建一个层叠的深度信念网络，从而有效表示和分类多模态情感数据。同时，在深度信念网络的基础上引入了卷积结构，提出的卷积深度信念网络模型在处理图像和声音等多维数据时更为高效和有效。这些深度信念网络展示了无监督训练方式为人的情感分类生成鲁棒的多模态特征，同时展示了其识别低强度/微妙表情的强大能力。

文本-视觉多模态挖掘能从图像及视频信息中获取有价值信息，也能使用限定文字在浩瀚的图片、视频数据中搜寻满足特定需求的相关内容。随着人工智能、大模型技术的高速发展，这种多模态信息处理的应用将越来越广泛。

自然语言的智能挖掘不仅限于文本挖掘，语音数据数字化处理与分析，以及图像、视频的多模态信息融合分析都会利用相关自然语言挖掘技术。自然语言智能挖掘的精度和效率的显著提升，无疑为各行各业的数据驱动决策提供了强有力的支持。

9.2　医疗大数据智能挖掘

医疗大数据智能挖掘是当前医疗领域研究的热点之一。随着医疗信息化的发展，大量的医疗数据被收集和存储，如何有效地利用这些数据进行智能挖掘以提高医疗质量和效率，成为一个亟待解决的问题。本节主要内容包括电子病历数据挖掘和医学影像数据挖掘两个方面。

电子病历数据挖掘是指通过对电子病历中的文本、图像等信息进行挖掘，提取出有用的医疗知识和规律。电子病历数据挖掘常见的四种任务：命名实体识别、关系抽取、文本分类和问答系统。

1. 命名实体识别（Named Entity Recognition，NER）主要识别和标注电子病历中的特定实体，如疾病、药品名称等。当前主流方法是条件随机场和双向长短时记忆网络。

2. 关系抽取（Relation Extraction，RE）分为两个步骤：判断实体对是否存在关系，以及确定关系类型。常用的方法包括共生、传统机器学习和深度学习。

3. 文本分类（Text Classification，TC）是对电子病历文档进行预定义标签分类，在医疗领域用于识别疾病、分类临床记录等。针对中文电子病历的特殊性，研究人员开发了适应中文特点的分类方法，如双通道神经网络等。

4. 问答系统（Question-Answering System，QA）是自然语言处理的传统任务，但在医学领域因专业名词和复杂性而更具挑战，结合传统方法和深度学习构建混合模型以提高问答系统的准确性和可解释性。

医学影像数据挖掘是指通过对医学影像数据进行预处理、特征提取和分类等操作，提取出有用的医疗信息和知识。医学影像数据挖掘通过对大量医学影像数据进行分析，提取出与疾病相关的影像特征，建立影像组学模型为疾病的诊断和治疗提供依据。例如，对医学影像中的病变区域进行检测和分类，提高疾病的诊断和预测准确率。深度学习作为一种强大的特征学习方法，通过自动提取医学影像数据有用特征，提高疾病的诊断和预测准确率，已成功应用于医疗领域。

虽然电子病历数据挖掘和医学影像数据挖掘已经取得了一定的进展，但仍存在一些关键科学问题需要解决：数据质量问题首当其冲，医疗数据来源多样、格式不一，清洗和整合难度大；信息化水平差异导致数据标准不统一，影响数据可比性和利用率；此外，医疗数据安全和隐私保护问题也不容忽视，数据泄露或滥用可能对患者和医疗机构造成严重后果。

9.2.1 电子病历数据挖掘

电子病历数据挖掘是指通过从电子病历中提取有价值的信息，帮助医生进行疾病诊断、预测和医疗决策。随着信息技术的飞速发展，电子病历系统已经成为现代化医疗体系的核心组成部分。电子病历中积累了大量的患者健康记录、病史、检查结果、治疗方案及医嘱等信息，这些数据积累为数据挖掘提供了丰富的资源。

在医疗领域，基于电子病历的疾病预测具有重大的必要性。首先，通过早期疾病预测，助力医生进行准确的诊断和及时的治疗，提高疾病的治愈率，减轻患者的痛苦和医疗负担；其次，疾病预测能够实现个性化治疗，根据患者的病史、生活方式和遗传背景等因素，为每位患者提供最适合的治疗建议。因此，电子病历的疾病预测在医疗领域具有广泛的应用前景和深远的影响。

本小节将介绍两个典型的电子病历数据挖掘案例，以展示其在医疗领域中的具体应用效果。第一个案例是融合多模态的疾病预测模型，该模型通过整合电子病历中的文本、图像、语音等多种数据模态，提高疾病预测的准确性和可靠性。第二个案例是中文电子病历命名实体识别，该技术从电子病历文本中识别出具有特定意义的实体，如疾病名称、症状、检查项目等，为医生提供快速的信息检索和决策支持。通过这两个案例，深入探讨电子病历数据挖掘的重要性和潜力。

考虑到医学时序数据是具有稀疏性和不规则性的时间序列，例如，人体生理指标数据是从监护设备采集和实验室检测得到的医学时序数据。图 9-10 展示了一名患者的电子数据。从患者的人体生理指标数据中可以看出心率指标每小时都被记录，血糖指标和体温指标都是在某个时间点上被记录，会存在某些时间点的记录缺失。保留数据中的缺失信息，通过对缺失信息的学习提高模型的疾病预测能力。人口统计学和疾病等静态数据，也会起到辅助作用，进一步提高模型的预测能力。

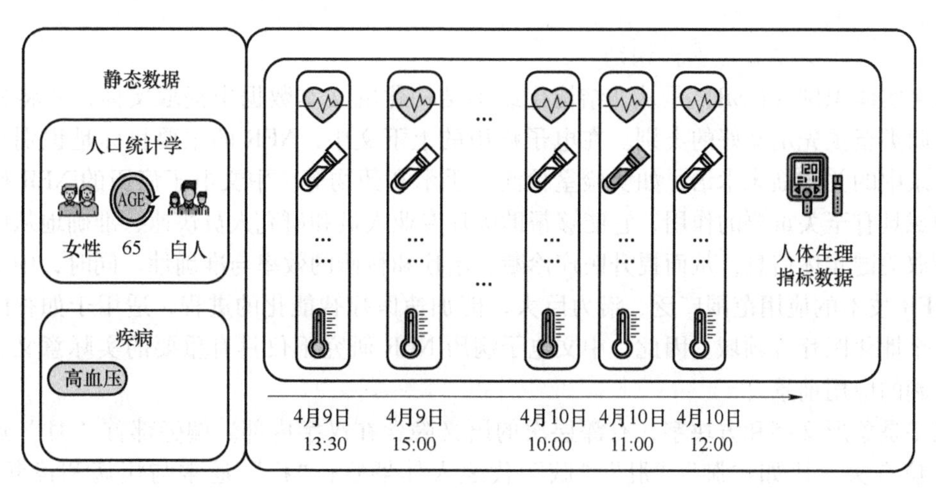

图 9-10　电子病历数据示例

1. 融合多模态的疾病预测模型

融合多模态特征的疾病预测模型（Multimodal Disease Prediction Model，MUDIP）通过整合电子病历中的时序数据和静态数据，提高疾病预测的准确性和可靠性。如图 9-11 所示，融合多模态特征的疾病预测模型包含两个核心组件：细粒度时间感知的 LSTM 模块（FT-LSTM）和动静态特征融合模块。针对人体生理指标数据的稀疏性和不规则性，MUDIP 对每个生理指标进行独立建模，并利用 FT-LSTM 提取各生理指标的特征形成人体生理指标特征矩阵$\boldsymbol{M}_x=(h_1,h_2,\cdots,h_k)$，通过全连接层提取人口统计学特征 h_v 和疾病特征 h_c；引入多头自注意力机制促进人体生理指标特征、人口统计学特征和疾病特征之间的相互学习，生成重构后的特征矩阵$\overline{\boldsymbol{M}}_h=(\overline{h}_1,\overline{h}_2,\cdots,\overline{h}_k,\overline{h}_v,\overline{h}_c)$；最后，MUDIP 将重构后的特征矩阵进行级联，得到患者健康风险特征h_{out}，并据此判断患者入院后是否存在健康风险 $\widetilde{y}$。

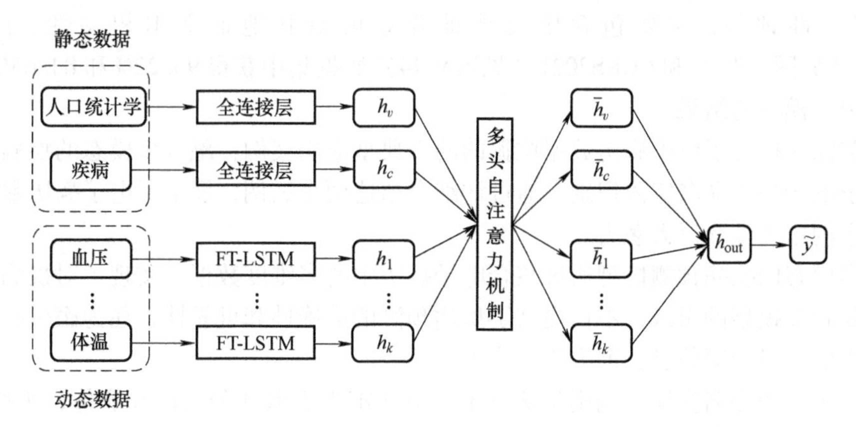

图 9-11　融合多模态的疾病预测模型

MUDIP 模型通过精心设计的特征提取和融合策略，不仅考虑了电子病历中的动态医疗数据，也充分利用了静态的人口统计学和疾病史数据。这种多模态数据融合方法，使得疾病预测模型能够更加全面和深入地理解患者的健康状况，为医疗领域提供了一种创新的数据挖掘工具。

2. 中文电子病历命名实体识别

命名实体识别（NER）是从非结构化或半结构化的文本数据中提取实体，并将检测到的实体归类至预先定义好的类别。在电子病历的上下文中，NER 的主要目标是识别和分类医疗记录中的关键临床术语，如实验室检测、手术和药物等。中文电子病历的 NER 研究在医疗领域具有至关重要的作用，它能够帮助医疗专业人员和研究人员快速、准确地从电子病历中提取关键实体信息，从而提升医疗诊断、治疗和科研的效率与准确性。同时，中文电子病历 NER 技术的应用范围广泛、潜力巨大，能加速医疗智能化的进程，适用于如智能辅助判断、个性化医疗等领域。因此，中文电子病历 NER 研究不仅具有重要的实际意义，而且具有广阔的应用前景。

汉字是象形文字和方块字，有深层次的语义隐含在汉字内部。偏旁部首“月”通常与身体部位有关，比如“肺”“肝”“脑”代表人体器官；“疒”通常与疾病和诊断有关；“口”通常出现在症状实体中。目前主流的命名实体识别方法不能将预先训练好的模型与中文部首信息相结合，所以需要通过在线新华字典获取某个汉字的部首组成键值对，将字身部分和偏旁部首的向量编码进行拼接得到完整的汉字的向量表示。通过引入部首信息，可以获取更加准确的语义表达，极大地提高了模型的性能。

在此基础上，设计预训练 BERT-Transformer-CRF（BTC）模型实现中文电子病历命名实体识别。首先，利用 BERT 模型提取文本特征，获取汉字的字身特征，再结合偏旁特征输入 Transformer 层捕捉字符之间的长距离依赖关系，解决了一般深度学习模型随着实体间距离增加长期依赖能力下降的问题。最后，运用条件随机场解码去预测标签序列。该方法结构如图 9-12 所示。

该模型能有效识别手术、影像检查、解剖部位等领域实体，CCKS2017 数据集是一个专注于中文电子病历的命名实体识别标注数据集，涉及五类实体的人工标注，包括症状和体征、检查和检验、疾病和诊断、治疗及身体部位。CCKS2021 数据集主要关注于中文地址和解析及相关性评估，主要包含中文地址要素解析和地址文本相关性。该模型在 CCKS2017（见图 9-13）和 CCKS2021（见图 9-14）数据集中获得 96.22%和 84.65%的 F1 分数，优于现有模型的结果。

本小节深入探讨了电子病历数据挖掘的两个典型应用案例：融合多模态的疾病预测模型和中文电子电子病历命名实体识别。通过详细介绍这两个案例，展示了电子病历数据挖掘在医疗领域中的重要性和巨大潜力。

融合多模态的疾病预测模型通过整合电子病历中的多维度数据，实现了对疾病风险的准确预测。随着该模型的引入，不仅提高了疾病预测的准确性和可靠性，还为医生提供了更加全面和深入的患者健康信息，助力临床决策。

中文电子病历命名实体识别则是从电子病历文本中提取并分类医疗实体，为医疗诊断、治疗和科研提供了关键信息。这一研究的应用场景广阔，不仅提高了医疗效率和精度，还为其他医疗智能化技术的开发提供了基础数据和算法支持。

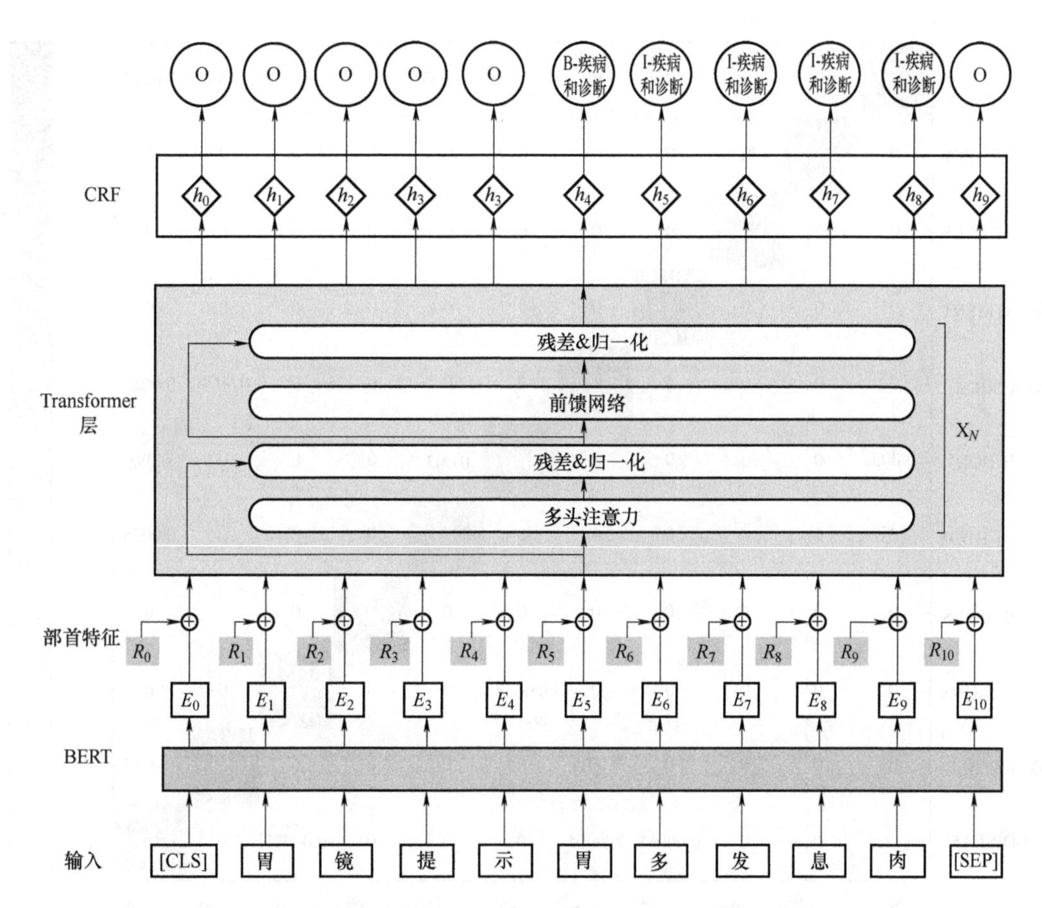

图 9-12　结合部首特征和 BERT-Transformer-CRF 的总体框架

9.2.2　医学影像数据挖掘

在医学影像领域，数据挖掘技术已成为推动精准医疗和智能诊断的关键力量。随着影像设备的普及和图像分辨率的提高，医学影像数据规模呈现爆炸式增长，这为数据挖掘积累了丰富的数据基础。如何从海量的影像数据中提取有价值的信息，辅助医生进行更准确的诊断和治疗决策，是当前医学影像数据挖掘的关键议题。本小节将深入探讨医学影像数据挖掘的前沿技术，并通过两个典型案例展示数据挖掘在医学影像领域的应用及其对临床实践的深远影响。

第一个案例，基于注意力机制的跨模态语义融合与医学影像语义分割方法（Cross-modal Attention-based Semantic Segmentation，CASS）。通过引入注意力机制，该方法能够有效地整合来自不同模态的影像数据，提高语义分割的准确性，为临床诊断提供更为精确的结构信息。

第二个案例，基于多核学习和嵌套奇异值分解的自闭症检测。通过多核学习技术结合嵌套奇异值分解，能够在复杂的脑网络中识别出自闭症的特征，为早期诊断和治疗提供了可能。

True label \ Predicted label	0	B-CHECK	I-CHECK	B-TREATMENT	I-TREATMENT	B-BOOY	I-BOOY	B-SIGNS	I-SIGNS	B-DISEASE	I-DISEASE
0	0.99	0	0	0	0	0	0.0053	0	0	0	0.0027
B-CHECK	0	1	0	0	0	0	0	0	0	0	0
I-CHECK	0	0	1	0	0	0	0	0	0	0	0
B-TREATMENT	0	0	0	1	0	0	0	0	0	0	0
I-TREATMENT	0	0	0	0	0.99	0	0	0	0	0.0026	0.0052
B-BODY	0.003	0	0	0	0	0.91	0.003	0	0	0	0.088
I-BODY	0	0	0	0	0	0	1	0	0	0	0.0025
B-SIGNS	0	0	0	0	0	0	0	1	0	0	0
I-SIGNS	0	0	0	0	0	0.0058	0	0	0.99	0	0
B-DISEASE	0	0	0	0	0.0011	0	0	0	0	1	0.0017
I-DISEASE	0.00015	0	0	0.00015	7.7e-05	0	0	0	0.00015	0	1

图 9-13　CCKS2017 数据集各实体类别混淆矩阵

现代医学数据不仅包含医学影像，还包括文本报告和结构化病理信息。医学影像语义分割应用面临像素级标注数据稀缺和无法直接从影像中获取病理信息的挑战。多模态医学影像增加了语义信息、病例信息的来源，如文本医学报告直接包含了病理信息，补充了影像数据的不足，辅助医学影像语义分割模型更好地理解病理信息，如图 9-15 所示。自然图像分割领域的跨模态分割研究表明，利用文本信息进行语义挖掘并用于影像语义分割是可行的。这些发现为医学影像数据挖掘提供了新的方向，即通过结合文本和其他模态数据，提高语义分割的准确性和效率。

选取基于眼底荧光血管造影的视网膜自动化诊断中的荧光渗漏分割任务作为示例，针对小样本语义分割中像素级标注过少导致病理信息不足的问题，构建基于注意力机制的跨模态语义融合与医学影像语义分割方法。该方法除了将图像数据作为输入，还将读片文本报告作为第二类语义信息来源。首先，针对文本数据采用了关键词分类学习模块，从长文本中快速定位和发现有效病理信息段落；然后，针对影像和文本数据分别采用了视觉注意力和语言注

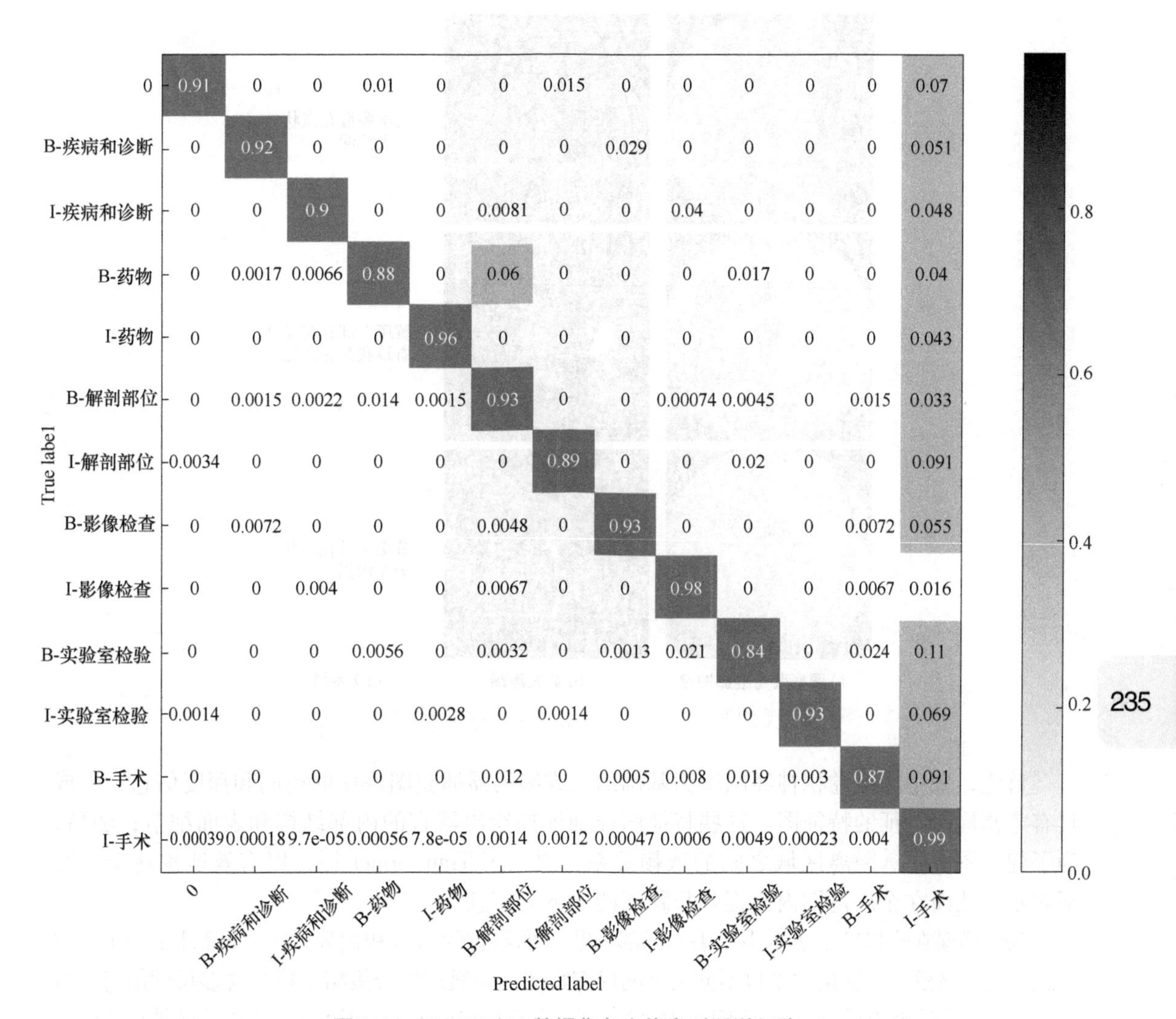

图 9-14　CCKS2021 数据集各实体类别混淆矩阵

意力学习模块，对跨模态数据进行最优化语义提取和精炼；最后，采用跨模态注意力机制将不同模态提取的特征信息进行加权融合，实现语义鸿沟的跨越，使得学到的跨模态信息适用于语义分割任务。该方法的具体框架如图 9-16 所示。

通过大量基于自有数据库的眼底荧光分割任务 SPPH-CMSEG 的试验表明，CASS 方法能够充分挖掘利用跨模态的病理信息，帮助定位病灶区域，明显提升医学影像语义分割任务的性能。

如图 9-17 所示，在自闭症检测的图像分割领域中，UNet 架构及其变体因跳跃连接有效而受到了广泛的关注。然而，UNet 的感受野有限，难以建立长距离依赖关系。基于 Transformer 的算法通过自注意力机制可以有效学习长距离依赖，因此考虑将 UNet 与 Transformer 结合改进特征表示，但需考虑全局与局部特征表示的补偿关系。多路径深度卷积神经网络虽融合全局与局部信息，但计算成本高。因此，需设计一个统一高效框架在训练中模拟全局与局部信息来完成通过图像对自闭症的检测。

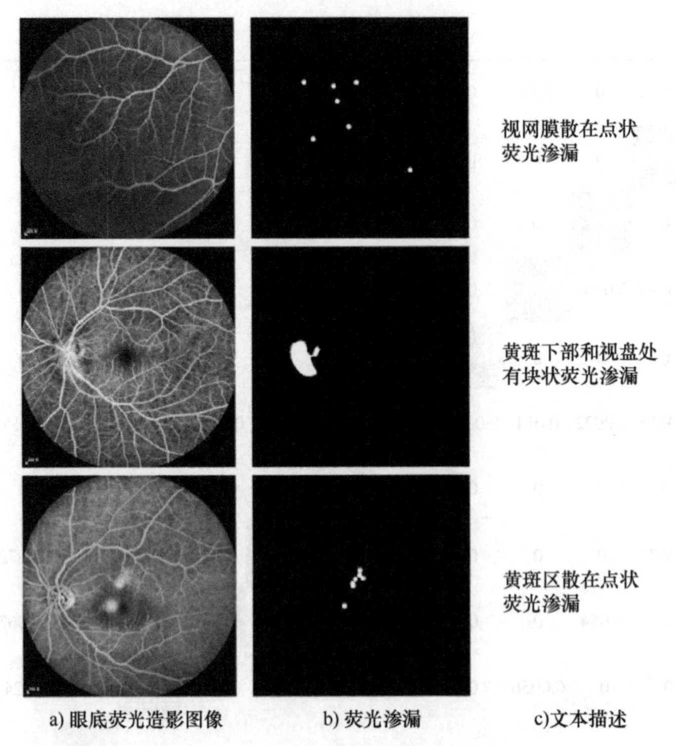

图 9-15 眼底荧光造影图像与文本描述

首先，采用深度卷积神经网络为基础的三维编码器捕获图像中的空间和深度信息，生成具有丰富局部特征的特征图。这些特征图详细地描绘出器官的内部结构和表面细节；随后，为了建立图像中远距离区域之间的依赖关系，引入了 Transformer 层，以有效地构建全局特征表示，从而在全局范围内捕捉到长距离的上下文信息。

为了确保在全局特征表示中不丢失局部细节（如器官的形状和边界），从而设计了一个多尺度融合块。该模块能够接收来自不同尺度的局部特征，并通过融合策略生成包含多尺度信息的输出。这种融合策略有效地结合了不同层次的特征，在全局特征表示中保留了局部结构的精细信息。

此外，如图 9-18 所示，在训练过程中，将多尺度融合块的知识传递到同一层级的局部特征中以增强模型的学习能力。在测试阶段，移除自蒸馏过程，在不影响分割性能的前提下降低计算复杂度，提高模型的推理效率。

最后，通过由多个上采样层组成的解码器对包含全局和局部信息的隐藏特征进行解码，能够逐步恢复图像的原始分辨率，并最终生成一个全分辨率的分割图，准确描绘出感兴趣区域的轮廓和细节。这种综合了局部和全局信息的多层次分割框架，具备一定的可解释性，并在医学图像分割任务中展现了卓越的性能，如图 9-19 所示。

本小节深入探讨了两个典型的数据挖掘案例，展示了注意力机制在跨模态语义融合中的应用，以及多核学习和嵌套奇异值分解在自闭症检测中应用的潜力。这两个案例不仅揭示了深度学习技术在医学影像分析中的巨大潜力，也突显了多模态数据融合在提高分割精度和疾病诊断中的关键作用。随着技术的不断进步和数据的日益积累，医学影像数据挖掘的研究将更加深入，其在临床实践中的应用也将更加广泛。未来的研究将进一步探索更高效的数据挖掘方法，以实现对医学影像的更深层次理解和更精准的诊断预测。

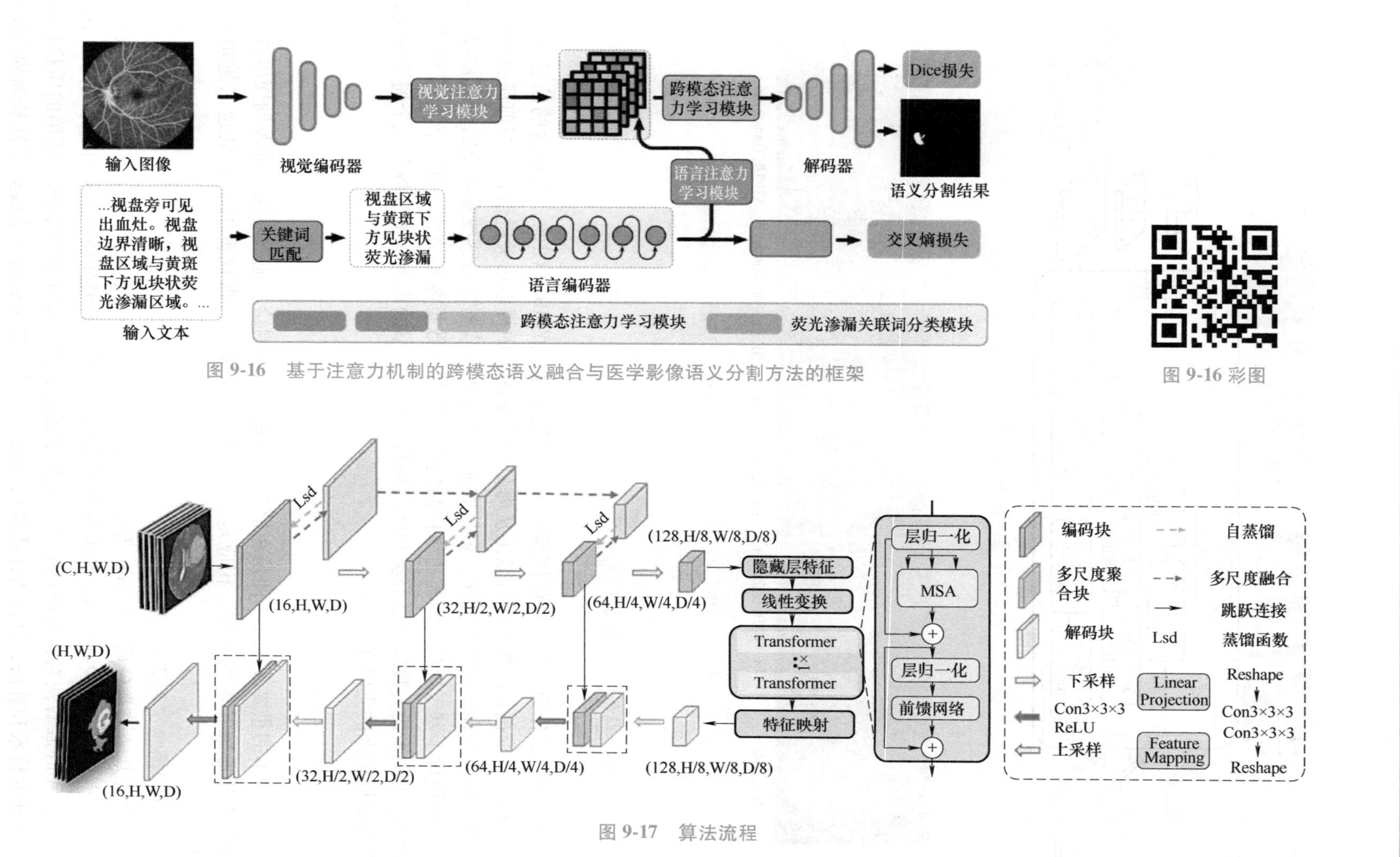

图 9-16　基于注意力机制的跨模态语义融合与医学影像语义分割方法的框架

图 9-16 彩图

图 9-17　算法流程

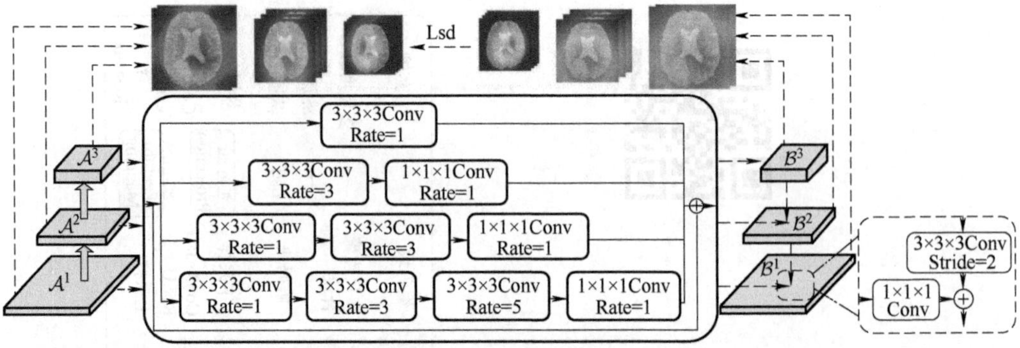

图 9-18　多尺度融合和自蒸馏模块的流程图

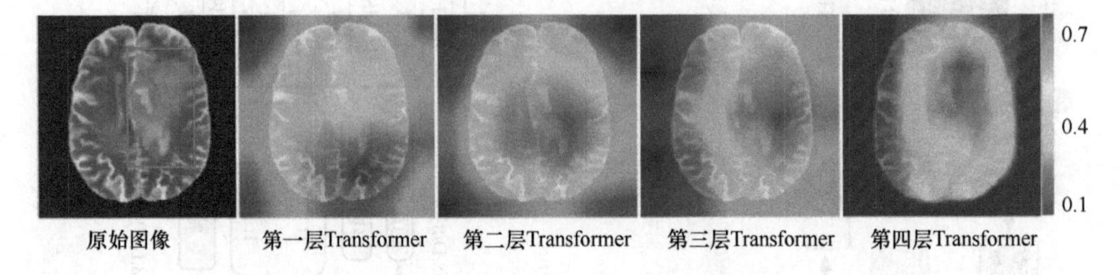

图 9-19　模型架构中不同 Transformer 层的注意力图的可视化

9.3　遥感图像智能挖掘

遥感图像，作为一种特殊的图像类型，相较于常规的 RGB 图像，其蕴含的信息更为丰富。利用数据挖掘算法能够更有效地从海量的遥感图像中提取出关键信息。当前遥感图像信息智能挖掘应用在土地资源勘探、智慧农业、生态环境监测等遥感技术涉及的前沿领域。例如，樊强设计了基于聚类分割与边缘检测的海岸带时空数据挖掘方案，用于海岸带的研究；卢洪健等人则采用大数据挖掘分类与回归树技术进行干旱的预测。本节将在三个遥感应用领域进行数据挖掘的应用介绍。

9.3.1　地理信息数据挖掘

遥感技术的重要应用之一便是在地理信息领域，如测绘、地质勘探、资源勘探等各个方面均离不开遥感技术的支持。相应地，对遥感图像进行数据挖掘的工作也越来越被广泛关注。

1. 地理信息工程质检

徐业春基于聚类分析、Apriori 等算法设计出一种地理信息工程质检方法。该方法利用聚类分析方法将海量的基础测绘数据分组并存储。为了显著增强质检的精准性和效率，该方法引入了 Apriori 算法对数据进行深入的分析和挖掘，得以设定更为合理、精确的质检标准。基于上述的技术和算法，进行拓扑质检层级构建，最后建立双向三维数据挖掘基础测绘质检模型，并且采用应急测绘处理来实现地理信息工程质检。

具体地，该方法依据特定格式对多种类型的地理单元数据进行了聚类分析以构建出多层次的单元结构，如种植地、林草覆盖区、建筑区、交通网络、荒漠和水域等。这些地理单元不仅代表了不同的地理区域，还包含了各自独特的地理信息，有助于精确描述和区分各个区域的地理特性，为地理信息工程提供有力支持。聚类分析的具体公式如下：

$$L=\sqrt{x+(2.5v-1)}\pm\frac{1}{7} \tag{9-8}$$

其中，L 表示单元覆盖范围；x 表示遥感正射端值；v 表示变动测绘距离。通过式（9-8）完成数据的汇总。后续利用 Apriori 算法设定交互质检目标，构建拓扑质检层级构建，建立双向三维数据挖掘基础测绘质检模型，采用应急测绘处理来实现地理信息工程质检。

2. 洪水敏感性分析

在对洪水敏感性问题的处理上，基于地理信息数据的数据挖掘模型依然有很好的表现。Lee 等人利用地理信息系统工具和数据挖掘模型分析了洪水面积与相关水文因素之间的关系，绘制了韩国首尔都市圈的区域洪水易受影响图。该方法结合了频率比模型和逻辑回归模型，应用于洪水数据的研究中。其主要目的在于揭示洪泛区与潜在因果因素之间的关联性，并基于这些分析导出洪水易受影响区域的分布图。该研究方法的流程如图 9-20 所示。

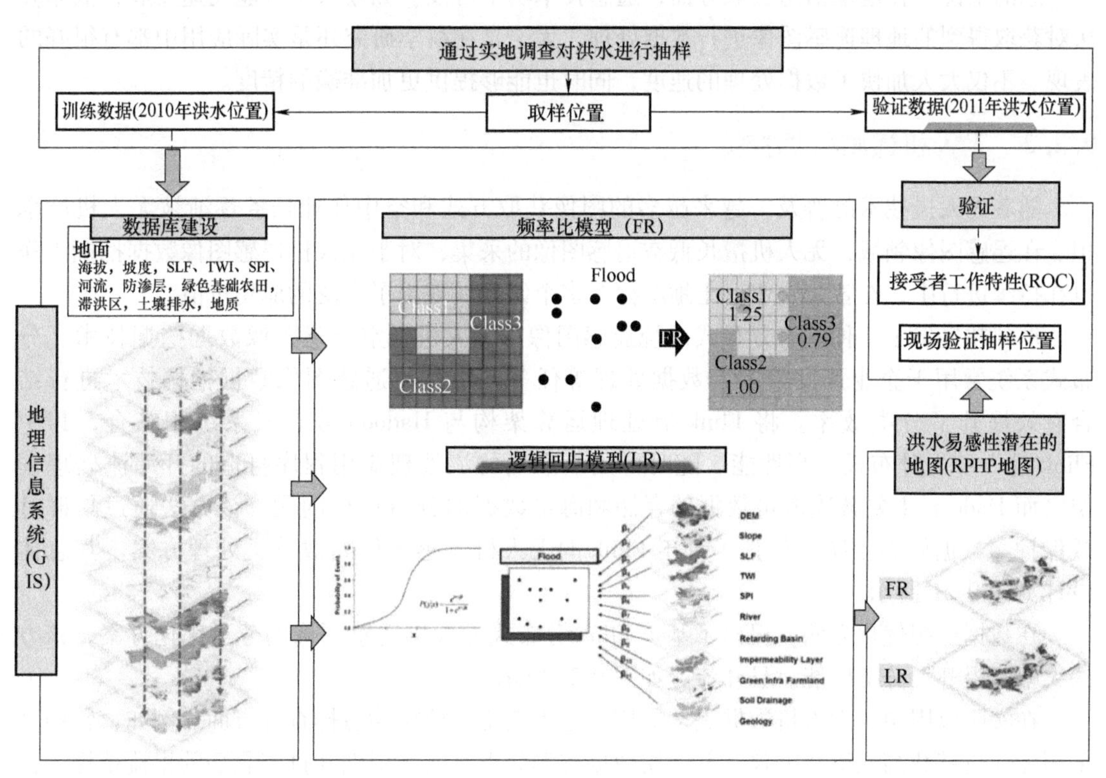

图 9-20　城市洪水易受影响判定算法的流程

首先应用条件概率原理，选择一个频率比模型来确定洪泛区与洪水相关因素之间的空间

关系。根据被淹没总面积的百分比，将数据层细分为每个研究区域内的类别。具体频率比模型的公式为

$$\mathrm{FR}_C=\frac{P_C(O)}{P_C(P)} \tag{9-9}$$

其中，$P(P)$ 表示一个类或类型与给定数量单元的面积比，包括该类的域分数；$P(O)$ 是类别内洪水发生的百分比；最终得到因子 C 的频率比（FR）值。利用这个频率比模型来评估洪水相关因素之间的相关性：FR 值大于 1 时，表示因素之间存在高相关性；而当 FR 值小于 1 时，则表明因素之间的相关性较低。

逻辑回归模型用于解释因变量和自变量之间的关系。在该研究中，因变量是洪水的位置，自变量是与洪水相关的因素。于是，逻辑回归模型可表示为

$$\mathrm{logit}(P(T=1 \mid X_0\cdots X_N))=z \tag{9-10}$$

$$P(T=1 \mid X_0\cdots X_N)=\Lambda(z) \tag{9-11}$$

其中，Λ 代表逻辑函数；P 是事件的估计概率。逻辑回归模型意味着数据符合

$$z=b_0\times 0+b_1\times 1+\cdots+b_N\times N \tag{9-12}$$

其中，$b_i(i=1,2,\cdots,N)$ 的值是逻辑回归模型的斜率系数。该方法利用频率比值及逻辑回归模型进一步绘制洪水易受影响图。

总的来说，在地理信息获取方面，遥感技术功不可没。如今人工智能飞速发展，依靠算法对获取得到的地理遥感图像进行数据处理，无论是在科学研究还是实际应用中都有很好的表现。不仅大大加快了数据处理的速度，同时也能够提供更加准确的精度。

9.3.2 无人机遥感数据挖掘

随着无人机技术的普及，越来越多的图像获取方式和空中作业任务逐渐被无人机所承担。在遥感图像领域，无人机擅长低空遥感图像的采集，对于无人机遥感图像数据挖掘工作也在持续进行中，在智慧农业、土地勘探等多个领域展现出了广泛的应用价值。

邢郅超提出了一种基于分布式系统遥感图像与无人机低空遥感图像数据挖掘技术。分布式系统常用于企业开发中后台数据处理等任务，将其与遥感图像数据挖掘技术进行结合有效提升了分类效率。将 Flink 流处理运算架构与 Hadoop 分布式系统相结合，其中 Flink 是一种为分布式、高性能、随时可用及准确的流处理应用程序打造的开源流处理框架，而 Hadoop 主要解决海量数据的存储和海量数据的分析计算问题。该方法通过集群过载保护与数据倾斜预防，设计了基于 Flink 的无人机遥感图像高效分类处理方案。其总体设计如图 9-21 所示。

在数据挖掘优化方面，提出了基于 Flink 分布式无人机遥感图像的分类优化方案，该方法大幅度提升了分类性能。具体流程如图 9-22 所示。

在实际应用中，无人机数据更多应用于电力巡检、植株病患排查等方面。例如，曾国亮采用无人机搭载高光谱数据仪，并运用数据挖掘分类算法来识别和排查患病的柑橘植株。他首先利用无人机捕捉柑橘植株的高光谱遥感影像，随后对这些数据执行后续预处理操作。对预处理后的数据采用机器学习算法如前馈神经网络、逻辑回归算法建立分类模型。其中，所采用到的前馈神经网络的结构见表 9-1。

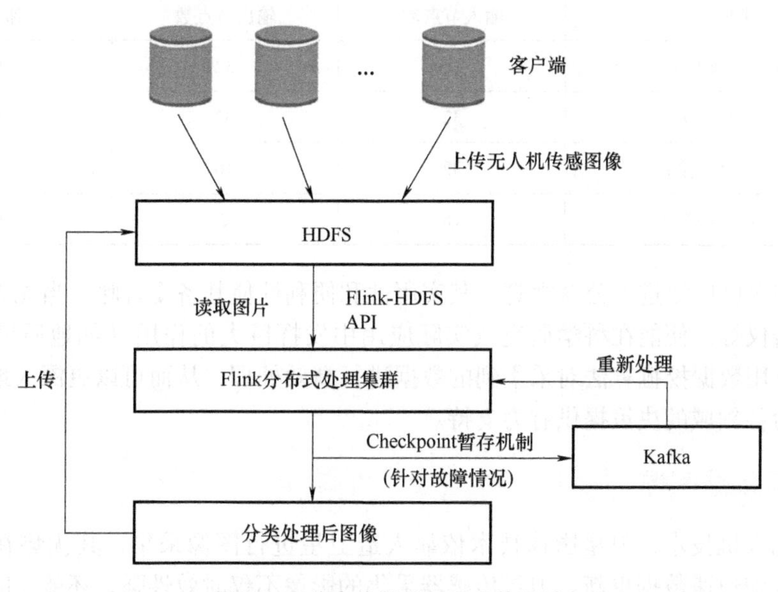

图 9-21　分布式数据处理总体设计

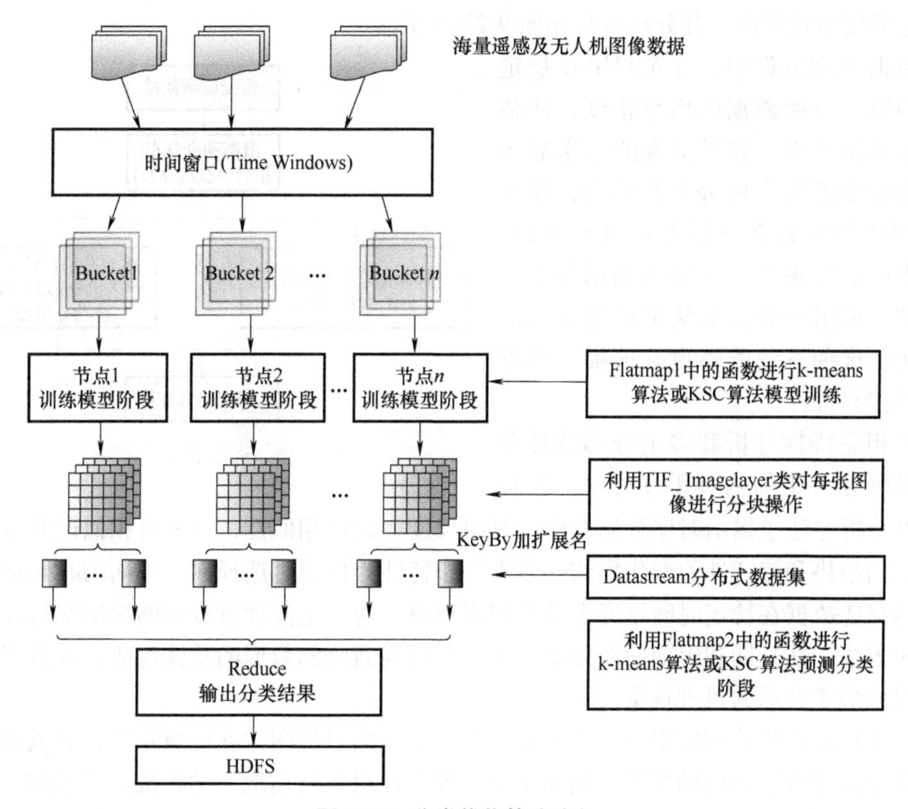

图 9-22　分类优化算法流程

表 9-1 前馈神经网络结构

层（类型）	输入节点数	输出节点数	激活函数
输入层（全连接）	125	32	ReLU
隐含层 1（全连接）	32	32	ReLU
隐含层 2（全连接）	32	16	ReLU
输出层（全连接）	16	2	sigmoid

无人机如今已广泛进入公众视野，其实用性和便利性使其备受青睐。当无人机搭载遥感设备，如光谱仪等，便能在科学研究或实际应用中发挥巨大的作用（如地质勘探等领域）。此外，通过应用数据挖掘算法对采集到的数据进行高效处理，从而可以更深入地研究和理解这些数据，为各领域的决策提供有力支持。

9.3.3 卫星数据挖掘

相较于无人机技术，卫星影像技术依靠人造卫星进行图像采集，其优势在于高精度定位、广泛覆盖和快速数据更新。卫星传感器采集的影像不仅时效性强，还能实时更新，因此广泛应用于军事侦察、地理测绘、道路建设等领域。

刘亿等人提出基于分数阶理论的北斗监测数据分析方法，从数据整体趋势角度挖掘铁路基础设施形变演化规律，其分析流程如图 9-23 所示。

在数据处理流程中，首先利用 α 稳定分布模型拟合原始数据的概率密度，评估数据的非高斯特性。如果拟合的结果显示数据的概率密度与高斯分布相吻合，那么继续采用传统的数据分析方法进行处理。如果数据的概率密度并不符合高斯分布的特性，那么采用分数阶方法进行更深入的数据分析。这种方法能够更好地揭示数据的内在规律和特性。

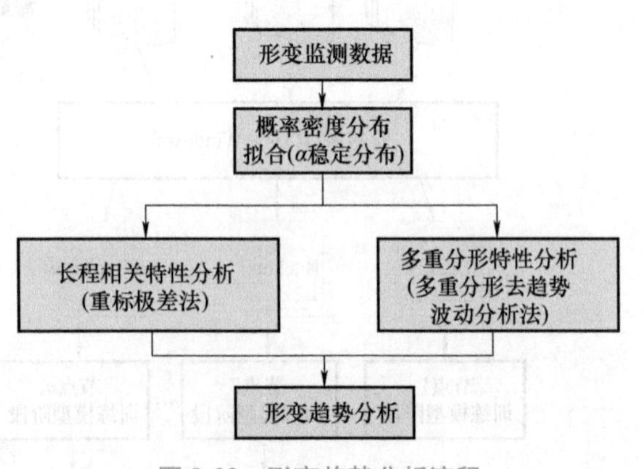

图 9-23 形变趋势分析流程

长程相关特性分析和多重分形特性分析是分数阶分析中的两种重要方法。长程相关特性分析专注于揭示时序数据在广泛时间尺度上的自相似性，这种自相似性通常反映了数据的长期趋势和持续性的变化模式。多重分形特性分析通过选择多个不同的时间标度，能够有效地描述数据在特定时间尺度上的不规则现象。为了全面理解数据的深层次特性，结合上述分析方法，从长期和短期两个维度入手，准确判断监测数据的整体趋势，并合理解释铁路基础设施形变背后的机理现象。

除了在铁路设施检测应用外，搭配数据挖掘算法的卫星图像在区域定位，如风险区域识别等领域也同样有着出色的发挥。例如 Traore 等人针对欠发达地区的霍乱病毒监测，深入研究了遥感卫星数据的处理方法。他们借助先进的数据挖掘技术，将环境、气候与健康数据相结合，精准地识别出流行病的风险区域。该方法的框架如图 9-24 所示。

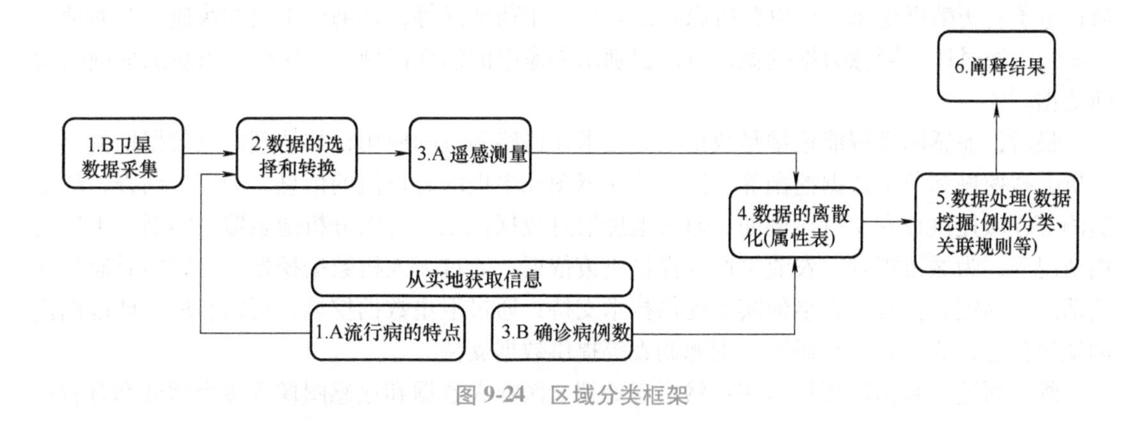

图 9-24　区域分类框架

该方法由六个阶段组成：①Ⓐ从现场获取有关流行病的信息；①Ⓑ卫星数据采集；②数据的选择和转换（来自图像的数据）；③Ⓐ遥感测量；③Ⓑ现场已确诊病例数；④数据的离散化；⑤数据处理；⑥结果的解释。

上述方法采用了监督分类作为数据处理的主要手段。具体而言，它运用了遥感图像数据处理中常见且高效的监督分类方法——基于贝叶斯分类原理的最大似然分类法，这种方法确保了数据处理的准确性和效率。该方法指出后验分布 $P(i\mid\boldsymbol{\omega})$，即具有特征向量 $\boldsymbol{\omega}$ 的像素属于第 i 类的概率，其公式为

$$P(i\mid\boldsymbol{\omega})=\frac{P(\boldsymbol{\omega}\mid i)P(\boldsymbol{\omega})}{P(\boldsymbol{\omega})} \tag{9-13}$$

其中，$P(\boldsymbol{\omega}\mid i)$ 是似然函数；$P(i)$ 是先验信息，即第 i 类出现在研究区域的概率；$P(\boldsymbol{\omega})$ 是观察到 $\boldsymbol{\omega}$ 的概率。

面对海量的卫星数据，数据挖掘算法显著提升了数据处理效率，能够更精准地聚焦科学研究目标。这些算法不仅能高效地处理庞大的数据集，还能对特定目标进行精确分析，极大地增强了数据的实用性和研究价值。

9.4　本章小结

在当今这个信息爆炸的时代，数据挖掘技术已经成为各个领域不可或缺的工具。本章通过案例，详细介绍了自然语言智能挖掘、医疗大数据智能挖掘和遥感图像智能挖掘等多个方面的应用，展示了数据挖掘技术在现实世界中的巨大价值。

首先，自然语言智能挖掘是数据挖掘技术的一个重要应用领域。文本挖掘、语音数据挖掘和自然图像、视频挖掘等方面的应用，使得人们能够从大量的非结构化数据中提取出有价值的信息。例如，通过文本挖掘，可以分析用户对某一产品或服务的评价，为企业提供决策依据；通过语音数据挖掘，可以识别出用户的需求，提供更加个性化的服务；通过自然图像、视频挖掘，可以识别出图像或视频中的物体、场景和活动，为智能监控、无人驾驶等提供技术支持。

其次，医疗大数据智能挖掘是数据挖掘技术在医疗领域的应用。通用数据挖掘技术能够从海量的医疗数据中提取出有价值的信息，为医生提供更加准确的诊断和治疗方案。例如，

通过电子病历数据挖掘，可以分析患者的病情、用药情况等，帮助医生更加快速、全面地了解病情；通过医学影像数据挖掘，可以识别出影像中的病变区域，为医生提供更加准确的诊断依据。

最后，遥感图像智能挖掘是数据挖掘技术在遥感领域的应用，如地理信息数据挖掘、无人机数据挖掘和卫星数据挖掘等，能够从遥感图像中提取有价值的信息，为资源调查、环境监测等领域提供技术支持。例如，通过地理信息数据挖掘，可以分析地表覆盖类型、土地利用情况等，为城市规划、农业生产等提供决策依据；通过无人机数据挖掘，可以实时监测地面情况，为灾害预警、军事侦察等提供技术支持；通过卫星数据挖掘，可以获取全球范围内的地表信息，为气候变化研究、资源调查等提供数据支持。

综上所述，数据挖掘技术在自然语言处理、医疗大数据和遥感图像等多个领域都有着广泛的应用，为人们的生活和工作带来了极大的便利。然而，数据挖掘技术也面临着许多挑战，如数据质量、数据安全、模型可解释性等问题。因此，在未来的研究中，需要我们不断探索新的方法和技术，提高数据挖掘的准确性和效率，为各个领域的发展提供更加有力的支持。同时，也需要关注数据挖掘技术在应用过程中可能带来的伦理和隐私问题，确保该技术的可持续发展。

参考文献

[1] JIAWEI H, MICHELINE K. Data mining: concepts and techniques [M]. Burlington: Morgan Kaufmann, 2006.

[2] BISHOP C M, NASRABADI N M. Pattern recognition and machine learning [M]. New York: Springer, 2006.

[3] TAN P N, STEINBACH M, KUMAR V. Introduction to data mining [M]. Boston: Addison-Wesley, 2006.

[4] RAJARAMAN A, ULLMAN J D. Mining of massive datasets [M]. Cambridge: Cambridge University Press, 2012.

[5] WITTEN I H, FRANK E, HALL M A. Data mining: practical machine learning tools and techniques [M]. 3rd ed. Burlington: Morgan kaufmann Publishers, 2011.

[6] HASTIE T, TIBSHIRANI R, FRIEDMAN J. The elements of statistical learning: data mining, inference, and prediction [M]. 2nd ed. New York: Springer, 2009.

[7] PROVOST F, FAWCETT T. Data science for business: what you need to know about data mining and data-analytic thinking [M]. Beijing: O'Reilly Media, 2013.

[8] AGGARWAL C C. Data mining: the textbook [M]. New York: Springer, 2015.

[9] GOODFELLOW I J, BENGIO Y, COURVILLE A. Deep learning [M]. Cambridge: MIT Press, 2016.

[10] PETERSON L E. K-nearest neighbor [J/OL]. Scholarpedia, 2009, 4 (2): 1883 [2024-08-20], https://doi. org/10. 4249/scholarpedia. 1883.

[11] STEKHOVEN D J, BUHLMANN P. MissForest: non-parametric missing value imputation for mixed-type data [J/OL]. Bioinformatics, 2012, 28 (1): 112-118 [2024-08-20]. http://dx. doi. org/10. 1093/bioinformatics/btr597.

[12] MACQUEEN J. Some methods for classification and analysis of multivariate observations [M]. Oakland: University of California Press, 1967.

[13] ESTER M, KRIEGEL H P, SANDER J, et al. A density-based algorithm for discovering clusters in large spatial databases with noise [J]. Knowledge discovery and data mining, 1996, 96 (34): 226-231.

[14] LUO G M, ZHANG D M, BALEANU D D. Wavelet denoising [J]. Advances in wavelet theory and their applications in engineering, physics and technology, 2012 (4): 59-80.

[15] LIU F T, TING K M, ZHOU Z H. Isolation forest [C]//2008 Eighth IEEE International Conference on Data Mining. New York: IEEE, 2008.

[16] BENESTY J, CHEN J D, HUANG Y T, et al. Noise reduction in speech processing [M]. Berlin: Springer, 2009.

[17] SPEARMAN C. The proof and measurement of association between two things [J]. The American journal of psychology, 1987, 100 (3-4): 441-471.

[18] KENDALL M G. A new measure of rank correlation [J]. Biometrika, 1938, 30 (1-2): 81-93.

[19] PEARSON K X. On the criterion that a given system of deviations from the probable in the case of a correlated system of variables is such that it can be reasonably supposed to have arisen from random sampling [J]. The London, Edinburgh, and Dublin philosophical magazine and journal of science, 1900, 50 (302): 157-175.

[20] TIBSHIRANI R. Regression shrinkage and selection via the LASSO [J]. Journal of the Royal Statistical society series B: statistical methodology, 1996, 58 (1): 267-288.

[21] HOERL A E, KENNARD R W. Ridge regression: biased estimation for nonorthogonal problems [J]. Technometrics, 1970, 12 (1): 55-67.

[22] ZOU H, HASTIE T. Regularization and variable selection via the elastic net [J]. Journal of the Royal Statistical Society series B: statistical methodology, 2005, 67 (2): 301-320.

[23] ABDI H, WILLIAMS L J. Principal component analysis [J]. Wiley interdisciplinary reviews: computational statistics, 2010, 2 (4): 433-459.

[24] FISHER R A. The use of multiple measurements in taxonomic problems [J]. Annals of eugenics, 1936, 7 (2): 179-188.

[25] PAWLAK Z. Rough sets: theoretical aspects of reasoning about data [M]. Berlin: Springer Science & Business Media, 2012.

[26] TENENBAUM J B, SILVA V, LANGFORD J C. A global geometric framework for nonlinear dimensionality reduction [J]. Science, 2000, 290 (5500): 2319-2323.

[27] ROWEIS S T, SAUL L K. Nonlinear dimensionality reduction by locally linear embedding [J]. Science, 2000, 290 (5500): 2323-2326.

[28] GROSSBERG S. Recurrent neural networks [J]. Scholarpedia, 2013, 8 (2): 1888.

[29] HUANG Z, XU W, YU K. Bidirectional LSTM-CRF models for sequence tagging [Z]. arxiv preprint arxiv: 1508. 01991, 2015.

[30] DEVLIN J. Bert: Pre-training of deep bidirectional transformers for language understanding [Z]. arxiv preprint arxiv: 1810. 04805, 2018.

[31] 韩家炜，堪博，裴坚. 数据挖掘概念与技术：原书第3版 [M]. 范明，孟小峰，译. 北京：机械工业出版社，2012.

[32] 尤基克，维布斯基. 数据库系统：数据库与数据仓库导论 [M]. 李川，刘一静，等译. 北京：机械工业出版社，2015.

[33] 荫蒙. 数据仓库：原书第4版 [M]. 王志海，译. 北京：机械工业出版社，2006.

[34] 陈封能，斯坦巴赫，库玛尔. 数据挖掘导论：完整版 [M]. 范明，范宏建，等译. 北京：人民邮电出版社，2011.

[35] AGARWAL R C, AGGARWAL C C, PRASAD V V V. A tree projection algorithm for generation of frequent item sets [J]. Journal of parallel and distributed computing, 2001, 61 (3): 350-371.

[36] AGGARWAL C C, YU P S. Mining large itemsets for association rules [J]. IEEE data eng. bull., 1998, 21 (1): 23-31.

[37] 蒙哥马利，派克，瓦伊宁. 线性回归分析导论：原书第5版 [M]. 王辰勇，译. 北京：机械工业出版社，2016.

[38] 扎基，梅拉. 数据挖掘与分析：概念与算法. [M]. 吴诚堃，译. 北京：人民邮电出版社，2023.

[39] ALOISE D, DESHPANDE A, HANSEN P, et al. NP-hardness of Euclidean sum-of-squares clustering [J]. Machine learning, 2009, 75 (2): 245-248.

[40] AGGARWAL C C, PHILIP S Y, HAN J, et al. A framework for clustering evolving data streams [C]//

Proceedings of the 29th International Conference on Very Large Data Bases-Volume 29. Berlin: 29th International Conference on Very Large Databases, 2003.

[41] AGGARWAL C C, YU P S. Finding generalized projected clusters in high dimensional spaces [C]//Proceedings of the 2000 ACM SIGMOD International Conference on Management of Data. Dallas: ACM SIGMOD, 2000.

[42] ANKERST M, BREUNIG M M, KRIEGEL H P, et al. OPTICS: Ordering points to identify the clustering structure [J]. ACM SIGMOD record, 1999, 28 (2): 49-60.

[43] BANERJEE A, MERUGU S, DHILLON I S, et al. Clustering with Bregman divergences [J]. Journal of machine learning research, 2005, 6 (10): 1705-1749.

[44] BEZDEK J C. Pattern recognition with fuzzy objective function algorithms [M]. Berlin: Springer Science & Business Media, 2013.

[45] CAO F, ESTERT M, QIAN W, et al. Density-based clustering over an evolving data stream with noise [C]// Proceedings of the 2006 SIAM International Conference on Data Mining. Bethesda: The 2006 SIAM International Conference on Data Mining, 2006.

[46] DEZA E, DEZA M M, DEZA M M, et al. Encyclopedia of distances [M]. Berlin: Springer Berlin Heidelberg, 2009.

[47] DOMINGOS P, HULTEN G. A general method for scaling up machine learning algorithms and its application to clustering [C]//Proceedings of the Eighteenth International Conference on Machine Learning. Williamstown: The Eighteenth International Conference on Machine Learning, 2001.

[48] DHILLON I S, GUAN Y, KULIS B. Kernel k-means: spectral clustering and normalized cuts [C]//Proceedings of the tenth ACM SIGKDD International Conference on Knowledge Discovery and Data Mining. Seattle: KDD 2004, 2004.

[49] DRAKOPOULOS G, SPYROU E, MYLONAS P. Tensor clustering: a review [C]//2019 14th International Workshop on Semantic and Social Media Adaptation and Personalization. New York: IEEE, 2019.

[50] ESTIVILL-CASTRO V. Why so many clustering algorithms: a position paper [J]. ACM SIGKDD explorations newsletter, 2002, 4 (1): 65-75.

[51] FORMAN G, ZHANG B. Distributed data clustering can be efficient and exact [J]. ACM SIGKDD explorations newsletter, 2000, 2 (2): 34-38.

[52] FRÄNTI P, VIRMAJOKI O. Iterative shrinking method for clustering problems [J]. Pattern recognition, 2006, 39 (5): 761-775.

[53] GUHA S, RASTOGI R, SHIM K. ROCK: a robust clustering algorithm for categorical attributes [J]. Information systems, 2000, 25 (5): 345-366.

[54] GUO X, LIU X, ZHU E, et al. Deep clustering with convolutional autoencoders [C]//Proceedings of the 24th ICONIP. Guangzhou: ICONIP 2017, 2017.

[55] GIONIS A, MANNILA H, TSAPARAS P. Clustering aggregation [J]. ACM transactions on knowledge discovery from data, 2007, 1 (1): 1-30.

[56] GOVAERT G, NADIF M. Block clustering with Bernoulli mixture models: comparison of different approaches [J]. Computational statistics & data analysis, 2008, 52 (6): 3233-3245.

[57] HALKIDI M, BATISTAKIS Y, VAZIRGIANNIS M. On clustering validation techniques [J]. Journal of intelligent information systems, 2001, 17: 107-145.

[58] HINNEBURG A, KEIM D A. An efficient approach to clustering in large multimedia databases with noise [M]. Konstanz: Bibliothek der Universität Konstanz, 1998.

[59] HUANG Z. Extensions to the k-means algorithm for clustering large data sets with categorical values [J]. Data mining and knowledge discovery, 1998, 2 (3): 283-304.

[60] JACOBS D W, WEINSHALL D, GDALYAHU Y. Classification with nonmetric distances: Image retrieval and class representation [J]. IEEE transactions on pattern analysis and Machine Intelligence, 2000, 22 (6): 583-600.

[61] JAIN A K. Data clustering: 50 years beyond K-means [J]. Pattern recognition letters, 2010, 31 (8): 651-666.

[62] LU Y, SUN Y, XU G, et al. A grid-based clustering algorithm for high-dimensional data streams [C]// Proceedings of Advanced Data Mining and Applications. Wuhan: ADMA 2005, 2005.

[63] JAIN A K, DUBES R C. Algorithms for clustering data [M]. Helena: Prentice-Hall, Inc., 1988.

[64] RDUSSEEUN L, KAUFMAN P. Clustering by means of medoids [C]//Proceedings of the Statistical Data Analysis Based on the L1 Norm Conference. Neuchatel: the Statistical Data Analysis Based on the L1 Norm Conference, 1987.

[65] KAUFMAN L, ROUSSEEUW P J. Finding groups in data: an introduction to cluster analysis [M]. Hoboken: John Wiley & Sons, 2009.

[66] KRIEGEL H P, KRÖGER P, ZIMEK A. Clustering high-dimensional data: a survey on subspace clustering, pattern-based clustering, and correlation clustering [J]. ACM transactions on knowledge discovery from data, 2009, 3 (1): 1-58.

[67] LIU F T, TING K M, ZHOU Z H. Isolation-based anomaly detection [J]. ACM transactions on knowledge discovery from data, 2012, 6 (1): 1-39.

[68] MAULIK U, BANDYOPADHYAY S. Performance evaluation of some clustering algorithms and validity indices [J]. IEEE Transactions on pattern analysis and machine intelligence, 2002, 24 (12): 1650-1654.

[69] PELLEG D, MOORE A. X-means: extending K-means with Efficient Estimation of the number of clusters [C]// Proceedings of the Seventeenth International Conference on Machine Learning. Stanford: The Seventeenth International Conference on Machine Learning, 2000.

[70] ROUSSEEUW P J. Silhouettes: a graphical aid to the interpretation and validation of cluster analysis [J]. Journal of computational and applied mathematics, 1987, 20: 53-65.

[71] SCHÖLKOPF B, SMOLA A, MÜLLER K R. Nonlinear component analysis as a kernel eigenvalue problem [J]. Neural computation, 1998, 10 (5): 1299-1319.

[72] SHENG W, LIU X. A genetic k-medoids clustering algorithm [J]. Journal of heuristics, 2006, 12: 447-466.

[73] TAN X, CHEN S, ZHOU Z H, et al. Face recognition under occlusions and variant expressions with partial similarity [J]. IEEE transactions on information forensics and security, 2009, 4 (2): 217-230.

[74] TIBSHIRANI R, WALTHER G, HASTIE T. Estimating the number of clusters in a data set via the gap statistic [J]. Journal of the Royal Statistical Society: series B (statistical methodology), 2001, 63 (2): 411-423.

[75] VON LUXBURG U. A tutorial on spectral clustering [J]. Statistics and computing, 2007, 17: 395-416.

[76] XING E, JORDAN M, RUSSELL S J, et al. Distance metric learning with application to clustering with side-information [J]. Advances in neural information processing systems, 2002, 15.

[77] XIE J, GIRSHICK R, FARHADI A. Unsupervised deep embedding for clustering analysis [C]//PMLR. New York: International Conference on Machine Learning, 2016.

[78] XU R, WUNSCH D. Survey of clustering algorithms [J]. IEEE transactions on neural networks, 2005, 16 (3): 645-678.

[79] YANG B, FU X, SIDIROPOULOS N D, et al. Towards k-means-friendly spaces: simultaneous deep learning and clustering [C]//PMLR. Sydney: International Conference on Machine Learning, 2017.

[80] ZHAO Y, KARYPIS G. Evaluation of hierarchical clustering algorithms for document datasets [C]//Proceedings of the Eleventh International Conference on Information and Knowledge Management. McLean, Virginia: CIKM 2002, 2002.

[81] ZHANG T, RAMAKRISHNAN R, LIVNY M. BIRCH: an efficient data clustering method for very large databases [J]. ACM SIGMOD record, 1996, 25 (2): 103-114.

[82] ZHANG C, FU H, LIU S, et al. Low-rank tensor constrained multiview subspace clustering [C]//Proceedings of the IEEE International Conference on Computer Vision. Santiago: ICCV 2015, 2015.

[83] WASEM D J. Mining of massive datasets [M]. Charleston: CreateSpace Independent Publishing Platform, 2014.

[84] LUCE R D, PERRY A D. A method of matrix analysis of group structure [J]. Psychometrika, 1949, 14 (2): 95-116.

[85] SEIDMAN S B. Network structure and minimum degree [J]. Social networks, 1983, 5 (3): 269-287.

[86] COHEN J. Trusses: cohesive subgraphs for social network analysis [J]. National security agency technical report, 2008, 16 (3. 1): 1-29.

[87] BRON C, KERBOSCH J. Finding all cliques of an undirected graph [J]. Communications of the ACM, 1973, 16 (9): 575-576.

[88] CHANG L, YU J X, QIN L, et al. Efficiently computing k-edge connected components via graph decomposition [C]//Proceedings of the 2013 ACM SIGMOD International Conference on management of Data. New York: ACM SIGMOD Conference 2013, 2013.

[89] MOKKEN R J. Cliques, clubs and clans [J]. Quality & Quantity, 1979, 13 (2): 161-173.

[90] KURAMOCHI M, KARYPIS G. Finding frequent patterns in a large sparse graph [J]. Data mining and knowledge discovery, 2005, 11 (3): 243-271.

[91] KURAMOCHI M, KARYPIS G. Frequent subgraph discovery [C]//Proceedings 2001 IEEE International Conference on Data Mining. San Jose: ICDM 2001, 2001.

[92] 林子雨. 大数据技术原理与应用：概念、存储、处理、分析与应用　第 3 版 [M]. 北京：人民邮电出版社, 2024.

[93] 杜小勇. 数据科学与大数据技术导论 [M]. 北京：人民邮电出版社, 2023.

[94] ESLING P, AGON C. Time-series data mining [J]. ACM Computing Surveys (CSUR), 2012, 45 (1): 1-34.

[95] SERRA J, ARCOS J L. An empirical evaluation of similarity measures for time series classification [J]. Knowledge-based systems, 2014, 67: 305-314.

[96] RATANAMAHATANA C A, LIN J, GUNOPULOS D, et al. Mining time series data [J]. Data mining and knowledge discovery handbook, 2014, 67: 305-314.

[97] CHENG Z, ZOU C, DONG J. Outlier detection using isolation forest and local outlier factor [C]//Proceedings of the Conference on Research in Adaptive and Convergent Systems. Chongqing: ACM RACS 2019, 2019.

[98] ALGHUSHAIRY O, ALSINI R, SOULE T, et al. A review of local outlier factor algorithms for outlier detection in big data streams [J]. Big data and cognitive computing, 2020, 5 (1): 1.

[99] ISMAIL FAWAZ H, FORESTIER G, WEBER J, et al. Deep learning for time series classification: a review [J]. Data mining and knowledge discovery, 2019, 33 (4): 917-963.

[100] ZĘBIK M, KORYTKOWSKI M, ANGRYK R, et al. Convolutional neural networks for time series classifi-

cation [C]//Proceedings of the 16th ICAISC: Artificial Intelligence and Soft Computing. Zakopane: ICAISC 2017, 2017.

[101] MA Q L, ZHENG J W, LI S, et al. Learning representations for time series clustering [C]//Proceedings of the 33rd Conference on Neural Information Processing Systems. Vancouver: NeurIPS 2019, 2019.

[102] AGHABOZORGI S, SHIRKHORSHIDI A S, WAH T Y. Time-series clustering—a decade review [J]. Information systems, 2015, 53: 16-38.

[103] NGAN C K. Time series analysis: data, methods, and applications [M]. London: IntechOpen, 2019.

[104] MAHARAJ E A, D'URSO P, CAIADO J. Time series clustering and classification [M]. Oxford: Chapman and Hall/CRC, 2019.

[105] 张杰. Python 数据可视化之美：专业图表绘制指南　全彩 [M]. 北京：电子工业出版社，2020.

[106] 威腾，弗兰克，霍尔，等. 数据挖掘：实用机器学习工具与技术　原书第 4 版 [M]. 李川，郭立坤，彭京，等译. 北京：机械工业出版社，2018.

[107] SUN S, LUO C, CHEN J. A review of natural language processing techniques for opinion mining systems [J]. Information fusion, 2017, 36: 10-25.

[108] 袁军鹏，朱东华，李毅，等. 文本挖掘技术研究进展 [J]. 计算机应用研究，2006，23 (2)：1-4.

[109] GAO F, SUN X, WANG K, et al. Chinese micro-blog sentiment analysis based on semantic features and PAD model [C]//2016 IEEE/ACIS 15th International Conference on Computer and Information Science. New York: IEEE, 2016.

[110] XU D, TIAN Z, LAI R, et al. Deep learning based emotion analysis of microblog texts [J]. Information fusion, 2020, 64: 1-11.

[111] MIKOLOV T, SUTSKEVER I, CHEN K, et al. Distributed representations of words and phrases and their compositionality [J]. Advances in neural information processing systems, 2013, 26: 3111-3119.

[112] JELODAR H, WANG Y, YUAN C, et al. Latent Dirichlet allocation (LDA) and topic modeling: models, applications, a survey [J]. Multimedia tools and applications, 2019, 78 (11): 15169-15211.

[113] 杨慧，杨建林，孙茂华，等. 融合 LDA 模型的政策文本量化分析：基于国际气候领域的实证 [J]. 理论探索，2016，36 (5)：71-81.

[114] 陈琢. 中文语音情感挖掘的研究与实现 [D]. 成都：电子科技大学，2018.

[115] 张钰莎，蒋盛益. 基于 MFCC 特征提取和改进 SVM 的语音情感数据挖掘分类识别方法研究 [J]. 计算机应用与软件，2020，37 (8)：160-165，212.

[116] ZHANG Y, DU J, WANG Z, et al. Attention based fully convolutional network for speech emotion recognition [C]//2018 Asia-Pacific Signal and Information Processing Association Annual Summit and Conference (APSIPA ASC). New York: IEEE, 2018.

[117] KIM Y, KIM J, LEE B K, et al. Mitigating dataset bias in image captioning through clip confounder-free captioning network [C]//2023 IEEE International Conference on Image Processing (ICIP). New York: IEEE, 2023.

[118] RANGANATHAN H, CHAKRABORTY S, PANCHANATHAN S. Multimodal emotion recognition using deep learning architectures [C]//2016 IEEE Winter Conference on Applications of Computer Vision (WACV). New York: IEEE, 2016.

[119] 邓未. 基于电子病历时序数据的疾病预测研究 [D]. 上海：华东师范大学，2024.

[120] 姚蕾. 基于深度学习与注意力机制的中文电子病历命名实体识别方法研究 [D]. 杭州：浙江理工大学，2024.

[121] 杨飞洪，张宇，覃露，等. 中文电子病历的命名实体识别研究进展 [J]. 中国数字医学，2020，15 (2)：9-12.

[122] JELIER R, JENSTER G, DORSSERS L C J, et al. Co-occurrence based meta-analysis of scientific texts: retrieving biological relationships between genes [J]. Bioinformatics, 2005, 21 (9): 2049-2058.

[123] BHASURAN B, NATARAJAN J. Automatic extraction of gene-disease associations from literature using joint ensemble learning [J]. PloS one, 2018, 13 (7): e0200699.

[124] 张玉坤，刘茂福，胡慧君. 基于联合神经网络模型的中文医疗实体分类与关系抽取 [J]. 计算机工程与科学，2019，41 (6)：1110.

[125] 周阳. 基于机器学习的医疗文本分析挖掘技术研究 [D]. 北京：北京交通大学，2019.

[126] HUGHES M, LI I, KOTOULAS S, et al. Medical text classification using convolutional neural networks [M]//Informatics for health: connected citizen-led wellness and population health. Amsterdam: IOS Press, 2017: 246-250.

[127] TURNER C A, JACOBS A D, MARQUES C K, et al. Word2Vec inversion and traditional text classifiers for phenotyping lupus [J]. BMC medical informatics and decision making, 2017, 17 (1): 1-11.

[128] WANG D, NYBERG E. A long short-term memory model for answer sentence selection in question answering [C]//Proceedings of the 53rd Annual Meeting of the Association for Computational Linguistics and the 7th International Joint Conference on Natural Language Processing. Beijing: ACL 2015, AFNLP 2015, 2015.

[129] XIONG C, ZHONG V, SOCHER R. Dynamic coattention networks for question answering [Z]. arxiv preprint arxiv: 1611. 01604, 2016.

[130] 李睿，赵世华. 心血管影像人工智能的研究进展 [J]. 磁共振成像，2019，10 (7)：5.

[131] SAMALA R K, CHAN H P, HADJIISKI L M, et al. Evolutionary pruning of transfer learned deep convolutional neural network for breast cancer diagnosis in digital breast tomosynthesis [J]. Physics in medicine & biology, 2018, 63 (9): 095005.

[132] 龚敬，郝雯，彭卫军. 人工智能技术在乳腺影像学诊断中的应用现状与展望 [J]. 肿瘤影像学，2019，28 (3)：134-138.

[133] 温洋. 基于深度学习的医学影像语义分割技术研究 [D]. 成都：电子科技大学，2024.

[134] 王楠. 多视图医学影像异常检测关键技术研究 [D]. 上海：华东师范大学，2024.

[135] RONNEBERGER O, FISCHER P, BROX T. U-net: convolutional networks for biomedical image segmentation [C]//Proceedings of the 18th international conference on Medical Image Computing and Computer-assisted Intervention. Munich: MICCAI 2015, 2015.

[136] 樊强. 多源多时相海岸带时空数据挖掘与应用 [D]. 南京：南京邮电大学，2024

[137] 卢洪健，赵兰兰. 基于大数据挖掘的区域干旱预报方法及应用研究 [J]. 中国防汛抗旱，2023，33 (12)：40-46.

[138] 徐业春. 基于大数据挖掘的基础地理信息工程质检方法 [J]. 城市勘测，2023 (6)：104-107.

[139] LEE S, LEE S, LEE M J, et al. Spatial assessment of urban flood susceptibility using data mining and geographic information System (GIS) tools [J]. Sustainability, 2018, 10 (3): 648.

[140] 邢郅超. 基于分布式系统遥感图像与无人机低空遥感图像数据挖掘技术研究 [D]. 济南：山东大学，2020.

[141] 曾国亮. 基于数据挖掘和无人机高光谱遥感的柑橘患病植株检测与分类 [D]. 广州：华南农业大学，2023.

[142] 刘亿，李平，封博卿，等. 基于分数阶理论的铁路基础设施形变监测数据分析与挖掘 [J]. 导航定位与授时，2023，10 (4)：24-36.

[143] TRAORE B B, KAMSU-FOGUEM B, TANGARA F. Data mining techniques on satellite images for discovery of risk areas [J]. Expert systems with applications, 2017, 72: 443-456.

[144] NASCIMENTO M C V, DE CARVALHO A C. Spectral methods for graph clustering—a survey [J]. European journal of operational research, 2011, 211 (2): 221-231.

[145] GUO C, ZHENG S, XIE Y, et al. A survey on spectral clustering [C]//World Automation Congress 2012. New York: IEEE, 2012.

[146] LOVEDAY J, TRESSE L, MADDOX S. Spectral analysis of the Stromlo-APM Survey-Ⅱ. Galaxy luminosity function and clustering by spectral type [J]. Monthly Notices of the Royal Astronomical Society, 1999, 310 (1): 281-288.

[147] CAI X, DAI G, YANG L. Survey on spectral clustering algorithms [J]. Computer science, 2008, 35 (7): 14-18.